高职高专教育"十三五"规划教材

JISUANJI JICHU JIAOCHENG

计算机基础教程

Windows7+Office2010

主　编／尹　琳　张春燕

副主编／庞　玥　向丽娜

参　编／王武兵　魏绍芬　李宇航　黎　志

主　审／李豫诚

重庆大学出版社

内容简介

本书是根据教育部非计算机专业教指委提出的"白皮书"中有关"大学计算机基础"课程教学要求的基础上编写的,适用于高等职业院校计算机基础课程教学。全书主要内容包括:计算机基础知识、Windows 7 操作系统、常用办公软件 Word 2010、Excel 2010、PowerPoint 2010、数据库基础、计算机网络、信息安全等。本书除保持教材内容丰富、层次清晰、通俗易懂、图文并茂等特点外,根据形势发展的需要和教学对象的特点,适当降低知识层面的难度,加强办公处理、计算机网络、数据库、信息安全等模块的内容,拓宽学生的知识面和提高计算机应用能力。全书内容翔实,语言通俗易通,便于教与学。

本教材适用于高职高专非计算机专业大学计算机基础课程教材,也可作为其他读者学习计算机基础的参考用书。

图书在版编目(CIP)数据

计算机基础教程/尹琳,张春燕主编.—重庆:重庆大学出版社,2016.7

ISBN 978-7-5624-9835-3

Ⅰ.①计⋯ Ⅱ.①尹⋯②张⋯ Ⅲ.①电子计算机 – 教材 Ⅳ.①TP3

中国版本图书馆 CIP 数据核字(2016)第 118693 号

高职高专"十三五"规划教材

计算机基础教程

主　编　尹　琳　张春燕
副主编　庞　玥　向丽娜
主　审　李豫诚

责任编辑:王海琼　　版式设计:王海琼
责任校对:关德强　　责任印制:张　策

*

重庆大学出版社出版发行
出版人:易树平
社址:重庆市沙坪坝区大学城西路 21 号
邮编:401331
电话:(023) 88617190　88617185(中小学)
传真:(023) 88617186　88617166
网址:http://www.cqup.com.cn
邮箱:fxk@cqup.com.cn(营销中心)
全国新华书店经销
重庆市联谊印务有限公司印刷

*

开本:787mm×1092mm　1/16　印张:17.25　字数:399 千
2016 年 7 月第 1 版　　2016 年 7 月第 1 次印刷
印数:1—3000
ISBN 978-7-5624-9835-3　定价:38.00 元

序 言

　　教材建设工作是整个高职高专课程建设和人才培养的重要组成部分,教材建设必须全面贯彻职业教育思想,必须符合高等职业院校人才培养目标的需求。高职教材的编写应当体现实用性、科学性和易学性,编写的指导原则应当突出一个"用"字。同时,高职教材也有自身的系统性,这种系统性不是理论上的系统性,而是应用角度的系统性,是能力培养上的系统性,同时还应当符合高职高专学生的实际特点。高职高专教材的编写在技法上则应当引导学生学会观察、学会思考、学会学习、学会创新、学会自我提升。

　　根据高职院校培养应用型人才的需要,我们组织编写了这本《计算机基础教程》一书。这本教材编写的指导思想是面向应用、面向实际、面向对象,本教材的编写力求体现职业教育的课程定位,突出职业能力和职业素质的培养。本教材的特点是突出应用技术,强调培养应用能力,学以致用。在选材上,根据实际应用的需要决定内容的取舍,重视实践环节,不涉及过多的理论。本书基于高职高专层次的读者,遵循"理论知识以够用为度,重在实践应用"的原则,对知识点进行了细致的取舍和编排,采用实例带动知识点的方法进行讲解,学生通过学习实例,掌握软件的操作方法和操作技巧。按节细化知识点并结合知识点介绍了相关的实例,将知识和实例融为一体。

　　受邀参与本教材编写的均是长期从事高职教育、具有丰富教学经验的教学第一线的计算机教师,他们对高职教育有较深入的研究,对指导学生参加全国计算机一级考试及各种计算机竞赛有着十几年丰富的教学辅导实践经验,相信由这个优秀团队编写的教材会取得比较好的使用效果,受到大家的欢迎。同时,重庆大学出版社以很高的热情和效率组织了这本教材的出版工作。在组织编写及出版本教材的过程中,还得到各高等院校老师的热情鼓励和支持,对此谨表衷心的感谢。

2016 年 6 月 12 日

前　言

　　随着计算机科学和信息技术的飞速发展和计算机的普及教育,计算机应用技术已渗透人们的日常工作、生活等各个领域。因此掌握计算机技术的应用已成为现代人生活中所必备的基本条件之一。

　　为了适应这种新时期、新技术的发展,满足高等职业教育课程改革发展的要求,许多高职院校修订了计算机基础课程的教学大纲,课程内容不断推陈出新,来满足各专业学生对计算机应用能力更高的要求。为此,我们根据教育部计算机基础教学指导委员会《关于进一步加强高等学校计算机基础教学的意见》和《高等学校非计算机专业计算机接触课程教学基本要求》,结合《中国高等院校计算机基础教育课程体系》报告,编写了本教材。大学计算机基础是非计算机专业高等教育的公共必修课程,是学习其他计算机相关技术课程的前导和基础课程。本书编写的宗旨是使读者较全面、系统地了解计算机基础知识,具备计算机实际应用能力,并能在各自的专业领域自觉地应用计算机进行学习与研究。

　　本书照顾了不同专业、不同层次学生的需要,加强了计算机网络技术、数据库技术等方面的基本内容使读者在数据处理等方面的能力得到扩展。全书主要分为 8 章,主要内容包括:计算机基础知识、Windows 7 操作系统、常用办公软件 Word 2010、Excel 2010、PowerPoint 2010、数据库基础、计算机网络、信息安全等。本书除保持教材内容丰富、层次清晰、通俗易懂、图文并茂等特点外,根据形势发展的需要和教学对象的特点,适当降低知识层面的难度,加强办公处理、计算机网络、数据库、信息安全等模块的内容,拓宽学生的知识面和提高计算机应用能力。全书内容翔实,语言通俗易通,便于教与学。

　　参加本书编写的作者是多年从事一线教学的教师,具有较为丰富的教学经验。在编写时注重原理与实践紧密结合,注重实用性和可操作性;案例的选取上注意从读者日常学习和工作的需要出发;文字叙述上深入浅出,通俗易懂。

　　本书由重庆建筑工程职业学院尹琳、张春燕担任主编,具体分工如下:张春燕编写第 1 章、黎志编写第 2 章、魏绍芬编写第 3 章、尹琳编写第 4 章、李豫诚编写第 5 章、庞玥编写第 6 章、王武兵编写第 7 章、向丽娜编写第 8 章。李豫诚认真了审阅书稿,并提出许多宝贵意见。全书编写过程中,李宇航对编写的内容进行了审校工作,并做了部分文字校对工作。

　　由于本教材的知识面较广,要将众多的知识很好地贯穿起来,难度较大,不足之处在所难免。为便于以后教材的修订,恳请专家、教师及读者多提宝贵意见。

编　者

2016 年 6 月

目 录

第1章

计算机基础知识

知识提要

本章主要介绍计算机的发展过程、计算机的特点、计算机的应用领域和分类、计算机中信息的表示和存储单位、计算机中的数制和各数制之间的转换、计算机系统的组成、硬件系统和软件系统。

教学目标

了解计算机的发展过程、特点、应用领域及其分类；

掌握信息在计算机中的表示；

掌握进位计数制的概念及数制之间的相互转换；

掌握冯·诺依曼原理；

掌握计算机系统的基本组成(硬件系统和软件系统)。

1.1　计算机概述

1.1.1　计算机的发展

1. 计算机的诞生

1946 年 2 月，第一台计算机 ENIAC 在费城公之于世，它由美国政府和宾夕法尼亚大学共同研制成功。ENIAC 占地面积为 170 m^2，重达 30 多 t，耗电量每小时 150 kW，使用了18 000 个电子管，70 000 个电阻器，有 5 百万个焊接点，其运算速度仅为 5 000 次/s，且可靠性，但它的诞生揭开了人类科技的新纪元，即第 4 次科技革命的开端。

2. 计算机的发展阶段

根据制造计算机所使用的电子器件的不同，通常将计算机的发展划分为 4 个时代，即电子管时代、晶体管时代、集成电路和大规模集成电路时代。

第 1 代电子管计算机（1946—1957 年）

第 1 代计算机的特点：基本逻辑电路采用电子管构成逻辑电路。因此计算机体积庞大、笨重、耗电量大、运行速度慢（每秒几千到几万次）、工作可靠性差、难以使用和维护，造价极高，主要用于军事领域和科学研究工作中的科学计算。

第 2 代晶体管计算机（1957—1964 年）

第 2 代计算机的特点：基本逻辑电路由晶体管电子元件组成。与第 1 代电子相比，第 2代计算机的质量、体积显著减小，运算速度大幅度提高（每秒几万到几十万次），功耗低、性能更稳定，其应用扩展到数据处理和事务管理。

第 3 代集成电路计算机（1964—1972 年）

第 3 代计算机的特点：基本逻辑电路由中、小规模集成电路组成。集成电路是在几平方毫米的基片上集中了几十个或上百个电子元件组成的逻辑电路。由于采用了集成电路，第 3 代计算机各方面性能都有了极大的提高，主要表现在体积缩小、价格降低、功能增强、可靠性大大提高。

第 4 代人规模集成电路计算机（1972 至今）

第 4 代电子计算机采用大规模和超大规模集成电路构成逻辑电路。随着集成电路集成度的大幅度提高，计算机的体积、重量、功耗急剧下降，而运算速度（每几百万到上亿次）、可靠性、存储容量等迅速提高。计算机的应用已广泛深入人类社会生活的各个领域，特别是计算机技术与通信技术紧密结合的计算机网络，标志着计算机科学技术的发展进入了以计算机网络为特征的新时代。

1.1.2　计算机的基本特点

1. 运算速度快

现代巨型计算机的运算速度已达百万亿次/s 以上。过去人工需要几年、几十年才能完成的大量、复杂的科学计算工作,现在使用计算机只需几天或几小时甚至更少的时间就完成了。

2. 运算精度高

电子计算机的计算精度在理论上不受限制,一般的计算机均能达到15位有效数字,通过一定的技术手段,可以实现任何精度要求。目前使用计算机计算得到的圆周率的值已达到小数点后的上亿位。

3. 有很强的记忆能力

计算机具有记忆信息的能力,可存储大量的数据和程序,并将处理或计算结果保存起来。这也是计算机区别于其他计算工具的基本特点。

4. 具有逻辑判断

计算机除了能进行数值计算,还可以进行逻辑判断运算。借助于逻辑运算,可以让计算机作出逻辑判断,分析命题是否成立,并可根据命题成立与否做出相应的对策。例如,数学中有个"四色问题",说是不论多么复杂的地图,使相邻区域的颜色不同,最多只需4种颜色就够了。100多年来不少数学家一直想去证明它或者推翻它,却一直没有结果,成了数学中著名的难题。1976年两位美国数学家终于使用计算机进行了非常复杂的逻辑推理验证了这个著名的猜想。

5. 运行过程自动化

计算机与以前所有计算工具的本质区别在于它能够摆脱人的干预,自动、高速、连续地进行各种操作。计算机从正式操作开始到输出操作结果,整个过程都是在程序控制下自动进行的。

1.1.3 计算机的主要应用领域

计算机的应用领域已渗透社会的各行各业,正在改变着传统的工作、学习和生活方式,推动着社会的发展。计算机的主要应用领域如下:

1. 科学计算(或数值计算)

科学计算是指利用计算机来完成科学研究和工程技术中提出的数学问题的计算。在现代科学技术工作中,科学计算问题是大量的和复杂的。利用计算机的高速计算、大存储容量和连续运算的能力,可以实现人工无法解决的各种科学计算问题。例如,建筑设计中为了确定构件尺寸,通过弹性力学导出一系列复杂方程,长期以来由于计算方法跟不上而一直无法求解。而计算机不但能求解这类方程,并且引起弹性理论上的一次突破,出现了有限单元法。

2. 数据处理(或信息处理)

信息处理包括对信息的收集、转换、存储、分类、排序、统计、查询、传输等一系列加工处理工作,其结果是获得有用的信息,为管理和决策提供依据。据统计,80%以上的计算机主要用于信息处理,这类工作量大面宽,决定了计算机应用的主导方向。目前信息处理已广泛应用于办公自动化、经济领域的各种生产经营管理、人口统计、档案管理、飞机订票等各个方面。

3.过程控制

过程控制又称实时控制。过程控制是利用计算机及时采集、检测、分析控制对象的有关数据,按最优值迅速地对控制对象进行自动调节或自动控制。采用计算机进行过程控制,不仅可以大大提高控制的自动化水平,而且可以提高控制的及时性和准确性,从而改善劳动条件、提高产品质量及合格率。因此,计算机过程控制已在机械、冶金、石油、化工、纺织、水电、航天等部门得到广泛的应用。例如,在汽车工业方面,利用计算机控制机床、控制整个装配流水线,不仅可以实现精度要求高、形状复杂的零件加工自动化,而且可以使整个车间或工厂实现自动化。

4.计算机辅助工程

利用计算机的高速计算能力、逻辑判断功能、大容量存储和图形处理功能来部分地代替或帮助人完成各种工作,称之为计算机辅助工程。如计算机辅助设计(CAD)、计算机辅助制造(CAM)、计算机辅助测试(CAT)、计算机辅助教学(CAI),计算机辅助出版(CAP)等。

5.人工智能

人工智能(Artificial Intelligence)是计算机模拟人类的智能活动,诸如感知、判断、理解、学习、问题求解和图像识别等。现在人工智能的研究已取得不少成果,有些已开始走向实用阶段。例如,能模拟高水平医学专家进行疾病诊疗的专家系统,具有一定思维能力的智能机器人等。

6.计算机网络

计算机网络是计算机技术与现代通信技术结合的产物,因特网的发展是信息技术领域时代的里程碑。网络彻底改变了人们获取信息的方式,必将对人们的生产和生活产生革命性的影响。

7.电子商务

电子商务是利用计算机系统和互联网络所进行的商业活动。它包括电子邮件、电子数据交换、电子资金转账、快速响应系统、电子表单和信用卡交易等电子商务的一系列应用。

1.1.4 计算机的分类

按照计算机的规模分,一般将计算机分为:

1.巨型机

巨型机是指运算速度超过 1 亿次/s 的高性能计算机,它是目前功能最强、速度最快、软硬件配套齐备、价格最贵的计算机,主要用于解决诸如气象、太空、能源、医药等尖端科学研究和战略武器研制中的复杂计算,是衡量一个国家经济实力和科技水平的重要标志。

2. 大中型机

大中型机具有很强的数据处理能力和管理能力，工作速度相对较快。结构上较巨型机简单，价格相对巨型机便宜，因此使用的范围较巨型机普遍，是事务处理、商业处理、信息管理、大型数据库和数据通信的主要支柱。目前主要用于高等院校、较大的银行和科研院所等。

3. 小型计算机

小型计算机具有体积小、价格低、性能价格比高等优点，适合中小企业、事业单位用于工业控制、数据采集、分析计算、企业管理以及科学计算等。

4. 微型计算机

微型计算机也称个人计算机或PC，它价格低、功能齐全、设计先进、更新速度快，广泛应用于个人用户，具有极强的生命力。

5. 工作站

工作站是介于PC和小型机之间的高档微型计算机，工作站的独到之处是具有很强的图形交互能力，因此在工程设计领域得到广泛使用。

6. 服务器

随着计算机网络的普及和发展，一种可供网络用户共享的高性能计算机应运而生，这就是服务器。服务器一般具有大容量的存储设备和丰富的外部接口，运行网络操作系统，要求较高的运行速度，为此很多服务器都配置双CPU。常见的资源服务器有DNS(域名解析)服务器、E-mail(电子邮件)服务器、Web(网页)服务器、BBS(Bulletin Board System，电子公告板)服务器等。

按照计算机的应用分，可将计算机分为通用计算机和专用计算机。

按照计算机的工作原理分，可将计算机分为电子模拟计算机和电子数字计算机。

1.2 计算机中信息的表示与存储单位

在计算机中，信息的表示依赖于计算机内的物理器件的状态，信息用什么表示形式直接影响计算机的结构和性能。无论是指令、数据、图形还是声音，在计算机中都以二进制表示。采用二进制的主要原因有：

①技术实现简单，计算机是由逻辑电路组成，逻辑电路通常只有两个状态，开关的接通与断开，这两种状态正好可以用"1"和"0"表示。

②简化运算规则：两个二进制数和、积运算组合各有3种，运算规则简单，有利于简化计算机内部结构，提高运算速度。

③适合逻辑运算：逻辑代数是逻辑运算的理论依据，二进制只有两个数码，正好与逻辑代数中的"真"和"假"相吻合。

④易于进行转换，二进制与十进制数易于互相转换。

⑤用二进制表示数据具有抗干扰能力强，可靠性高等优点。因为每位数据只有高、低

两个状态,当受到一定程度的干扰时,仍能可靠地分辨出它是高还是低。

1.2.1 进位计数制

所谓进位计数制就是使用一组固定的数字和一套统一的规则来表示数的方法。在日常生活中最常用的是十进制数。十进制数是一种进位计数制,它有 0~9 这十个数字,进位的规则是"逢十进一"。我们把 0~9 这十个数字符号称为数码,数码的总个数称为基数,(如十进制的基数是 10,二进制的基数是 2,依次类推,八进制的基数是 8),不同的位置有各自的位权,通常称某个固定位置上的计数单位为位权。例如,在十进制计数中,十位数位置上的位权为 10^1,百位数位置上的位权为 10^2,千位数位置上的位权为 10^3,而在小数点后第 1 位上的位权为 10^{-1}。在计算机中,我们常用到的数制有二进制、八进制、十进制和十六进制,见表 1.1。

表 1.1 常用进制数

名 称	表示符号	基本数字符号	进位规则
十进制	D	0~9	逢十进一
二进制	B	0、1	逢二进一
八进制	O	0~7	逢八进一
十六进制	H	0~9,A,B,C,D,E,F	逢十六进一

进制数的书写规则有两种:在进制数后面加英文标志或在括号外面加数字下标。

1. 在数字后面加英文标志

B(Binary):表示二进制数。如二进制数 100 可写成 100B。

O(Octonary):表示八进制数。如八进制数 500 可写成 500O。

D(Decimal):表示十进制数。如十进制数 500 可写成 500D。一般约定 D 可省去不写,即无后缀的数字为十进制数。

H(Hexadecimal):表示十六进制数。如十六进制数 500 可写成 500H。

2. 在括号外面加数字下标

$(1001)_2$:表示二进制数 1001。

$(3423)_8$:表示八进制数 3423。

$(5679)_{10}$:表示十进制数 5679。

$(3FE5)_{16}$:表示十六进制数 3FE5。

1.2.2 进位计数制之间的转换

1. 非十进制数转换成十进制数

转换方法:将要转换的非十进制数的各位数字与它的位权相乘,其积相加,和数就是十进制数。例:

$$(101101.11)_2 = 1 \times 2^5 + 0 \times 2^4 + 1 \times 2^3 + 1 \times 2^2 + 0 \times 2^1 + 1 \times 2^0 + 1 \times 2^{-1} + 1 \times 2^{-2}$$
$$= 32 + 0 + 8 + 4 + 0 + 1 + 0.5 + 0.25$$
$$= (45.75)_{10}$$

$$(123.4)_8 = 1 \times 8^2 + 2 \times 8^1 + 3 \times 8^0 + 4 \times 8^{-1} = 64 + 16 + 3 + 0.5 = (83.5)_{10}$$

$$(5F.A)_{16} = 5 \times 16^1 + 15 \times 16^0 + 10 \times 16^{-1} = 80 + 15 + 0.625 = (95.625)_{10}$$

2. 十进制数转换成非十进制数

转换方法：将十进制数转换为其他进制数时，可将此数分成整数与小数两部分分别转换，然后再拼接起来即可。

整数部分转换：将十进制整数连续除以非十进制数的基数，并将所得余数保留下来，直到商为0，然后用"倒数"的方式（第一次相除所得余数为最低位，最后一次相除所得余数为最高位），将各次相除所得余数组合起来即为所要求的结果。此法称为"除以基数倒取余法"。

小数部分转换：将十进制小数连续乘以非十进制数的基数，并将每次相乘后所得的整数保留下来，直到小数部分为0或已满足精确度要求为止，然后将每次相乘所得的整数部分按先后顺序（第一次相乘所得整数部分为最高值，最后一次相乘所得的整数部分为最低值）组合起来。

说明：

①十进制纯小数转换时，若遇到转换过程无穷尽时，应根据精度的要求确定保留几位小数，以得到一个近似值。

②十进制与八进制、十六进制的转换方法和十进制与二进制之间的转换方法相同，这里不再举例。

3. 二、八、十六进制数的相互转换

①二进制数与八进制数之间的转换，由于一位八进制数对应3位二进制数，因此转换方法如下：

二进制数转换为八进制数：将二进制数以小数点为界，分别向左、向右每3位分为一组，不足3位时用0补足（整数在高位补0，小数在低位补0），然后将每组3位二进制数转换成对应的八进制数。

例：将(1011010.1)转换成八进制数。

001　011　010　100

1　　3　　2　　4　　　　　　　(1011010.1)_2 = (132.4)_8

八进制数转换为二进制数：按原数位的顺序，将每位八进制数等值转换成3位二进制数。

例：将八进制数(756.3)转换成二进制数。

7　　5　　6　　3

111　101　110　011　　　　　(756.3)_8 = (111101110.011)_2

②二进制数与十六进制数之间的转换：由于一位十六进制数对应4位二进制数，因而转换方法如下：

二进制数转换为十六进制数:将二进制数以小数点为界,分别向左、向右每 4 位分为一组,不足 4 位时用 0 补足(整数在高位补 0,小数在低位补 0),然后将每组的 4 位二进制数等值转换成对应的十六进制数。

例:将二进制数(1100111001.001011)转换成十六进制数。

0011 0011 1001 0010 1100

3　　3　　9　　2　　C　　　　　(1100111001.001011)$_2$ = (339.2C)$_{16}$

十六进制数转换为二进制数:按原数位的顺序,将每位十六进制数等值转换成 4 位二进制数。

例:将(AB3.57)转换成二进制数

A　　B　　3　　5　　7

1010　1011　0011　0101　0111　　(AB3.57)$_{16}$ = (101010110011.01010111)$_2$

八进制转换为二进制数的方法与十六进制转换为二进制的方法相同。

1.2.3　信息的存储单位

b(位,bit):是二进制数的最小单位,即一位二进制数,有 0 和 1 两个值。在计算机网络通信中,常用 bps(位/秒)来衡量数据传输速率的快慢。

B(字节,Byte):由 8 位二进制数构成,即:1 Byte = 8 bit。字节是衡量存储器容量的基本单位,常用的单位还有:kB,MB,GB,TB 等,换算关系如下:

$$1 \text{ kB} = 2^{10}\text{B} \quad 1 \text{ MB} = 2^{10}\text{kB} \quad 1 \text{ GB} = 2^{10}\text{MB} \quad 1 \text{ TB} = 2^{10}\text{GB}$$

1.2.4　非数值信息的表示

一般将数据分为数值型数据和非数值型数据。数值型数据用于衡量量的大小;非数值型数据用于表示各类信息,如文字、声音、图形、图像等。关于非数值型数据的编码,各个国家的文字表示有相应国家标准,声音、图形、图像有相应的行业标准和国际标准。下面介绍几种常见的文字编码标准。

1. 字符型信息的编码(ASCII 码)

ASCII(American Standard Code for Information Interchange)码,是"美国信息交换标准代码"的简称,是英文文字系统的编码标准。编码包括 0 ~ 9 十个数码符号,52 个大、小写英文字母,32 个标点符号和运算符,34 个控制符,共计 128 个字符。这需要用 7 位二进制编码表示,所以采用一个字节,最高位置 0,传输时最高位可以作为奇偶校验。7 位 ASCII 码字符编码表如表 1.2 所示。

表 1.2　ASCII 码表

高3位 底4位	000	001	010	011	100	101	110	111
0000	NUL	DLE	SP	0	@	P	、	p
0001	SOH	DC1	!	1	A	Q	a	q

高3位 底4位	000	001	010	011	100	101	110	111
0010	STX	DC2	"	2	B	R	b	r
0011	ETX	DC3	#	3	C	S	c	s
0100	EOT	DC4	MYM	4	D	T	d	t
0101	ENQ	NAK	%	5	E	U	e	u
0110	ACK	SYN	&	6	F	V	f	v
0111	BEL	ETB	'	7	G	W	g	w
1000	BS	CAN	(	8	X	h	x	
1000	BS	CAN	(	8	H	X	h	x
1001	HT	EM	)	9	I	Y	i	y
1010	LF	SUB	*	:	J	Z	j	z
1011	VT	ESC	+	;	K	[	k	{
1100	FF	FS	,	<	L	\	l	|
1101	CR	GS	−	=	M	]	m	}
1110	SO	RS	.	>	N	^	n	~
1111	SI	US	/	?	O	—	o	DEL

例如:字符 A 的 ASCII 码是 1000001。若用十进制数可表示为 65D,用十六进制数可表示为 41H。

2. 汉字编码

汉字是象形文字,由于汉字自身的特点,汉字没法像英文一样通过简单元素(如字母)来表示。因此,汉字的编码采用一字一码的方式。汉字编码的输入、处理和显示方式都和英文不同,包含了用于输入的输入码,用于交换的国标码,用于内部处理的内码和用于打印显示的字形码。

(1)汉字输入码

汉字输入码是为了将汉字通过键盘输入计算机而设计的代码,是代表某个汉字的一组键盘符号,也称外码。外码多数为 4 个字节。每一个汉字对应一个外码,不同的输入方法,其汉字的外码是不同的。输入法必须将键盘所输入的字符序列转换成机器内部表示的内码存储和处理。输入码和机内码之间的转换通过键盘管理程序实现。常用的汉字输入法有拼音码、五笔码、区位码等。

(2)汉字交换码

汉字交换码是指在对汉字进行传递和交换时使用的编码,也称国标码。1981 年,国家标准局颁布了《信息交换用汉字编码字符集(基本集)》,简称 GB 2312—80,代号国标码,是在汉字信息处理过程中使用的代码的依据。GB 2312—80 共收集汉字、字母、图形等字符

7 445个,其中汉字6 763 个(常用的一级汉字3 755 个,按汉语拼音字母顺序排列;二级汉字3 008 个,按部首顺序排列),此外,还包括一般符号、数字、拉丁字母、希腊字母、汉语拼音字母等。在该标准集中,每个汉字或图形符号均采用双字节表示,每个字节只用低7 位;将汉字或图形符号分为 94 个区,每个区分为 94 个位,高字节表示区号,低字节表示位号。国标码一般用十六进制表示,在一个汉字的区号和位号上分别加十六进制 20H,即构成该汉字的国标码。例如,汉字"啊"位于 16 区 01 位,其区位码为十进制数 1601D(即十六进制数 1001H),对应的国标码为十六进制数 3021H。

(3)汉字机内码

汉字机内码是供计算机内部进行存储、处理、传输汉字用的代码,也称内码。在计算机内,一个汉字或图形符号的内码一般用 2 个字节表示,每个字节一般只用 7 位,最高位均置1。无论汉字的输入方式如何,但是对于同一个汉字来说,它的内码是相同的。

汉字国标码作为一种国家标准,是所有汉字都必须遵循的统一标准,但由于国标码每个字节的最高位都是"0",与国际通用的 ASCII 码无法区别,必须经过某种变换才能在计算机中使用,英文字符的机内代码是 7 位的 ASCII 码,最高位为"0",而将汉字机内代码两个字节的最高位设置为"1",这就形成汉字的内码。

(4)汉字字形码

汉字字形码是表示汉字字形信息的编码,也称汉字输出码。目前在汉字信息处理系统中大多以点阵方式形成汉字,所以汉字字形码就是确定一个汉字字形点阵的代码,点阵字形中的每一点用一个二进制位来表示。随着字形点阵的不同,它们所需要的二进制位数也不同,例 24×24 的字形点阵,每字需要 72 字节;32×32 的字形点阵,每字共需 128 字节,与每个汉字对应的这一串字节,就是汉字的字形码。

1.2.5　二进制数的运算

二进制数在计算机中可进行算术运算和逻辑运算。

1. 算术运算

下面是二进制数算数运算的规则。

加法:0 + 0 = 0　　1 + 0 = 0 + 1 = 1　　1 + 1 = 10

减法:0 − 0 = 0　　10 − 1 = 1　　1 − 0 = 1　　1 − 1 = 0

乘法:0 × 0 = 0　　0 × 1 = 1 × 0 = 0　　1 × 1 = 1

除法:0 ÷ 1 = 0　　1 ÷ 1 = 1

2. 逻辑运算

逻辑运算是对逻辑量的运算,对二进制数"0""1"赋予逻辑含义,就可以表示逻辑量的"真"与"假"。逻辑运算有 3 种基本运算:逻辑加、逻辑乘和逻辑非。逻辑运算与算术运算一样按位进行,但是,位与位之间不存在进位和借位的关系。

逻辑加运算(又称或运算):运算符用"∨"或"+"表示。

逻辑乘运算(又称与运算):运算符用"∧"或"×"表示。

逻辑非运算(又称非运算):运算符用"−"表示。

设 A、B 为逻辑变量,则它们的逻辑运算关系如表 1.3 所示。

表 1.3　逻辑运算关系表

A	B	A∨B	A∧B	$\overline{A}$	$\overline{B}$
0	0	0	0	1	1
0	1	1	0	1	0
1	0	1	0	0	1
1	1	1	1	0	0

1.2.6　数值在计算机中的表示

1. 二进制数的原码、反码和补码表示

计算机中使用二进制数,所有符号、数的正负号都是用二进制数值代码表示的。在数值的最高位用"0"和"1"分别表示数的正、负号。一个数(包括符号)在计算机中的表示形式称为机器数,机器数有 3 种表示法:原码、反码和补码。机器数将符号位和数值位一起编码,机器数对应的原来数值称为真值。如机器数 1101 所示的真值是 −5,而不是 13。

(1)原码表示法

在原码表示方法中,数值用绝对值表示,在数值的最左边用"0"和"1"分别表示正数和负数,写作[X]$_{原}$。

例:在 8 位二进制数中,十进制数 +22,−22,+0,−0 的原码表示为:

[+22]$_{原}$ = 00010110

[−22]$_{原}$ = 10010110

[+0]$_{原}$ = 00000000

[−0]$_{原}$ = 10000000

(2)反码表示法

正数的反码等于这个数本身,负数的反码等于其绝对值各位求反(符号位除外)。

例:在 8 位二进制数中,十进制数 +127,−127,+0,−0 的反码表示为:

[+127]$_{反}$ = 01111111

[−127]$_{反}$ = 10000000

[+0]$_{反}$ = 00000000

[−0]$_{反}$ = 11111111

(3)补码表示法

机器数的补码可以通过原码得到。正数的补码与其原码相同;负数的补码是把其原码除符号位外的其余数值位全部按位取反,然后在最低位加 1。简单地说,负数的补码就等于该数的反码加 1。

例:在 8 位二进制数中,十进制数 +127,−127,+0,−0 的补码表示为:

[+127]$_{补}$ = 01111111

$$[-127]_\text{补} = 10000001$$
$$[+0]_\text{补} = 00000000$$
$$[-0]_\text{补} = 00000000$$

2. 定点数和浮点数

在计算机中,一个数如果小数点的位置是固定的,则称为定点数,否则称为浮点数。

(1)定点数

定点数一般把小数点固定在数值部分的最高位之前,即在符号位与数值部分之间,或把小数点固定在数值部分的最后面。前者将数表示成纯小数,后者把数表示成整数。

(2)浮点数

浮点数是指在数的表示中,其小数点的位置是浮动的。任意一个二进制数 N 可以表示成:

$$N = M \times 2^e$$

其中,e 是一个二进制整数,M 是二进制小数,这里称 e 为数 N 的阶码,M 称为数 N 的尾数,M 表示了数 N 的全部有效数字,阶码 e 指明了小数点的位置。

在计算机中,一个浮点数的表示分为阶码和尾数两个部分,格式如下:

Ms	Es	E	M
尾符	阶符	阶码	尾数

其中,阶码确定了小数点的位置,表示数的范围;尾数则表示数的精度;尾符也称数符。浮点数的表示范围比定点数大得多,精度也高。

1.3 微型计算机工作原理与系统组成

1.3.1 计算机工作原理

1. 指令、指令系统与程序

指令是一组能被计算机识别并执行的二进制数据代码,是让计算机完成某个操作的命令。一条指令通常由两个部分组成,前面部分称为操作码,后面部分称为操作数。操作码指明该条指令要完成的操作,如加、减、乘、除、逻辑运算等。操作数是指参加运算的数据或者数据所在的存储单元地址。

一台计算机所能执行的全部指令的集合,称为这台计算机的指令系统。指令系统比较充分地说明了计算机对数据进行处理的能力。不同种类的计算机,其指令系统的指令数目与格式也不同。指令系统是根据计算机使用要求设计的。

指令系统是计算机基本功能具体而集中的体现。但无论哪种类型的计算机,指令系统都应具有以下功能的指令:

①数据传送指令:将数据在内存与 CPU 之间进行传送。

②数据处理指令:对数据进行算术或逻辑运算。

③程序控制指令:控制程序中指令的执行顺序。如条件转移、无条件转移、调用子程序、返回、暂停、终止等。

④输入/输出指令:用于实现外部设备与主机之间的数据传输。

⑤其他指令:对计算机的硬件进行管理。

用户根据解决某项问题所需的步骤,选择适当的指令,将它们一条一条地按照某种顺序进行有序的排列,计算机依次执行这些指令序列,便可完成预定的任务。按照一定要求组织构成的可完成若干项操作的指令序列就是程序。

2.计算机的工作原理

(1)冯·诺依曼原理

"存储程序控制"原理是1946年由美籍匈牙利数学家冯·诺依曼提出的,所以又称为"冯·诺依曼原理"。该原理确立了现代计算机的基本组成的工作方式,直到现在,计算机的设计与制造依然沿着"冯·诺依曼"体系结构。

(2)"存储程序控制"原理的基本内容

①采用二进制形式表示数据和指令。

②将程序(数据和指令序列)预先存放在主存储器中(程序存储),使计算机在工作时能够自动、高速地从存储器中取出指令,并加以执行(程序控制)。

③由运算器、控制器、存储器、输入设备、输出设备五大基本部件组成计算机硬件体系结构。

(3)计算机工作过程(见图1.1)

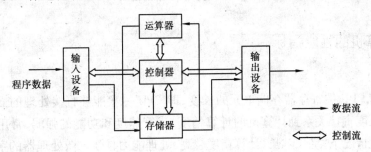

图1.1 计算机工作原理图

第1步:将程序和数据通过输入设备送入存储器。

第2步:启动运行后,计算机从存储器中取出程序指令送到控制器去识别,分析该指令要做什么事。

第3步:控制器根据指令的含义发出相应的命令(如加法、减法),将存储单元中存放的操作数据取出送往运算器进行运算,再把运算结果送回存储器指定的单元中。

第4步:当运算任务完成后,就可以根据指令将结果通过输出设备输出。

1.3.2 计算机系统组成

一个完整的计算机系统是由计算机硬件系统和计算机软件系统两部分组成(见图1.2)。硬件系统是构成计算机系统的各种物理设备的总称。软件系统是运行、管理和维护计算机的各类程序和文档的总和,是计算机的灵魂。

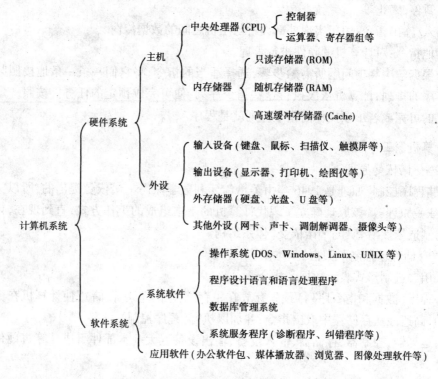

图 1.2　计算机系统的组成

1.3.3　计算机的性能指标

1. 字长

字长是指 CPU 中寄存器存储单元的长度,即 CPU 一次能够直接处理的二进制数据的位数。它的长度直接关系到计算机的计算精度、运算速度和功能的强弱,常用于衡量 CPU 的性能。一般情况下,字长越长,计算精度越高,处理能力越强。微处理器的字长已从早期的 4 位、8 位,发展到了 16 位、32 位,目前已到 64 位。

2. 运算速度

运算速度是指计算机每秒钟能够执行的指令数目,常用单位是 MIPS(百万条指令/秒)。

3. 主频

主频是指计算机的时钟频率,是决定计算机运算速度的一个重要指标。一般来讲,时钟频率越高,运算速度越快。主频的单位是 MHz 或 GHz。

4. 内存容量

内存容量通常是指在内存储器的 RAM 中能够储存信息的总字节数。它的大小反映了计算机存储程序和处理数据能力的大小,容量越大,运行速度越快。

5. 外部设备的配置

主机所配置的外部设备的多少与好坏,也是衡量计算机综合性能的重要指标。

6. 软件的配置

合理安装与使用丰富的软件可以充分地发挥计算机的作用和效率,方便用户的使用。

1.4 微型计算机的硬件系统

在计算机系统中,硬件系统是构成计算机系统各个功能部件的物理实体,是计算机能够工作的物质基础,这些部件一般是由电子电路和机械设备构成的。一个计算机系统性能的高低在很大程度上取决于硬件的性能配置。

根据冯·诺依曼提出的计算机设计思想,计算机的硬件结构主要由五部分构成。

1.4.1 控制器

控制器是计算机系统的神经中枢和指挥中心,用于控制、指挥计算机系统的各个部分协调工作。其基本功能是从内存中取出指令,对指令进行分析,然后根据该指令的功能向有关部件发出控制命令,以完成该指令所规定的任务。它主要由程序计数器、指令寄存器、指令译码器、操作控制电路和时序控制电路等组成。

1.4.2 运算器

运算器又称算术逻辑单元,是对信息进行加工处理的部件,主要由算术逻辑运算器、累加寄存器、数据缓冲寄存器和状态寄存器等组成。运算器的主要功能是在控制器的控制下,对取自内存或寄存器的二进制数据进行各种加工处理,如加、减、乘、除等算术运算和与、或、非、比较等逻辑运算后,再将运算结果暂存在寄存器或送到内存中保存。

控制器和运算器之间在结构关系上非常紧密,随着半导体工艺的进步,运算器和控制器集成在一个芯片上,形成中央处理器(Central Processing Unit,CPU)。

1.4.3 存储器

存储器是用来存储程序和数据的部件,有了存储器,计算机才有记忆功能,才能保证正常工作。按用途,存储器可分内存储器和外存储器两大类。

1. 内存储器

内存又称主存储器(见图1.3),主要用来存放 CPU 工作时用到的程序和数据以及计算后得到的结果。它的特点是工作速度快、容量较小、价格较高。

(1)只读存储器(ROM)

ROM 主要用来存放固定不变的程序、数据,如 BIOS 程序,这些程序是它们厂商在制造时用特殊方法写入的,断电后其中的信息不会丢失。主板和显卡上的 BIOS 芯片(存储 CPU 参数、内存参数、芯片组参数)属于 ROM。

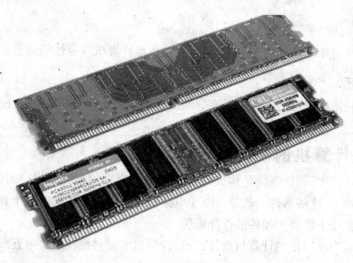

图 1.3　内存条外观

（2）随机存储器（RAM）

RAM 是一种读写存储器，其内容可以随时根据需要读出，也可以随时重新写入新的信息。由于信息是通过电信号写入的，因此，在计算机断电后 RAM 中的信息会丢失。内存芯片、显存芯片，CPU 的缓存（Cache）都属于 RAM。

（3）高速缓冲存储器（Cache）

主存由于容量大、寻址系统繁多、读写电路复杂，造成了主存的工作速度大大低于 CPU 的工作速度，影响了计算机的性能。高速缓冲存储器（Cache）解决了主存速度慢与 CPU 运算快的矛盾。Cache 中存放常用的程序和数据，当 CPU 访问这些程序和数据时，首先从高速缓存中查找，如果所需程序和数据不在 Cache 中，则到主存中读取数据，同时将数据写入 Cache 中。因此采用 Cache 可以提高系统的运行速度。

CPU 和内存储器构成计算机的主机。

2. 外存储器

外存储器又称辅助存储器，是内存储器的补充和后援，主要用于存放计算机当前不处理的程序和大量的数据。保存在外存储器中的程序和数据只在需要时，才会调入到内存中，再由 CPU 执行或处理。外存储器容量大，保存的程序和数据在断电后也不会丢失，弥补了内存储器 RAM 的容量小，断电后丢失数据的缺陷。

（1）硬盘存储器

硬盘是由固定在机箱内硬质的合金材料构成的多张盘片组成，连同驱动器一起密封在壳体中。硬盘多层磁性盘片被逻辑划分为若干同心柱面，每一柱面又被分成若干个等分的扇区，每个扇区的容量也与软盘一样，通常是 512 个字节。

硬盘常常被封装在硬盒内，固定安装在机箱里，难以移动。因此，它不能像 U 盘那样便于携带，但它比软盘存储信息密度大、容量大、读写速度也比 U 盘快。所以，人们常用硬盘来存储经常使用的程序和数据。目前微型机配备的硬盘存储容量大多在 120～320 GB（见图 1.4）。

（2）光盘存储器

光盘存储器包括光盘驱动器（光驱）和光盘，光驱是采用激光扫描的方法从光盘上读取信息，光盘是利用塑料基片的凹凸来记录信息的。光盘具有存储容量大、记录密度高、读取速度快、使用寿命高的特点，并且携带方便、价格低廉，已经成为存储数据的重要手段。目前市面上的光盘包括 CD-ROM、DVD-ROM 和可擦写型光盘 3 种。

（3）移动存储器

移动存储器是一种可以直接插在 USB（通用串行总线）端口上的能读写的外存储器，主要是指移动硬盘和闪存。

移动硬盘实质上就是将笔记本硬盘加上移动硬盘盒构成，利用它可以将大量数据随身携带，弥补了计算机硬盘容量的不足。

图 1.4　硬盘内部结构

闪存，也就是 U 盘，U 盘的接口一般为 USB 接口（接口类型有 USB 1.1，USB 2.0，USB 3.0 三种），它具有体积小、质量轻、读写速度快、保存信息可靠等优点。

1.4.4　输入设备

输入设备是向计算机输入程序、数据和命令的部件。输入设备的种类很多，目前微机上常用的有键盘、鼠标器，有时还用到扫描仪、条形码阅读器、手写输入装置及语音输入装置等。

1. 键盘

键盘是计算机必备的标准输入设备，用户的程序、数据以及各种对计算机的命令都可以通过键盘输入。常用的键盘有 101 键、104 键和 108 键等，PC 机一般使用 104 键盘。键位一般分为 4 个区，主键盘（打字）区、功能键区、控制键区、数字小键盘区（见图 1.5）。

图 1.5　键盘

（1）主键区

主键区是键盘的主要使用区，用来输入各种字母、数字、常用运算符、标点和汉字等。主键盘区常用键的作用如下：

- Enter：回车键，换行键。
- Caps Lock：大小写字母转换键。
- Shift：上档键，常与其他键或鼠标组合使用，主要用于输入键位上方的字符。
- Ctrl：控制键，常与其他键或鼠标组合使用。
- Alt：变换键，常与其他键组合使用。
- Backspace：退格键，按一次，消除光标前边的一个字符。
- Tab：制表键，按一次，光标跳到下一个制表位。

（2）功能键区

键盘操作一般有两大类：一类是输入具体的内容，另一类是代表某种功能。功能键区的键位就属于第二类操作，具体功能由软件定义。

- F1～F12：每一个键位具体表示什么操作，由具体的应用软件来定义。不同的程序可以对它们有不同的操作功能定义。
- Print Screen：屏幕打印键，按该键会拷贝当前屏幕的内容。
- Scroll Lock：滚屏锁定键，按该键可以让屏幕的内容不再翻动，再按一次可取消锁定状态。
- Pause：暂停键，按该键可以暂停程序的执行，若要继续往下执行时，可以击打任意一个字符键。

（3）编辑键区

编辑键区是指在整个屏幕范围内，对光标的移动和有关的编辑操作等。该键区的光标移动键位只有在运行具有编辑功能的程序中才起作用。该键区的操作主要有以下几类：

- ↑、↓、←、→：相应为光标上移一行、光标下移一行、光标左移一列、光标右移一列。
- Home，End，Page Up，Page Down：光标移到行头或当前页头、光标移到行尾或当前页尾、光标移到上一页，光标移到下一页。
- Delete：删除光标当前位置及后边的一个字符。
- Insert：设置改写或插入状态。

（4）小键盘区

小键盘区是为专门从事录入数据的工作人员提供方便而准备的，包括：10 个数字键以及 +、-、×、√等键，共 17 个。

2. 鼠标

鼠标也是一种输入设备，主要应用于图形界面的系统，可以快速移动选择对象并完成特定操作。目前，微机上常用的鼠标有机械式和光电式两种。鼠标有指向、单击、双击、拖动和右键单击 5 种基本操作。

3. 扫描仪

扫描仪是计算机输入图片使用的主要设备，它内部有一套光电转换系统，可以把各种图片信息转换成计算机图像数据,并传送给计算机,再由计算机进行图像处理、编辑、存储、打印输出或传送给其他设备。

按色彩来分,扫描仪分成单色和彩色两种;按操作方式分,可分为手持式和台式扫描仪。扫描仪的主要技术指标有分辨率、灰度层次、扫描速度等。

1.4.5 输出设备

输出设备就是由计算机向外输出信息的外部设备。常用的输出设备有显示器、打印机、绘图仪等。

1. 显示器

显示器由监视器和显示适配器两部分组成,是微型计算机不可缺少的输出设备,是实现人机对话的主要工具。它既可显示程序运行的结果,又可显示输入的程序和数据等。显示器按大小来分,有 17 in*、19 in、21 in 等规格。按显示原理来分,主要有阴极射线管(CRT)显示器(见图1.6)和液晶(LCD)显示器(见图1.7)。

图1.6　阴极射线管显示器　　　　图1.7　液晶显示器

显示器的主要技术指标有屏幕尺寸、点距、显示分辨率、灰度和颜色深度及刷新频率。

● 分辨率:是指屏幕上横向、纵向发光点的点数。一个发光点称为一个像素。分辨率越高,显示的图像越细腻、越清晰。目前常见显示器的分辨率有 640 × 480、800 × 600、1 024 ×768、1 280 × 1 024 等。

● 灰度级:每个像素点的亮暗层次级别,或者可以显示的颜色的数目,其值越高,图像层次越清楚、逼真。若用8位来表示一个像素,则可有256级灰度或颜色。

● 刷新频率:指每秒钟内屏幕画面刷新的次数。刷新频率越高,画面闪烁越小,通常是75～90 Hz。

2. 打印机

打印机是计算机系统中常用的输出设备。可以将电子化的各种文档,如文字、图形、图像输出到纸张上。根据打印机的工作原理,可以将打印机分为针式打印机、喷墨打印机和激光打印机3类(见图1.8—图1.10)。

● 针式打印机:目前主要用于发票、存款凭票等专用票据的打印,在银行、财务部门里

＊ 1 in = 2.54 cm

应用较广。它在打印时是用带色的钢针击打纸张,所以打出的文字会有明显的色斑,从而具有一定的防伪效果。

• 喷墨打印机:是通过喷墨头喷出的墨滴来进行打印的。它的价格低廉、打印速度适中且打印质量较好,非常适合普通家庭和学生使用。

• 激光打印机:打印速度快、质量高,由于它的价格较高,目前主要用于公司或集团用户。

图1.8　针式打印机　　　　　图1.9　喷墨打印机　　　　　图1.10　激光打印机

3.绘图仪

绘图仪是一种输出图形硬拷贝的输出设备。绘图仪可以绘制各种平面、立体的图形,已成为计算机辅助设计(CAD)中不可缺少的设备。绘图仪按工作原理分为笔式绘图仪和喷墨绘图仪。它主要运用于建筑、服装、机械、电子、地质等行业中。(见图1.11)。

图1.11　绘图仪

1.4.6　总线

为了实现 CPU、存储器和外部输入/输出设备之间的信息连接,微机系统采用了总线结构。所谓总线(BUS)是指能为多个功能部件服务的一组信息传送线,是实现 CPU、存储器和外部输入/输出接口之间相互传送信息的公共通道。按功能不同,微机的总线又可分为地址总线、数据总线和控制总线三类。

• 地址总线(AB):用来传送 CPU 发出的地址信号,是一条单向传输线,目的是指明与 CPU 交换信息的内存单元或输入/输出设备的地址。地址总线的根数反映了微机的直接寻址能力,即一个微机系统的最大内存容量。例如:Intel 80286 微机系统有 24 根地址线,直接寻址范围为 $2^{24} = 16$ MB;Intel 80486、Pentium 微机系统有 32 根地址线;直接寻址范围为 $2^{32} = 4$ GB。

● 数据总线(DB):用来传输数据信息,它是双向传输的总线,CPU既可以通过数据总线从内存或输入设备读入数据,又可以通过数据总线将内部数据送至内存或输出设备。16位的微机,一次可传送16位数据;32位的微机,一次可传送32位数据。

● 控制总线(CB):CPU向内存及输入输出接口发送命令信号的通路,同时也是外部设备或有关接口向CPU送回状态信息的通路。

1.5 微型计算机的软件系统

仅有硬件,计算机什么事情也不能干。硬件是计算机的实体,而软件是计算机的"灵魂",计算机的硬件系统只有与软件系统密切配合,才能正常工作。所谓"软件"是各种程序的总称,不同功能的软件由不同的程序组成,这些程序通常被存储在计算机的外部存储器中,需要使用时装入内存运行。软件的作用是为方便用户使用计算机,充分而有效地发挥计算机的功能。软件系统的好坏会直接影响计算机的应用。

计算机软件系统内容丰富,通常将软件分为两大类:系统软件和应用软件。

1.5.1 系统软件

系统软件是为管理、监控和维护计算机资源所设计的软件。它由计算机软件生产厂商研制提供,主要包括操作系统、语言处理程序、数据库管理系统、服务性程序等。

1. 操作系统(Operating System,OS)

操作系统是最重要的系统软件,是用户和计算机之间的接口。它是最底层的系统软件,是对硬件系统的首次扩充。通常它的主要任务是管理好计算机的全部资源,使用户能充分、有效地利用这些资源。

目前微机上常用的操作系统有:Windows系列操作系统、MS-DOS操作系统、UNIX操作系统和Linux操作系统等。

(1)操作系统的功能

计算机系统的资源可分为设备资源和信息资源两大类。设备资源指的是组成计算机的硬件设备,如中央处理器、主存储器、磁盘存储器、打印机、磁带存储器、显示器、键盘输入设备和鼠标等。信息资源指的是存放于计算机内的各种数据,如文件、程序库、知识库、系统软件和应用软件等。因此,从资源管理的观点出发,操作系统的功能可归纳为处理器管理(作业管理和进程管理)、存储器管理、设备管理和文件管理。

● 处理器管理:是操作系统资源管理功能的一个重要内容。在一个允许多道程序同时执行的系统里,操作系统会根据一定的策略将处理器交替地分配给系统内等待运行的程序。一道等待运行的程序只有在获得了处理器后才能运行。一道程序在运行中若遇到某个事件,例如启动外部设备而暂时不能继续运行下去,或一个外部事件的发生等,操作系统就要来处理相应的事件,然后将处理器重新分配。

● 存储管理:就是负责把内存单元分配给需要内存的程序以便让它执行,在程序执行结束后将它占用的内存单元收回以便再使用。对于提供虚拟存储的计算机系统、操作系统还要与硬件配合做好页面调度工作,根据执行程序的要求分配页面,在执行中将页面调入和调出内存以及回收页面等。

● 设备管理：主要是分配和回收外部设备以及控制外部设备按用户程序的要求进行操作等。对于非存储型外部设备，如打印机、显示器等，它们可以直接作为一个设备分配给一个用户程序，在使用完毕后回收以便给另一个需求的用户使用。对于存储型的外部设备，如 U 盘等，则是提供存储空间给用户，用来存放文件和数据。

● 文件管理：主要是向用户提供一个文件系统。一般来说，一个文件系统向用户提供创建文件、撤销文件、读写文件、打开和关闭文件等功能。有了文件系统后，用户可按文件名存取数据而无需知道这些数据存放在哪里。这种做法不仅便于用户使用，而且还有利于用户共享公共数据。此外，由于文件建立时允许创建者规定使用权限，这就可以保证数据的安全性。

（2）操作系统的分类

随着计算机软件和硬件技术的不断发展，已形成了多种不同类型的操作系统，以满足用户各种不同的应用要求，按照系统功能，通常把操作系统的类型分为：

● 单用户操作系统：系统每次只能支持运行一个用户程序，如在微型计算机上所使用的 MS-DOS。

● 批处理操作系统：用户将一批算题（或作业）输入计算机，然后由操作系统来控制作业自动执行，不需要用户对每个作业进行控制。这些若干个计算问题可以同时执行，它们可共享计算机系统的资源，因此提高了整个系统的效率。在多用户小型计算机上主要使用批处理操作系统，如 UNIX 操作系统等。

● 分时操作系统：硬件上由 1 台主机连接多个用户终端组成，允许多个终端用户同时使用 1 台主机，并保证各用户彼此独立，互不干扰。它主要采用排队及时间片的分时策略，使各终端用户的要求都能及时得到处理。分时操作系统主要侧重于及时性和交互性。

● 实时操作系统：它能满足计算机系统及时对外部事件的请求进行响应，并在一个较短的时间内尽快完成对该事件的处理，以求实现计算机的实时控制。其及时性要求比分时操作系统的要高。常用于工业控制、导弹发射、飞机航行等领域。

● 网络操作系统：它除了具有通常操作系统的功能以外，还提供了网络通信和网络共享等功能。利用网络"协议"，将许多计算机连成网络，使网络中的计算机系统的资源能共享并进行通信。

● 分布式操作系统：分布式操作系统也是通过网络将多台计算机连接起来，实现相互通信和资源共享，但它更强调将一个大的算题划分成小任务，分布到不同的计算机上协作完成。

2. 程序设计语言

要使计算机按照用户的要求去工作，必须使计算机能够接受，并懂得人输送给它的各种命令和数据，而且还应当能够将运算处理后的结果反馈给人。人与计算机之间的这种信息交流同样需要语言。程序设计语言就是人与计算机交流信息的语言工具，提供了让用户按自己的需要编制程序的功能。计算机语言通常分为三大类：机器语言、汇编语言和高级语言。

● 机器语言：是由二进制代码"0"和"1"组成的一组代码指令，是唯一能被计算机硬件直接识别和执行的语言。机器语言的二进制代码随着 CPU 型号的不同而不同，因此机器语言程序在不同的计算机系统之间不能通用,故将其称之为面向机器的语言。它的优点是占用内存小、执行速度快。缺点是编写程序工作量大、程序可读性差。

● 汇编语言:也是一种面向机器的程序设计语言,是一种把机器语言符号化的语言。用助记符代替操作码,用地址符代替地址码。如用 ADD 表示加法,用 SUB 表示减法,用 MOV 表示移动,用 LD 表示取数据,D5H 表示两位十六进制的数据等。因为汇编语言的语句和机器指令有对应关系,从而保留了机器语言的优点——执行速度快,所以汇编语言目前仍在使用,主要用于实时控制等对响应速度有极高要求的场合。但编辑复杂,可移植性差。这种程序必须经过翻译(称为汇编)成机器语言程序才能被计算机识别和执行。

● 高级语言:为了解决机器语言和汇编语言编程技术复杂、编程效率低、通用性差的缺点,20 世纪 50 年代后研制开发了高级语言。高级语言是面向解题过程或者面向对象的语言,按照一定的语法规则编写程序。它们的语句比较接近人类使用的自然语言和数学表达式。用高级语言编写的程序易读、易记、易维护,且通用性强,便于推广和交流。常用的面向过程的高级语言有 Basic,Pascal,Fortran,C 语言等,面向对象的高级语言有 C + +,Visual Basic,Delphi,Power Builder,JAVA 等。

用高级语言编写的程序(源程序)不能被计算机直接识别、接收和执行,需要用翻译程序将其翻译成机器指令程序(目标程序)才能执行。根据翻译方式的不同,可分为两类:"编译"方式和"解释"方式。

编译方式是用编译程序(事先编好并装入计算机)将源程序完整地翻译成等价的目标程序后,再执行该目标程序。大部分高级语言都是(或都具有)编译方式,如 Fortran,Pascal,Visual Basic,C/C + +,Power Builder 等(见图 1.12)。

解释方式是用解释程序将源程序逐句进行翻译,翻译一句执行一句,边翻译边执行,不产生目标程序。如 Basic,FoxBASE,开发阶段的 Power Builder,Visual Basic 等(见图 1.13)。

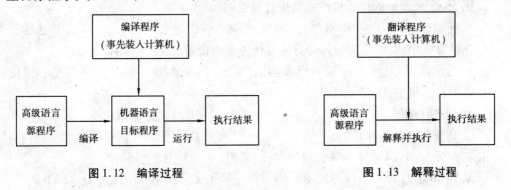

图 1.12　编译过程　　　　　图 1.13　解释过程

3.数据库管理系统

数据库管理系统向用户提供按照一定的结构组织、管理、加工、处理各类数据的能力,如 Access,Oracle,SQL Server 等。

4.服务程序

服务程序用于调试、检测、诊断、维护计算机软、硬件的程序,如连接程序 Link,编辑程序 Editor 等。

1.5.2　应用软件

应用软件是人们为解决某种问题而专门设计的各种各样的软件,这些软件可以帮助人们提高工作质量和效率。一个计算机系统的应用软件越丰富,越能发挥计算机的作用。目前,微机上广泛使用的应用软件主要有:

●文字处理软件:主要用于办公事务的处理,包括文章的编辑排版、表格的处理、演示文稿的制作等,使用这些软件可实现办公自动化。常用的文字处理软件有 Word,Excel,PowerPoint,WPS 等。

●网络应用软件:这类软件主要用于帮助用户实现网上资源的浏览、远程信息的传送、电子邮件的收发等。常用的网络应用软件有 Internet Explorer,Outlook,Express,Netscape 等。

●信息管理软件:信息管理软件主要是使用数据库技术,实现学籍管理、财务管理、人事管理等各类大量数据信息的存储、查询、统计和报表打印。

●实用工具软件:微机软件系统中,有许多工具型应用软件,这类软件能帮助用户完成某些专项任务,如多媒体制作软件 Authorware、图形制作软件 Photoshop、辅助设计软件 AutoCAD、数学工具软件 Mathlab。

习题

一、单选题

1.微机硬件系统中最核心的部件是(　　)。

　A.内存储器　　　　　B.输入输出设备　　　　C. CPU　　　　　D.硬盘

2.用 MIPS 来衡量的计算机性能是指计算机的(　　)。

　A.传输速率　　　　　B.存储容量　　　　　C.字长　　　　　D.运算速度

3.在计算机中,既可作为输入设备又可作为输出设备的是(　　)。

　A.显示器　　　　　B.磁盘驱动器　　　　　C.键盘　　　　　D.图形扫描仪

4.微型计算机中,ROM 的中文名字是(　　)。

　A.随机存储器　　　　　　　　　　B.只读存储器

　C.高速缓冲存储器　　　　　　　　D.可编程只读存储器

5.要存放 10 个 24×24 点阵的汉字字模,需要(　　)存储空间。

　A.74 B　　　　　B. 320 B　　　　　C.720 B　　　　　D.72 kB

6.把硬盘上的数据传送到计算机的内存中去,称为(　　)。

　A.打印　　　　　B.写盘　　　　　C.输出　　　　　D.读盘

7.计算机内部采用的数制是(　　)。

　A.十进制　　　　　B.二进制　　　　　C.八进制　　　　　D.十六进制

8.计算机病毒是可以造成计算机故障的(　　)。

　A.一种微生物　　　　　　　　　　B.一种特殊的程序

　C.一块特殊芯片　　　　　　　　　D.一个程序逻辑错误

9. 下列存储器中,存取速度最快的是(   )。

    A. CD-ROM　　　　B. 内存储器　　　　C. 软盘　　　　D. 硬盘

10. CPU 主要由运算器和(   )组成。

    A. 控制器　　　　B. 存储器　　　　C. 寄存器　　　　D. 编辑器

11. 计算机软件系统包括(   )。

    A. 系统软件和应用软件　　　　　　　　B. 编辑软件和应用软件

    C. 数据库软件和工具软件　　　　　　　D. 程序和数据

12. 计算机能直接识别的语言是(   )。

    A. 高级程序语言　　　　　　　　　　　B. 汇编语言

    C. 机器语言(或称指令系统)　　　　　　D. C 语言

13. 在微机中,1 MB 准确等于(   )。

    A. 1 024 × 1 024 个字　　　　　　　　B. 1 024 × 1 024 个字节

    C. 1 000 × 1 000 个字节　　　　　　　D. 1 000 × 1 000 个字

14. 十进制整数 100 转化为二进制数是(   )。

    A. 1100100　　　　B. 1101000　　　　C. 1100010　　　　D. 1110100

15. 对于(   )存储器,一般情况下,计算机只能读取其中的信息,无法写入。

    A. RAM　　　　B. ROM　　　　C. 硬盘　　　　D. 随机存储器

16. 计算机的主机包括(   )。

    A. 硬盘　　　　B. 显示器　　　　C. 中央处理器　　　　D. CD-ROM

17. 现在使用的计算机其工作原理是(   )。

    A. 存储程序　　　　　　　　　　　　　B. 程序控制

    C. 程序设计　　　　　　　　　　　　　D. 存储程序和程序控制

18. 下列 4 个不同数制表示的数中,数值最大的是(   )。

    A. 11011101B　　　　B. 334O　　　　C. 219D　　　　D. DAH

19. 操作系统是对计算机软件、硬件进行(   )的系统软件。

    A. 管理和控制　　　　B. 汇编和执行　　　　C. 输入和输出　　　　D. 编译和连接

二、多项选择题

1. 反映存储容量大小的单位有(   )。

    A. kB　　　　B. Byte　　　　C. GB　　　　D. MB

    E. TB

2. 计算机硬件系统由(   )构成。

    A. 运算器　　　　B. 输入设备　　　　C. 存储器　　　　D. 控制器

    E. 输出设备

3. 操作系统的功能有(   )。

    A. 处理器管理　　　　B. 存储器管理　　　　C. 设备管理　　　　D. 文件管理

    E. 作业管理

4. 微机的中央处理器主要包括(   )。

    A. 输入设备　　　　B. 运算器　　　　C. 输出设备　　　　D. 控制器

E. 寄存器

5. 电源断电后不丢失信息的存储设备有(   )。

A. RAM　　　　　　B. ROM　　　　　　C. 磁盘　　　　　D. 光盘

E. 软盘

6. 计算机辅助存储器与内存储器相比,辅助存储器具有的特点是(   )。

A. 存储容量大　　B. 价格昂贵　　　C. 存取速度慢　　D. 存取速度快

E. 信息可长期保存

7. 评价微型计算机性能的主要指标有(   )。

A. 字长　　　　　　B. 速度　　　　　　C. 容量　　　　　D. 带宽

E. 可靠性

8. 计算机中用于输出的设备有(   )。

A. 显示器　　　　　B. 键盘　　　　　　C. 打印机　　　　D. 绘图仪

E. 扫描器

9. 关于 ASCII 码,以下说法正确的是(   )。

A. 是一种英文字符编码　　　　　　　　B. 其基本集包括 128 个字符

C. 是美国标准信息交换码的简称　　　　D. 每个字符用一个机器字表示

E. 它是把字符转换成二进制串来处理的编码

10. 与低级程序设计语言相比,用高级语言编写的程序的主要优点有(   )。

A. 通用性强　　　B. 交流方便　　　　C. 执行效率高　　D. 容易掌握

E. 可以直接执行

三、判断题

1. "PC"指个人计算机。　　　　　　　　　　　　　　　　　　　　(   )

2. 运算器的主要功能是实现算术运算。　　　　　　　　　　　　　(   )

3. 计算机最主要的工作特点是高速度与高精度。　　　　　　　　　(   )

4. 汉字的字模用于汉字的显示或打印输出。　　　　　　　　　　　(   )

5. 高级语言不必经过编译,可直接运行。　　　　　　　　　　　　(   )

6. ASCII 码是美国标准局定义的一种字符代码,在我国不能使用。(   )

7. 微机在存储单元的内容可以反复读出,内容仍保持不变。　　　　(   )

8. 一个完整的计算机系统应包括软件系统和硬件系统。　　　　　　(   )

9. 为解决某一特定问题而设计的指令序列称为程序。　　　　　　　(   )

10. 微型计算机的热启动是依次按 Ctrl,Alt,Del 三个键。　　　　　(   )

11. 硬盘因为装在主机内部,所以硬盘是内部存储器。　　　　　　　(   )

12. 计算机中用来表示存储器空间大小的最基本单位是字节。　　　　(   )

13. 安装在主机箱里面的存储设备是内存。　　　　　　　　　　　　(   )

14. 即便是关机停电,一台微机 RAM 中的数据也不会丢失。　　　　(   )

15. 标准 ASCII 码字符集总共的编码有 127 个。　　　　　　　　　(   )

四、填空题

1. 计算机工作时,内存储器中存储的是_____。

2. 1 kB 的存储空间中能存储＿＿＿＿个汉字内码。

3. 字长为 6 位的二进制无符号整数,其最大值是十进制数＿＿＿＿。

4. 计算机之所以能按人们的意图自动地进行操作,主要是由于计算机采用＿＿＿＿。

5. 用户通过键盘输入汉字的过程是＿＿＿＿向＿＿＿＿转换的过程。

6. 微型计算机的主机由＿＿＿＿组成。

7. 高级语言源程序的执行方式有＿＿＿＿和＿＿＿＿两种。

8. 英文缩写＿＿＿＿用来表示计算机辅助设计。

9. 计算机的主要性能指标有:字长、存储周期、存储容量、＿＿＿＿和运算速度。

10. 第 4 代计算机开始使用大规模乃至超大规模的＿＿＿＿作为它的逻辑元件。

11. 微处理器按其字长可分为:8 位、16 位、＿＿＿＿和＿＿＿＿微处理器。

12. 从计算机语言的发展来看,计算机语言包括＿＿＿＿、汇编语言和高级语言 3 个层次。

13. 计算机软件系统包括系统软件和应用软件,各种语言处理程序属于＿＿＿＿。

14. 计算机的硬件系统包括＿＿＿＿＿＿＿＿＿＿＿＿五大部件。

15. 计算机中表示信息最小的单位是＿＿＿＿。

16. 计算机死机时如果无法接受来自键盘的信息,最好采用＿＿＿＿方法重新启动计算机。

17. USB 的中文含义是＿＿＿＿＿＿＿＿＿＿＿＿。

18. 在计算机中运行程序,必须先将程序调入计算机的＿＿＿＿＿＿＿＿＿＿＿＿。

19. 微机系统不可缺少的输入输出设备包括＿＿＿＿和＿＿＿＿两部分。

20. 计算机的指令通常由＿＿＿＿和＿＿＿＿两部分组成。

21. 计算机 CPU 由＿＿＿＿、＿＿＿＿和寄存器组成。

22. 计算机中,运算器的主要功能是进行＿＿＿＿和＿＿＿＿运算。

23. 微机内存储器可分为＿＿＿＿和＿＿＿＿两类。

24. 通常八进制数用后缀字母＿＿＿＿表示,十六进制数用后缀字母＿＿＿＿表示。

25. 汉字机内码是用两个字节来表示,每个字节的最高位恒定为＿＿＿＿。

第2章

Windows 7 操作系统

知识提要

Windows 7 是由微软公司(Microsoft)开发的操作系统,核心版本号为 Windows NT 6.1。Windows 7 可供家庭及商业工作环境、笔记本电脑、平板电脑、多媒体中心等使用。本章主要介绍 Windows 7 系统的基本知识,并以系统的启动和关闭、桌面设置、任务管理器的操作、控制面板使用、文件及文件夹的搜索、资源管理器、附件"画图""记事本"等作为主要应用技能进行学习。

教学目标

学习 Windows 7 操作系统的基本知识;

掌握文件及文件夹相关的基本操作以及控制面板使用、资源管理器的使用;

熟悉主要附件的相关操作。

2.1 Windows 7 的启动和关闭操作

2.1.1 Windows 7 的启动

计算机的启动和关闭是最基本的操作。

1. Windows 7 的启动

通常的操作步骤如下：

步骤1：打开显示器。

步骤2：打开主机电源。

步骤3：计算机测试硬件，没有问题后，开始启动操作系统。

如果计算机中同时安装了 Windows 7 和其他操作系统（Windows 2000 等操作系统），计算机首先显示多操作系统启动屏幕，通过方向键"↑"和"↓"来选择 Windows 7 操作系统，并按 < Enter > 键进入。

第4步：启动成功，显示器屏幕上显示 Windows 7 桌面，如图 2.1 所示。

图2.1 Windows 7 **桌面**

2. Windows 7 的特殊启动

特殊启动方法有以下几种。

①同时按"Ctrl + Alt + Delete"快捷键，弹出"Windows 任务管理器"对话框，如图 2.2 所示。鼠标点击【重新启动】；或同时再按下"Alt + U"快捷键，选择【重新启动】，即可重新启动计算机。

图 2.2　"关闭 Windows"对话框

②按下主机面板上的复位(Rest)按钮,重新启动计算机。

当以上两种方法都不能启动计算机时,可按住主机电源开关按钮不放,直到计算机断电关机,再重新按电源开关启动。

2.1.2　Windows 7 的退出及其他操作

保存所有程序中处理的结果,关闭所有运行着的应用程序。

单击任务栏上的【开始】按钮,弹出【开始】菜单;单击【关机】,将关闭所有打开的程序,关闭 Windows,然后关闭计算机。也可以打开"关闭计算机"右边的弹出菜单,如图 2.3 所示。在弹出的菜单中,除了切换用户外,给出了 4 个选择。

图 2.3　"关闭计算机"操作

- 选择【注销】：注销是将用户的所有软件、进程关闭并保持硬设备开启将使计算机处于休眠状态以节省电能，并将内存中所有内容全部保存在硬盘上而不退出 Windows 7。
- 选择【锁定】：锁定计算机就是登录计算机者暂时离开计算机并且不希望他人使用计算机，是使用密码进行暂时锁定的功能，并不关闭任何硬件设备。
- 选择【重新启动】：关闭所有打开的程序，关闭 Windows，然后再次开启计算机。
- 选择【睡眠】：睡眠是将内存里的数据保持不变并低功耗运行，关闭除内存外所有的硬件设备以便能快速回到工作状态。

2.2 Windows 7 桌面结构及操作

2.2.1 Windows 7 的桌面基本元素

启动计算机进入 Windows 7 后，出现在屏幕上的做个区域称为"桌面"，通常在 Windows 7 中的大部分操作都是通过桌面完成的。先认识一下桌面上的元素，再学习基本的操作方法和操作步骤。

1. 图标

图标代表文件或程序的小图形，通常排列与桌面的左侧，如"我的电脑"等。如果是应用程序的快捷方式，默认在图标的左下角还有一个小白框黑箭头。

2. 【开始】按钮

【开始】按钮通常位于桌面底端任务栏的最左边。

3. 任务栏

任务栏通常位于桌面底端的一个长条，它显示了系统正在运行的程序和打开的窗口、当前时间等内容。任务栏通常由开始菜单按钮、快速启动工具栏、窗口按钮、输入法按钮和通知区域等几部分组成，用户通过任务栏可完成许多操作。用户在任务栏的空白区域单击鼠标右键，在弹出的快捷菜单中选择"属性"选项，即可以对任务栏进行一系列的设置。

4. 排列图标

在桌面空白处右击将弹出桌面的快捷菜单。指向【排列图标】命令，在出现的下一级子菜单上观察【自动排列】命令前是否有"√"标记。若有，单击使"√"标记消失，这样就取消了桌面的自动排列方式。这时可以把桌面上的任一图标拖动到任意位置。

5. 删除图标

例如单击桌面上的"我的文档"图标，图标颜色变暗，按 < Delete > 键，在淡出的对话框中单击【是】按钮，则删除了"我的文档"图标。

2.2.2 Windows 7 窗口的组成及操作方法

在 Windows 7 中，仍然沿用了一贯的 Windows 窗口式设计。基于窗口的设计能够提高多任务效率,并且用户能够很清晰地看到所打开的内容、所运行的程序。启动一个应用程序或打开一个文件夹,就会在屏幕上打开一个窗口(见图2.4)。

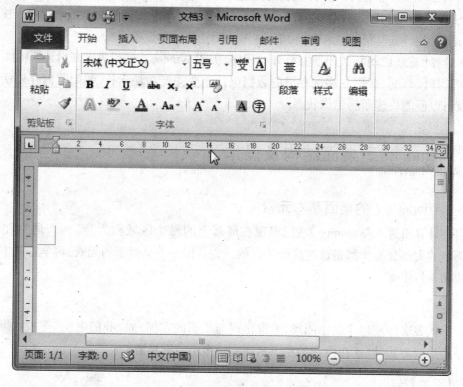

图2.4 Windows 7 中的应用程序窗口

1. 窗口的组成

打开 Word 文字处理程序,在显示的窗口中找到标题栏、菜单栏、工具栏、状态栏、用户工作区、滚动条、控制按钮等。

2. 窗口标题栏

窗口标题栏的右侧有【最小化】、【最大化】和【关闭】3 个按钮。单击【最小化】按钮,窗口缩小成为任务栏上相应的按钮图标,单击此按钮又打开了窗口。单击【最大化】按钮,窗口扩大到整个桌面,此按钮的提示文本也变为【还原】,再单击【还原】按钮,窗口恢复原来大小。单击【关闭】按钮可关闭 Word 文字处理软件窗口。见表2.1。

表2.1 窗口按钮及功能对照表

图 标	名 称	功 能
	最小化	将窗口最小化。最小化的窗口仍然为打开状态,但在任务栏上显示为按钮
	最大化	将窗口放大到最大化
	关闭	关闭窗口
	还原	将窗口还原到之前的大小

3.改变窗口大小

打开"我的电脑"窗口,将鼠标移动到左(右)边框,当鼠标指针变为水平双箭头形状时,按住左键拖动鼠标,可改变窗口宽度。

同样将鼠标移动到上(下)边框或窗口的任一角,拖动可改变窗口尺寸。

4.窗口移动

鼠标在窗口的标题栏,按住左键拖动鼠标,移动至新的位置松开。

5.切换窗口

Windows 7 是一个多任务操作系统,用户可以再使用 Word 处理文件的同时,使用 Windows Media Player 播放音乐,甚至还可以同时上网浏览。

当前正在操作的窗口成为活动窗口(也成为当前窗口)。在 Windows 7 经典样式下,其标题栏默认是深蓝色。已打开但当前未被操作的窗口称为非活动窗口,标题栏默认是灰色的。在任务栏处单击按钮图标,就可将相应的窗口切换为活动窗口,进行相应的工作。用户可使用 < Alt + Tab > 快捷键切换窗口:在弹出的对话框中就切换一个窗口名称,出现要找的窗口时,释放 < Alt > 键,该窗口成为当前窗口。

2.3 Windows 7 菜单命令与操作

2.3.1 Windows 7 的菜单和菜单命令

菜单是命令的集合。当要执行某个操作时,从菜单中选择相应的命令是最基本、常见的操作方法之一。

1. Windows 应用了开始菜单

各种对象的快捷菜单、应用程序窗口下拉菜单。单击【开始】按钮,打开【开始】菜单,师表移动到【程序】项,右侧就会显示子菜单,显示本机安装的所有程序(有的是带有子菜单的文件夹,同样移动鼠标到此文件夹,就会出现子菜单)。

单击某个应用程序,就会打开此应用程序窗口。鼠标移动到【文档】选项,右侧就会出现下一级子菜单,显示最近打开过的文档清单。单击某个文档后,打开相应的软件程序,打开此文档。用同样的方法可以进行搜索资源、系统设置、运行命令、获取帮助信息等操作。

在桌面上和窗口里鼠标移动到鼠标、按钮、任务栏、菜单栏,甚至空白处,右击都会出现相应的快捷菜单,菜单中列出可以对该对象进行的各种操作命令。

2. 菜单的有关约定

快捷菜单和下拉菜单中的命令选项有两种颜色:深色字符显示的便是可以使用;灰色字符显示的便是因为没有选定对象,所以无法使用。

若菜单中的命令项后面带有黑三角,则表示拥有下一级子菜单。菜单中的命令项后面带有省略号(…),单击该命令项可以打开一个对话框,见表2.2。

表2.2　菜单的相关约定对照表

菜单项	含义
字母	相应字母所在按键为热键,按该按键可执行该项功能
选项为灰色	该选项当前不可用
省略号(…)	选择该菜单命令将会出现一个对话框以进行进一步的操作
复选标记(√)	该菜单项当前有效,再次单击将取消该选择,可多选
圆点	该菜单项当前有效,系单选
深色项	为当前项,按方向键可更改,按回车键可执行该菜单项
三角形(►)	鼠标指向该菜单选项后将弹出下一级菜单
键符或组合键符	表示该菜单命令的快捷键,使用快捷键可以直接执行相应的命令

3. 菜单命令的操作

菜单命令的操作方法及步骤如下:

● 鼠标操作:单击菜单栏上的菜单项,打开菜单。若此菜单含有的命令项较多,菜单底部有伸缩标记,双击该菜单项,可以显示所有的命令项。然后移动鼠标,单击某一命令项,开始执行此命令。关闭菜单只需在非菜单区单击即可。

● 键盘操作:用快捷键 < Alt + 字母(要选定的菜单项附带的字母 > ,打开下拉菜单,用"↑"和"↓"键选定某一命令后,按 < Enter > 键,开始执行。按 < Esc > 键关闭菜单。

2.3.2　Windows 7 的桌面设置与快捷方式

Windows 7 桌面上仅有"回收站"图标,如果要将"计算机"等系统图标显示出来,可通过如下操作实现。

1. 调出"桌面图标设置"

调出"桌面图标设置",使"计算机"等系统图标显示在桌面上。

①打开"显示或隐藏桌面上的通用图标"点击开始,在搜索栏中输入"ico",打开"显示或隐藏桌面上的通用图标"。

②在"桌面图标设置"中勾选图标,在"桌面图标设置"中勾选想要显示在桌面上的系统图标,单击【应用】按钮后确定即可。

2. Windows 7 的个性化桌面设置

(1)打开"显示属性"对话框

如果用鼠标操作,则单击【开始】|【设置】|【控制面板】,单击"个性化"(或右击桌面空白处,在快捷菜单中单击"个性化"),弹出如图 2.5 所示的"个性化"对话框。

(2)改变桌面背景

单击"背景"选项卡,在背景图片列表框单击【荷花】图片,单击【确定】按钮变换桌面背景。

可以在【我的主题】和 Windows 7 提供的主题中进行选择。

图 2.5 "个性化"对话框

3. 设置屏幕保护程序

①右击桌面空白处,选择个性化,然后选择右下角的【屏幕保护程序】进行设置或更改,或打开【控制面板】|【外观和个性化】|【更改屏幕保护程序】,进行修改。

②单击【屏幕保护程序】下拉列表框进行设置,然后单击【确定】按钮。调整【等待】的值为 5 分钟,单击【确定】按钮,则系统在空闲 5 分钟后运行屏幕保护程序。

若想取消屏幕保护程序,只要在【屏幕保护程序】下拉菜单中选择【无】,再单击【确定】按钮即可。

4. 调整屏幕分辨率

①右键单击屏幕空白处,点击【屏幕分辨率】。

②在屏幕分辨率界面中调整分辨率:单击"分辨率(R)"后的下拉箭头,会出现调整分辨率的具体菜单。选择"推荐"分辨率单击【确定】按钮。

③单击【确定】按钮后,会出现显示设置的菜单,选择【保留更改】。

5. 调整界面文本大小

①单击【开始】|【控制面板】|【个性化】|【显示】|【设置自定义文本大小】。

②自定义 DPI 设置-缩放为正常大小的百分比,通过下拉列表可以选择百分比数值。

③点击【缩放为正常大小的百分比】处的下拉列表选择百分比数值,窗口中可预览显示设置的文字大小。

6. 创建桌面快捷方式

创建桌面快捷方式有两种办法如下。

方法1：以桌面建立 Microsoft PowerPoint 演示文稿的快捷方式图标为例。

①在桌面空白处右击，在弹出的快捷菜单中选择【新建】。

②单击子菜单的【快捷方式】，弹出【创建快捷方式】对话框。

③单击【浏览】按钮，在所浏览的文件夹中找到 PowerPoint. Exe 程序，即"D：\Microsoft\Office\PowerPoint. exe"，单击【确定】按钮，再按提示一步一步地操作。

方法2：从【开始】菜单中【程序】的子菜单内，用已有的应用程序快捷方式创建桌面快捷方式图标。

①右击【程序】|【附件】|【记事本】。

②在快捷菜单中选择【发送到】|【桌面快捷方式】命令，则桌面上就简称了"记事本"的快捷方式图标。

2.4 Windows 7 控制面板与资源管理器的使用

2.4.1 Windows 7 控制面板

控制面板是 Windows 系统中重要的设置工具之一，方便用户查看和设置系统状态。Windows 7 统中的控制面板作了一些操作方面的改进设计，刚开始使用 Windows 7 时可能还不太习惯，我们首先来了解一下 Windows 7 控制面板中主要的设备的设置。

1. 控制面板的设置

控制面板的设置操作步骤如下：

①单击【开始】|【设置】|【控制面板】，或双击桌面上"我的电脑"图标。

②在窗口里双击"控制面板"，打开的窗口如图 2.6(a)所示，查看方式默认为类别，可将其更改为大、小图标方式，参见图 2.6(b)。

如何设置显示属性已在前面介绍，这里再介绍鼠标和键盘的设置。

2. 鼠标设置

①双击"控制面板"窗口的"鼠标"图标。

②在"鼠标属性"对话框的 4 个选项卡中分别是左右手习惯、选择单双击、双击速度、指针形状等。

③单击【确定】按钮。

3. 键盘设置

①双击"键盘"图标。

②在打开的对话框中改变属性。

(a) "控制面板"查看方式为"类别"窗口

(b) "控制面板"查看方式为"图标"窗口

图 2.6　控制面板

2.4.2 Windows 7"资源管理器"的使用

首先了解"资源管理器"窗口的组成,然后学习文件、文件夹的管理操作。

1. 打开资源管理器窗口的方法

方法1:选择【开始】|【程序】|【附件】|【Windows 资源管理器】。

方法2:选择【开始】|【运行】,在文本框中输入 Explorer,单击【确定】按钮。

在"我的电脑"窗口中,单击工具上的【文件夹】按钮即可进入"资源管理器",再次单击则返回到"我的电脑"。这是在"资源管理器"和"我的电脑"窗口之间切换的最好方法,如图2.7所示。

图2.7 资源管理器窗口

方法3:右击【开始】按钮,在弹出的快捷菜单中单击【资源管理器】。注意:资源管理器标题栏里的标题是随着操作变化的,可将自己经常操作的一些图标拖放添加到"开始"弹出菜单中。

2. "我的电脑"中的内容

在"资源管理器"窗口中,用户可以看到各驱动器和"控制面板"的图标。单击驱动器可以查看其详细内容。单击文件或文件夹,显示修改时间及属性等信息。单击 jpg、bmp 等格式的图像文件,会显示图片。右击图片会弹出快捷菜单,用户可以直接对图片进行操作。

在"我的电脑"中浏览文件时,需要逐层打开各个文件夹,再文件夹窗口中查看文件,过程较麻烦。"资源管理器"的功能与"我的电脑"完全相同,但是在窗口显示及操作上有很大改进。

"我的电脑"窗口中的工具栏包括一些常用的命令项。例如:单击【后退】按钮,将返回至上次操作前的窗口;单击【前进】按钮,将撤销最新的后退操作;单击【向上】按钮,将逐层向上移动,直到根目录(屏幕上窗口的标题是"桌面",内容是桌面上的所有图标)。

3. "资源管理器窗口"中的内容

"资源管理器"的窗口包括了两个信息方框:左方框显示的是目录树状结构,根目录是桌面,下面包括本地资源和网络资源;右方框显示了所选项目的详细内容,这样,对文件和文件夹的管理变得更加方便,用户不再需要来回切换文件夹窗口,就可以在不同文件夹之间完成管理工作。

左方框目录树中如果在驱动器或文件夹图标的左侧有【▷】号(若没有【▷】号表明只包含文件),单击【▷】号可以展开它所包含的下一级子文件夹,此时【▷】号就会变成【◢】号;单击【◢】号又把已经展开的文件夹折叠起来,【◢】号又变成了【▷】号,展开折叠的变化都是在左方框内(见图2.8)。

要在"资源管理器"窗口中查看一个磁盘或文件夹的内容,可以再左侧中单击它的图标,右侧即显示它的内容,这对移动、复制或粘贴文件及文件夹非常方便。

4. 在"资源管理器"中进行文件和文件夹的管理

浏览、查找文件和文件夹时,在"资源管理器"中可以逐层展开左方框,查看各个驱动器和各层文件夹;而右边方框则列出选定对象(驱动器或文件夹)内的全部子文件夹和文件。

(1)调整"资源管理器"左右方框的大小

把鼠标移到左右方框之间的分界线,变成水平双箭头后,按住左键,左右移动到合意的地方,松开左键即可。

(2)设置文件和文件夹的显示方式

图2.8 资源管理器左窗格的目录树结构

在默认状态下,打开一个文件夹,右方框中通常以大图标形式显示该文件夹中包含的项目。单击【查看】,其下拉菜单还有【图标】、【列表】、【详细信息】、【缩略图】等单选项,分别选用5种形式,观察右方框内容的变化。上机时,用户可以根据自己的爱好和所做的工作,选择某种显示形式。

(3)设置文件和文件夹的排序方式

在"资源管理器"窗口中选择【查看】|【详细信息】,选族文件夹 C:\Program Files \Microsoft Office \Office11,如图2.9所示。左方框显示了展开的目录树,Office 文件夹的图形是打开的;右方框显示了很多文件资料,分别为名称、大小、类型、修改日期;用户还可以在列名称【类型】右侧看到一个小三角,它表示现在是按文件大小类型排序,单击【类型】为升序,再单击变为降序。单击【大小】等列名称按钮,同样也是以它们为标准给文件和文件夹排序。

单击"资源管理器"上方工具栏中的【搜索】按钮,窗口变为"搜索结果"界面。前面已介绍,搜索到的文件均列在右侧窗口中(见图2.10)。"所在文件夹"下面是搜索到的文件的路径,如果路径的最后是省略号,则把鼠标移到"所在文件夹"与"关联"之间的分隔线,拖动它右移能显示出完整的路径。

图 2.9　设置文件与文件夹的排序方式

图 2.10　搜索结果

5. 新建文件和文件夹

Windows 7 同微软的其他操作系统一样,计算机中的信息是以文件及文件夹的形式进行组织和管理的。

(1)新建文件夹

在开放硬盘上,用户可以创建用户文件夹(公用机房的 C 盘一般带保护卡,用户文件夹建立在 D 盘和 E 盘上,将文件保存在 D 盘或 E 盘,才能在关机后仍然保留)。打开"资源管理器",单击左侧 E 盘图标或标识名,右击右侧的空白处,选择快捷菜单中的【新建】|【文件夹】,将"新建文件夹"命名"实验指导"。在"实验指导"文件夹建立"Windows 7 操作"和"Word 2010 操作"两个子文件夹。

(2)新建文件

单击左侧文件夹"实验指导"的图标和标识名,右击右侧空白处,在打开的快捷菜单中选择【新建】|【Word 文档】,将"新建 Word 文档"重命名为"实验报告"。采用此方法可以建立新建子菜单中所列的多种类型的文件。

(3)文件和文件夹重命名

有时需要给文件和文件夹改名。在"资源管理器"的窗口中,右击要重命名的文件夹。选择快捷菜单中的【重命名】,输入新名字后按 < Enter > 键即可。为文件改名也可以用同样的方法。

另外,慢速单击文件或文件夹名两次(不是双击),也可更改文件名。

注意:文件的扩展名不要随便更改,更改后往往打不开;如果文件已经打开,则必须关闭文件后才能进行改名操作;如果文件夹有文件已经打开,则必须关闭文件后才能进行文件夹改名操作。

6. 选定文件和文件夹

在对文件和文件夹进行复制、移动和删除等操作之前必须先选定对象,即文件或文件夹。

• 单选:在"资源管理器"的右方框中,单击一个文件或文件夹,该对象反白显示,即表示被选中。

• 连续选:要选定连续的多个对象,可单击第一个对象,再按住 < Shift > 键的同时单击最后一个对象,选定的文件和文件夹全部反白显示。

• 间隔选:要选定不连续的若干个对象,可按住 < Ctrl > 键再单击各个对象。

• 全选:右方框所列的文件和文件夹全部需要选定,可选择【编辑】|【全部选定】。

• 反选:若右方框所列的文件和文件夹多数需要选定,可先选定不需要的不稳,再选择【编辑】|【反选方向】。

7. 复制、移动、删除文件和文件夹

复制、移动、删除文件和文件夹是 Windows 7 使用中最基本的操作,先假设计算机中已经建立好"大学计算机基础""实验上机指导""资料"等文件夹和相关文件。

①把"大学计算机基础"文件夹的子文件夹"实验上机指导"复制、移动到"资料"子文件夹中的操作方法为:在"资源管理器"的左侧单击"大学计算机基础"文件夹的图标,右侧列出了两个子文件夹;单击"大学计算机基础"文件夹左侧的【+】号,在其下面展开了两个

子文件夹;按住"Ctrl"键,拖住右侧的"实验上级直到"放到左侧"资料"上松开鼠标,这时"计算机基础"和"资料"两个文件夹里都有"实验上级直到"子文件夹,复制成功。

②移动文件夹的操作只是拖动右侧的"实验上级指导"放到左侧的"资料上",不用按住<Ctrl>键,结果是"实验上机指导"子文件夹从"计算机基础"文件夹转移到了"资料"文件夹里。

③复制、移动文件。在不同文件夹中复制、移动文件,方法同上,多个文件和文件夹需要复制、移动时,先把对象选定,在按照此方法进行即可。

④利用复制、剪切和粘贴命令。首先选定对象;其次利用【编辑】下拉菜单,或利用右键快捷菜单的【复制】或【剪切】命令;最后选定目的地(驱动器或文件夹),在【编辑】菜单或右键快捷菜单里单击【粘贴】即可。

⑤在同一文件夹中复制文件,系统会对复制文件重命名,在其名称前都加上"复件"两字。

⑥删除文件和文件夹:选定对象后,用户可以再右键快捷菜单中【删除】,也可以选择【文件】|【删除】,还可以按<Delete>键删除。删除的文件将进入回收站,如果需要也可以还原,如果不想让文件进入回收站,可以按住<Shift>键,再进行删除操作。

8. 文件及文件夹其他操作

文件及文件夹其他操作包括设置文件或文件夹的属性、显示或隐藏文件扩展名及显示或隐藏具有隐藏属性的文件等。

(1)设置文件或文件夹的属性

把"图片"文件夹的属性设置问"隐藏"。选定要设置属性的对象,在右键快捷菜单中选择【属性】命令。在"属性"对话框中,"常规"选项卡内有【只读】、【隐藏】、【存档】3个复选框,可选中或撤销选中。在文件夹的"属性"对话框中,另有"共享"选项卡。选择了"共享",使用同一网络上其他计算机的用户,就可以打开、复制此文件夹及其中的文件。各种文件的"属性"对话框中,还有些不同的选项卡,可以多加观察。

(2)显示或隐藏文件扩展名

选择【工具】|【文件夹选项】,单击"查看"选项卡,选择【隐藏已知文件类型的扩展名】(单击之,使复选框加"√"),观察"资源管理器"窗口中文件名的显示方式;同样,撤销【隐藏已知文件类型的扩展名】的选择,观察"资源管理器"窗口中文件名的显示方式。

(3)显示或隐藏具有隐藏属性的文件

选择【工具】|【文件夹选项】,单击"查看"选项卡,选择【不显示隐藏的文件和文件夹】,观察"图片"文件夹的显示情况;同样,再选择【显示搜有文件和文件夹】,再观察"图片"文件夹的显示情况。

2.5 Windows 7 存储器的应用

2.5.1 Windows 7 外存储器的管理应用

外存储器有磁盘存储器(包括硬盘存储器和软盘存储器)、光盘存储器、可移动存储器。外存储器是搜有文件的"安身之地",用户需要清楚地知道文件存取的路径。

打开"我的电脑"或者"资源管理器"，就会见到驱动器队列。因为软盘不方便，现在很少使用，一般为 A 盘；固定硬盘常常分为 C、D、E 等几个分区，一般称为 C 盘、D 盘、E 盘；光盘的图形很别致；可移动磁盘就是 U 盘和移动硬盘。

1. 格式化磁盘

磁盘在使用前都需要进行格式化。格式化方式主要有以下几种。

• 用菜单命令格式化：打开"我的电脑"或"资源管理器"，选定要格式化的磁盘，选择【文件】|【格式】，打开"格式化"对话框，选择符合的容量、文件系统、分配单元大小、卷标等内容后，单击【开始】按钮即可。

• 用快捷菜单格式化：打开"我的电脑"或"资源管理器"，右击要格式化的磁盘，在弹出的快捷菜单中选择【格式化】命令，打开"格式化"开窗口，以下操作同"用菜单命令格式化"。

• 用 FORMAT 命令格式化磁盘：选择【开始】|【程序】|【附件】|【命令提示符】，打开"命令提示符"窗口。再提示符">"右面输入 FORMAT 盘符（A：、C：、D：、E：等）和参数，按 <Enter> 键即可。

例如，C：>FORMAT:/Q（"：>"后面是输入的命令，意思是对 C 盘进行格式化，"/Q"是参数，该命令可进行快速格式化）。

2. 插入或拔出 U 盘

U 盘通过 USB 接口和主机连接。将 U 盘插入 USB 接口，用户可以在任务栏的右边看到图标，指向此图标，会显示"拔出或插入硬件"；在"我的电脑"或"资源管理器"中看到的"可移动磁盘"图标就是 U 盘。

U 盘不能随意拔出，否则可能会损坏数据。正确的方法是：双击任务栏右边的图标，弹出如图 2.11 所示的对话框。

图 2.11　"安全删除硬件"对话框

选择【USB Mass Storage Device】，单击【停止（S）】，再单击【确定】按钮，再系统提示"'USB Mass Storage Device'设备现在可以安全的从系统移除"后单击【确定】按钮，然后再将 U 盘拔出。

2.5.2　Windows 7 回收站

回收站是磁盘上的一块特定区域，从硬盘上删除文件时，Windows 将删除的文件放在回收站里。首先在 E 盘中建立文件夹"实验",然后将其删除。打开"回收站"窗口(见图2.12),单击【删除日期】(按"删除日期"排序)把刚删除的"实验"文件夹显示在首位。右击弹出快捷菜单,单击【删除】或【还原】就可以实现文件的删除和恢复。

图2.12 "回收站"窗口

回收站属性的设置方法如下:在桌面上右击回收站图标,再快捷菜单中选择【属性】,打开"回收站属性"对话框,如图2.13所示。

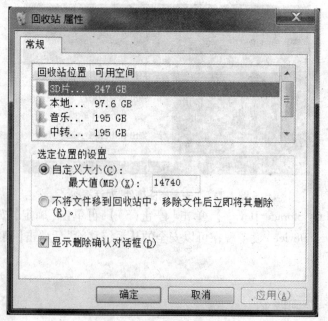

图2.13 "回收站属性"对话框

2.6 Windows 7 中画图程序与记事本的使用

2.6.1 Windows 7 中的画图程序

选择【开始】|【程序】|【附件】,其中有不少应用软件(如画图、计算器、写字板或记事本),用户可以利用这些应用程序来完成诸如文字处理、数据计算和图形编辑等工作,为使用其他的应用软件打下初步基础。下面学习画图程序的使用方法。

画图程序是一个位图绘制程序,主要用于创作和编辑图片,其图片可以保存为位图bmp、gif 及 jpeg 图像。用户可以讲图片粘贴到其他文档中,也可以将其作为 Windows 7 的背景桌面。

1. 启动画图应用程序

启动画图应用程序的方法为:选择【开始】|【程序】|【附件】|【画图】,打开如图2.14所示的"画图"窗口。

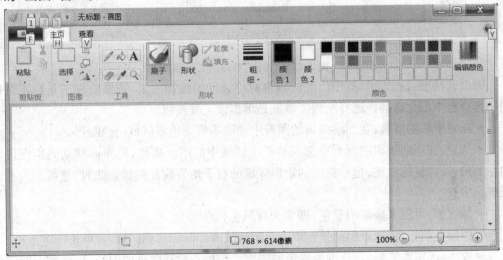

图2.14 "画图"窗口

用户也可以从"资源管理器"中启动应用程序,打开【C 盘】|【Windows 文件夹】|【system32 文件夹】|【ms paint. exe】即可。

2. "画图"程序的标题栏、菜单栏

"画图"窗口有标题栏、菜单栏、用户工作区,还有底部的颜料盒和左边的工具箱。用户工作区就是一个空的画布,如要创建新画布,只需要选择【文件】|【新建】,即可在画图区打开一个新的画布。默认的画布颜色称为背景颜色,用画笔绘制出的线条和图案是前背景。一般前景色设为黑色,背景色为白色。

3. "画图"程序的颜料盒

颜料盒的左侧有两个叠放的小方框,单击各种颜色可改变上面方框的颜色,即改变前景色;右击各种颜色可改变线、面方框的颜色,即改变背景色。在画布上按住左键拖动,画

出的图形颜色是前景色;按住右键拖动,画出的图形颜色是背景色。

4."画图"程序的工具箱

"画图"程序的工具箱由 16 个绘图工具和一个辅助选择框组成,如图 2.15 所示。下面对一些工具进行简要的描述。

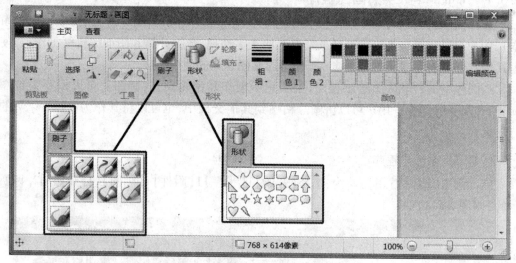

图 2.15 "画图"程序的工具箱

辅助选择框:辅助选择框中出现的内容对应选择的绘画工具,选择绘画工具后不可以辅助选择框中细化选择。选择绘画工具就是单击该工具按钮。

- 任意形状的剪裁:在当前编辑的图形中选取不规则边界区域中的图形。
- 选定:在当前编辑的图形中选取某矩形区域中的图形操作,将光标移动到矩形区域的左上角,按住鼠标左键,拖动鼠标到矩形区域的右下角后放开左键。此时,虚线框内的区域被选中。
- 橡皮擦:可用来擦除前景色(即变为背景色)。
- 用颜色填充:将选定的前景色填入封闭区域内。鼠标移到区域内,单击即可。
- 取色:选定本工具后,选中要取色的图形。若按左键选取色的图形,可将颜色复制为前景色;若右键选取色的图形,可将颜色复制为背景色。
- 放大镜:将绘图区的图形放大或还原。
- 铅笔:以选定的前景色画线。
- 刷子:以选定的前景色和画线宽度绘制线条。
- 曲线:选定曲线按钮后,首先从起点到终点拖动出一条直线,然后在需要弯曲的地方开始弯曲,满意以后松开鼠标。用鼠标右键单击可以取消所画的曲线。
- 多边形:选定多边形按钮后,将多边形的任意一个顶点拖动到下一个顶点,画出一条边,一次单击各个顶点,最后一个顶点双击,画出所需要的多边形。

其中【任意形状的剪裁】和【选定】这两个工具选取的区域可以被拖移、复制、剪裁、翻转、反色。熟悉了各个工具后,用户就可以绘制自己设计的图形,完成后单击【文件】菜单项,单击【另存为】,弹出"保存为"对话框,如图 2.16 所示。

图 2.16 "保存为"对话框

5.保存文件

例如,使用＜Print Screen＞键截取桌面上"计算机"图标,用"画图"程序处理。

①显示桌面,按＜Print Screen＞键,将屏幕上的桌面存入剪贴板打开"画图"程序,

②单击【粘贴】工具按钮,则屏幕上的桌面被导入画图区。

③单击【选择】工具按钮,拖动鼠标拉出矩形框选中"计算机"图标,单击【剪切】按钮,将其存入剪贴板。打开 Word 文档,单击"开始"功能面板组的【粘贴】按钮,选择【选择性粘贴】|【画笔图片 对象】|【确定】,将图标粘贴在需要的位置,如图 2.17 所示。

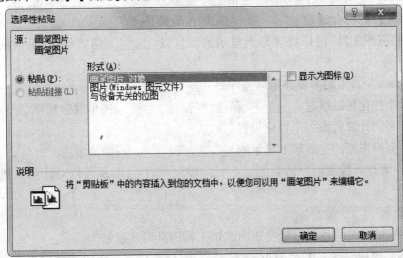

图 2.17 "选择性粘贴"对话框

另外一种方法是直接粘贴到 Word 文档中,与文字进行混排。操作方法如下:

显示桌面,按 < Print Screen > 键,将其存如剪贴板。打开 Word 程序,将鼠标定位在需要插入图片处,单击【开始】功能面板组的【粘贴】按钮,双击插入的图片,图片四周出现 8 个控制点并同时弹出"图片"选项卡。单击【大小】功能组的【裁剪】命令按钮,鼠标变成【裁剪】命令形状,按住并调整四边的控制点,向"我的电脑"图标移动,裁剪掉多余的部分。单击图片以外的空白处退出裁剪状态,再次单击裁剪得到的图片,调整图片到适当的大小即可。

屏幕上打开的窗口或者弹出的对话框,可以用快捷键 < Alt + Print Screen > 来抓图。

2.6.2　Windows 7 中的记事本程序

文字处理软件记事本(notepad. exe)可以帮助用户创建和编辑纯文本文件,默认情况下文件存盘后的扩展名为. txt。一般来讲,源程序代码文件、某些系统配置文件(ini 文件)都是以纯文本的方式存储的,所以编辑系统配置文件时,常在记事本而不用写字板(write. exe)或 Word 等较大型的处理软件。当需要紧急修改程序源代码,而手边又没有继承开发环境的时候,也常用记事本。

"写字板"是另一个文字处理软件,更适用于一些内容较多的文档,它可以在文档中插入图片、电子表格、音频和视频信息等。

习题

一、填空题

1. 一般单击鼠标右键打开的菜单称为_____。

2. 在计算机中,信息(如文本、图像或音乐)以_____的形式保存在存储盘上。

3. 文件名通常由_____和_____两部分构成,其中_____能反映文件的类型。

4. Windows 7 中,有 4 个默认库,包括_____、_____、_____、_____。

5. 复制文件的组合键是_____ ,粘贴的组合键是_____。

6. 使用"截图工具"可以将屏幕上显示的信息以_____形式保存,默认的扩展名为_____。

7. Windows 7 自带的多媒体播放程序是_____。

8. 桌面个性化可以通过_____、颜色、声音、_____、屏幕保护程序、字体大小和用户账户图片来向计算机添加个性化设置。

9. 屏幕分辨率指的是屏幕上显示的_____和_____的清晰度。

10. 用户账户可控制用户访问的_____和_____,以及可以对计算机进行更改的类型。

二、选择题

1. 能够提供即时信息及可轻松访问常用工具的桌面元素是(　　　)。

    A. 桌面图标　　　　B. 桌面小工具　　　　C. 任务栏　　　　D. 桌面背景

2. 同时选择某一位置下全部文件或文件夹的快捷键是(　　　)。

    A. Ctrl + C　　　　B. Ctrl + V　　　　C. Ctrl + A　　　　D. Ctrl + S

3. 直接永久删除文件而不是先将其移至回收站的快捷键是( )。

    A. Esc + Delete   B. Alt + Delete   C. Ctrl + Delete   D. Shift + Delete

4. 文本文件的扩展名是( )。

    A. . TXT   B. . EXE   C. . JPG   D. . AVI

5. 桌面"便笺"程序不支持的输入方式为( )。

    A. 键盘输入   B. 手写输入   C. 扫描输入   D. 语音输入

6. 桌面"便笺"程序中缩小文本的快捷键为( )。

    A. Ctrl + >   B. Ctrl + <

    C. Ctrl + Shift + >   D. Ctrl + Shift + <

7. 保存"画图"程序建立的文件时,默认的扩展名为( )。

    A. PNG   B. BMP   C. GIF   D. JPEG

8. 写字板是一个用于( )的应用程序。

    A. 图形处理   B. 文字处理   C. 程序处理   D. 信息处理

9. 主题是计算机上的图片、颜色和声音的组合,它包括( )。

    A. 桌面背景   B. 屏幕保护程序   C. 窗口边框颜色   D. 声音方案

10. LCD 监视器通常采用两种形状,一种是标准比例,另一种是宽屏幕比例,宽度和高度之比分别为( )。

    A. 4 : 3   B. 16 : 9   C. 13 : 10   D. 8 : 4

三、简答题

1. 什么是主题?

2. 简述在资源管理器中同时选择多个连续文件或文件夹的方法。

3. 试列出三种复制文件的方法。

4. 如何使用跳转列表管理程序和项目?

5. 简述在 Windows 防火墙中如何打开端口。

第3章

Word 2010 的应用

知识提要

Word 2010 是 Microsoft 公司开发的办公自动化软件 Microsoft Office 2010 中的一个重要组成部分,是在 Windows 操作系统支持下的一个集文字、表格、图表、图形、图像的编辑和排版等功能为一体的文字处理系统。Word 在排版过程中具有"所见即所得"的特点,即屏幕上所见与页面输出的结果完全一致。使用户在学习过程中更容易学习和掌握,操作起来更得心应手。

本章将主要从创建文档、格式排版、图文混排、表格制作 4 个方面来诠释 Word 2010 的应用。

教学目标

熟练掌握 Word 2010 新建、保存等基本操作;

掌握 Word 2010 文档的输入和编辑等基本操作;

掌握 Word 2010 文档的排版和图文混排;

掌握 Word 2010 中表格制作、编辑和排版的方法。

3.1 创建文档

3.1.1 Word 2010 的窗口组成及基本操作

1. 启动与退出

（1）Word 的启动

启动 Word 2010 的方法有很多种，通常使用以下两种方法来启动程序。

方法1：单击【开始】|【程序】|【Microsoft Office】|【Microsoft Office Word】程序，即打开 Word 程序，进入 Word 主窗口界面，如图 3.1 所示。

方法2：双击桌面上 Word 2010 快捷图标即可启动 Word 2010 程序。

（2）Word 的退出

退出 Word 2010 的方法至少有 6 种，常用的方法有如下 4 种：

方法1：单击【文件】|【退出】命令，如图 3.2 所示。

图3.1 通过开始菜单启动 Word

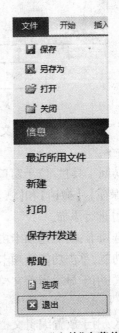

图3.2 "文件"主菜单

方法2：单击窗口右上角中关闭 按钮。

方法3：双击左上角的控制菜单 按钮。

方法4：使用快捷键 < Alt + F4 >。

2. Word 2010 窗口的组成

启动 Word 2010 后，将出现一个名为"文档1"的 Word 文档窗口，由快速访问工具栏、功能选项卡、标题栏、功能区、窗口控制按钮、标尺、滚动条、状态栏等部分组成，如图 3.3 所示。

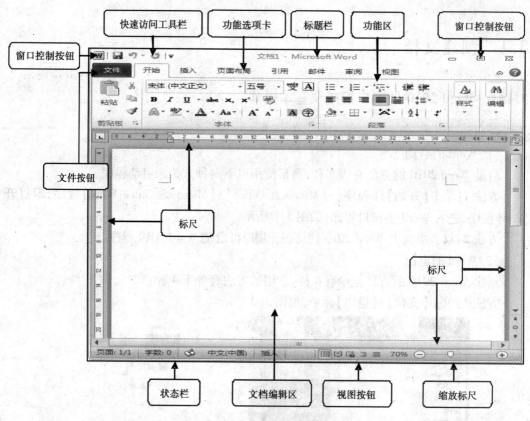

图 3.3　Word 窗口界面

●"文件"按钮:用于打开"文件"面板,该面板中包含了【新建】、【打开】、【保存】、【打印】等常用命令。

●快速访问工具栏:位于窗口上方的左侧,通常用于放置一些常用工具按钮,在默认情况下包括:【保存】、【撤销】和【恢复】3 个常用按钮,用户也可以根据需要单击【自定义快速访问工具栏▼】进行添加。

●功能选项卡:功能选项卡由"开始、插入、页面布局、引用、邮件、审阅、视图"组成,用于切换各个功能,单击功能选项卡的标签,可以完成各个功能的切换。

●标题栏:用于显示当前文档的名称,Word 新建文档时默认的文档名称为文档 1、文档 2、文档 3…。

●功能区:用于放置编辑文档所需要的功能按钮,系统将功能区的按钮根据功能用灰色线纵向划分为小组,成为工具组。在一些工具组的右下角有【对话框启动器】按钮,单击可以打开对应的对话框。

●窗口控制按钮:窗口控制按钮位于窗口的右上角,包括【最小化】、【最大化】和【关闭】按钮,用于对文档显示的大小和关闭进行控制。

●标尺:分为水平标尺和垂直标尺,用于显示或定位文本的位置,在视图选项卡中可对标尺进行显示和隐藏的控制。

●滚动条:分为水平滚动条和垂直滚动条,分别位于窗口的右侧和下方,用于当文档内容较多时,拖动滚动条可以将窗口之外的文档滚动到窗口可视区域中。

• 状态栏:用于显示当前文档的页面数、字数、拼写和输入法状态等信息。

• 视图按钮:用于切换文档的视图显示方式,单击相应视图按钮即可切换到相应视图模式。

• 缩放标尺:用于对编辑区的显示比例和缩放尺寸进行调整,用鼠标拖动滑块或按住<Ctrl>键滚动鼠标即可进行缩放。

• 文本区:Word 窗口中空白区域称为文本编辑区(或文档窗口),用于创建、编辑、修改或查看文档的内容。在文本区中闪烁的光标称为插入点,表示当前插入点的位置。每个文档窗口都有自己的窗口控制按钮,当对文档窗口进行关闭时,只能关闭当前文档窗口而不会退出 Word 程序。

3.1.2 文档的基本操作

1. 新建文档

创建一个新的 Word 文档通常有以下 3 种方法。

方法 1:启动 Word 程序后,会自动创建一个新的文档,文档默认的名称为"文档 1. docx",用户可以在其中直接输入文档内容,并进行编辑和排版。

方法 2:单击【文件】|【新建】命令,在可用模板中选择空白文档,单击"创建"按钮即可创建一个空白文档。

方法 3:使用快捷键<Ctrl + N>。

2. 打开文档

打开文档通常有 4 种方法。

方法 1:找到需要打开的 Word 文档,双击该文档即可打开。

方法 2:单击【文件】|【打开】命令或单击常用工具栏上的 按钮,弹出"打开"对话框,如图 3.4 所示。在"打开"对话框中浏览到要打开的 Word 文档,单击"打开"按钮即可。

方法 3:使用快捷键<Ctrl + O>,弹出"打开"对话框,找到要打开的 Word 文档。

方法 4:单击【文件】|【最近所用文件】,选择一个文档即可打开某个最近使用过的文档,如图 3.5 所示。

3. 保存文档

Word 2010 在处理文档时,文档的内容暂时保存在计算机内存和磁盘的临时文件中,如果系统发生故障而非正常退出 Word 程序,文件内容就会丢失,因此要及时对文档进行保存,养成保存文件的习惯。保存的方式有"保存"、"另存为"和"自动保存",【保存】的快捷键是<Ctrl + S>。

(1)保存新建文档

①当对新建的文档进行保存时,单击【文件】|【保存】命令,会弹出一个"另存为"对话框,如图 3.6 所示。

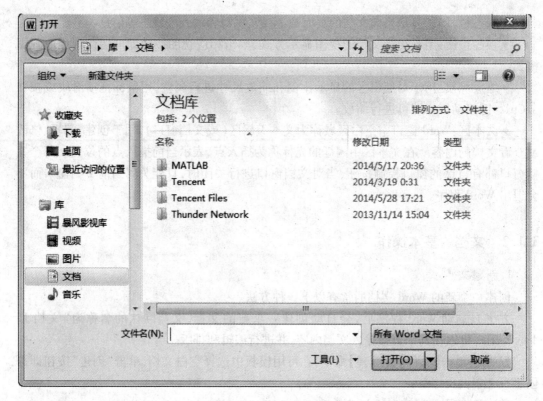

图 3.4 "打开"对话框

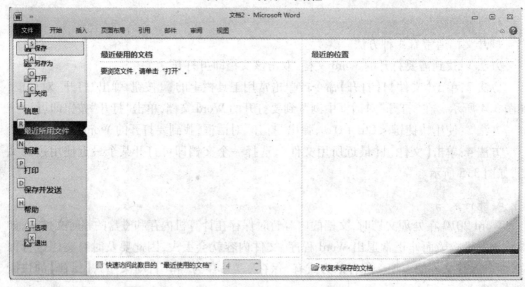

图 3.5 "文件"下最近使用过的文档

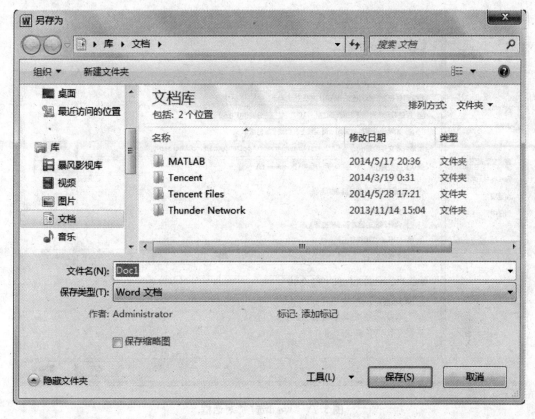

图 3.6 "另存为"对话框

②在"保存位置"处指定驱动器、文件夹,在"文件名"处输入新的文件名。

(2)保存已有文档

在保存已有文档时,文档都会在原保存位置进行保存,而不会弹出"另存为"对话框重新指定位置及名称。保存已有文档有以下 3 种方法:

①单击【文件】|【保存】命令。

②单击常用快速访问工具栏中 按钮。

③使用快捷键 < Ctrl + S >。

(3)改变已有文件的名称或保存路径

如果要改变已有文件的名称或保存路径,可单击【文件】|【另存为】命令,在"另存为"对话框中重新输入文件名称和保存的路径。

(4)自动保存文档

Word 2010 具有自动保存文档的功能。用户可以设置文档是否自动保存,以及自动保存的时间。具体方法如下:单击【文件】|【选项】命令,弹出"Word 选项"对话框,在对话框中单击"保存"选项卡,选中其中的"保存自动恢复信息时间间隔"复选框,并输入自动保存的时间间隔即可,如图 3.7 所示。

图 3.7 "Word 选项"对话框

3.1.3 文本输入

Word 2010 启动成功后,用户可以在空白的文本区输入文本。文本的输入包括汉字、英文字符、常用标点符号、特殊字符等文档元素的输入。在输入文本时,"I"形光标点会自动向右移动,达到一行末尾时,会自动换行。当要产生一个段落时,按回车键(<Enter>键),会产生一个段落标记。当输错一个汉字或字符时,可以使用退格键(<Backspace>键或←)删除光标点左边的汉字或字符,使用<Delete>键删除光标右边的汉字或字符。

Word 有两种文本输入模式:插入模式和改写模式。在状态栏中,Word 默认在"插入"模式下输入文本,当切换到"改写"模式时,输入的内容会自动替代光标后的内容。单击"改写"或按<Insert>键可在两种状态间切换。

1. 输入法的切换

在 Windows 中安装了多种输入法,用户可以选用适合自己的输入法。切换输入法通常使用键盘操作和单击输入法列表两种方法。

● 键盘操作:中英文之间切换使用<Ctrl + 空格>键。中文之间的切换使用<Ctrl + Shift>键。

● 单击输入法列表:用鼠标单击任务栏右下角 En 按钮,显示出输入法列表,从列表中选择相应输入法即可。

2. 插入符号

在输入文档过程中需要插入字母、数字、标点符号等,在键盘上可以直接插入,如果键盘上没有这些符号或者需要插入特殊字符,可通过以下方式插入:

• 单击【插入】|【符号】|【其他符号】命令,打开"符号"对话框,如图3.8所示。选择要插入的符号,单击【插入】按钮。

图3.8 "符号"对话框

• 软键盘方式插入:在输入法状态条的 ⌨ 按钮上单击鼠标右键,即可打开特殊符号列表框,选择符号类型,弹出对应的软键盘,如图3.9所示。

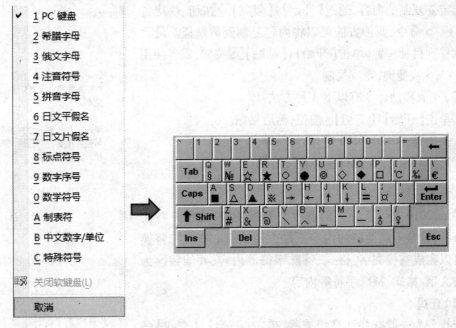

图3.9 软键盘插入特殊字符

3.1.4 文本编辑

1. 文本的选定

在 Windows 操作环境中,一般遵循"先选定,再操作"的原则,在 Word 中要执行复制、移动、删除等操作时,应先选定文本,被选定的文本的颜色以蓝色背景显示。选定文本的方法分为鼠标选定和键盘选定两种。

(1)鼠标选定文本

● 选定一个词语:鼠标双击可选定一个默认的词语。

● 选定一句中文:将鼠标放在待选定的句子上,按住 < Ctrl > 键再单击鼠标左键。

● 选定一行文本:把鼠标放在该行最左侧空白处,鼠标指针显示为向右的空心箭头时单击鼠标。

● 选定一段文本:把鼠标放在该段任意位置三击鼠标。

● 选定整篇文档:使用快捷键 < Ctrl + A > 。

(2)用键盘选定文本

首先确定插入点,然后用 < Shift > 键 + < ↑ > 、< ↓ > 、< ← > 、< → > 键可选定前、后、左、右方向的文本。

2. 复制与移动

复制就是将选定内容克隆到目标位置,选定内容还在原有位置上,而移动是将选定内容移动到目标位置,原有选定的内容就不存在了。

(1)通过剪贴板完成复制

选定要复制的内容,通过【开始】|【复制】按钮、快捷键 < Ctrl + C > 命令,两种方法可以将内容复制到剪贴板。最后将光标移到目标位置,单击【开始】|【粘贴】按钮,或者使用 < Ctrl + V > 快捷键,完成复制。

(2)完成移动命令有以下 3 种方法

①单击【开始】|【剪切】按钮,然后粘贴。

②快捷键: < Ctrl + X > 键,然后粘贴。

③选中对象,按住鼠标左键直接拖动。

3. 查找与替换

Word 2010 提供了强大的查找与替换功能,使用户在文档中查找、替换不同类型的内容更加方便快捷。查找与替换功能可以完成查找文字、格式、特殊字符等内容,并能替换为需要的文字、格式、特殊字符等内容。

(1)查找

查找分为一般查找和高级查找,单击【开始】|【查找】命令(或者按快捷键 < Ctrl + F >),打开"导航"窗格,如图 3.10

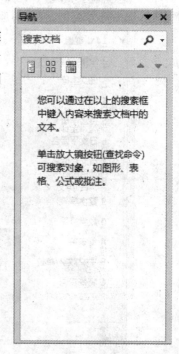

图 3.10 "导航"窗格

所示。在导航搜索框中输入要搜索的文字,单击放大镜按钮,搜索结果显示在"导航"窗格下方。

单击【开始】|【查找】|【高级查找】命令,打开"查找和替换"对话框,如图 3.11 所示。

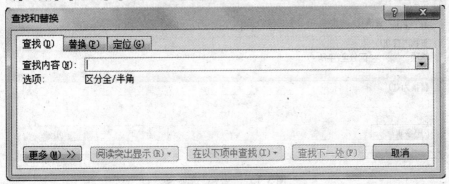

图 3.11 "查找和替换"对话框

在"查找与替换"对话框的"查找内容"中输入要查找的内容,然后单击【查找下一处】按钮开始查找,单击【阅读突出显示】按钮,查找内容以黄色背景显示所查找的内容。如果有多个要查找的内容就继续单击【查找下一处】按钮直到查找完为止。在"查找与替换"对话框中,单击【更多(M)】按钮,可以设置查找对象的字体,颜色等格式,还可以查找特殊字符、符号(如段落标记、制表符等),如图 3.12 所示。

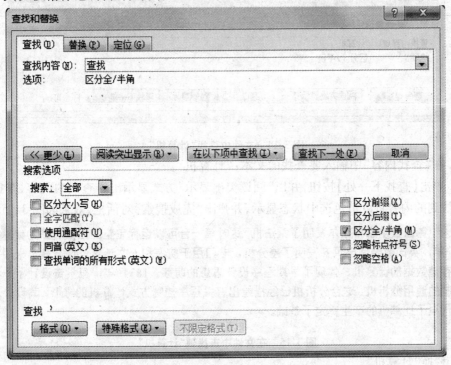

图 3.12 "查找"选项卡

(2)替换

当使用查找功能寻找到要替换的内容时,单击"替换"选项卡(或单击【开始】|【替换】

命令,或使用快捷键＜Ctrl＋H＞),打开"查找和替换"对话框中的"替换"选项卡,如图3.13所示。

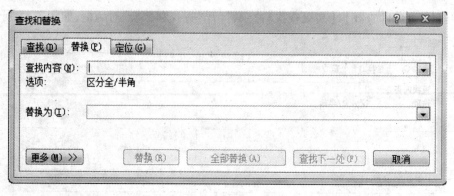

图3.13 "替换"选项卡

在"替换为"中输入要替换的内容,单击【全部替换】按钮即可完成替换。

例:查找文章中"计算机"并将其替换为"计算机基础"。

①查找文本"计算机"。

A. 单击【开始】|【查找】|【高级查找】命令,弹出"查找与替换"对话框,如图3.14所示。

图3.14 文件中查找"计算机"

B. 在"查找内容"中输入要查找的文本:"计算机"。

C. 单击【查找下一处】按钮,并以"阅读突出显示"方式显示出所查找的内容,查找完成后,查找到的内容将以黄色选中状态显示,并弹出"完成搜索"对话框,效果如图3.15所示。

1673年,德国数学家布莱尔发明了乘法机,这时第一台可以运行完整的四则运算的计算机。1822年,英国数学家巴贝齐发明了差分机,专门用于航海和天文计算。这是最早采用寄存器来存储数据的计算机,体现了早期程序设计思想的萌芽。1834年,巴贝奇设计了一种程序控制的通用分析机,这台分析机已经描绘出有关程序控制方式计算机的雏形,其设计思想为现代电子计算机的产生奠定了基础。

图3.15 在文件中查找到"计算机"

②替换"计算机"。

A. 单击【开始】|【替换】命令(或按快捷键＜Ctrl＋H＞),弹出"查找与替换"对话框,在"替换为"中输入要替换的内容"计算机基础",如图3.16所示。

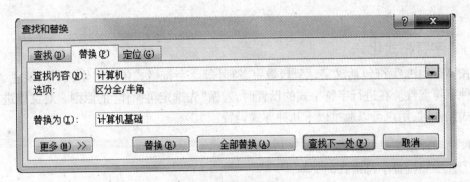

图 3.16 "替换"选项卡

B. 单击【全部替换】按钮，全部替换完成，并弹出"完成替换"的窗口提示，如图 3.17 所示。

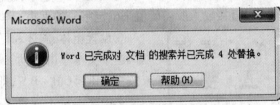

图 3.17 "完成替换"窗口提示

4. 撤销与恢复

在对文档的编辑过程中，常常会出现一些误操作，需要对文件进行撤销或者删除的操作。撤销与恢复是两个相反的过程，要恢复必须先要有撤销的内容。具体操作方法如下：

（1）撤销的方法

①撤销当前错误操作。

A. 单击快速访问工具栏上的 按钮。

B. 使用快捷键 < Ctrl + Z >。

②撤销多步操作。

单击"撤销"按钮旁的下三角按钮，在弹出的下拉列表中选择需要撤销到某一步即可，如图 3.18 所示。

（2）恢复的方法

①单击快速访问工具栏上的 。

②使用快捷键 < Ctrl + Y >。

3.2 格式排版

为了使输入的文本变得清晰、美观、层次更加分明，用户可以对文档进行字符格式、段落格式、特殊格式和页面格式的修饰，通过对文档格式的排版，可增加文档的可读性及艺术性，使文档版面变得层次更加分明，外观更加美观。

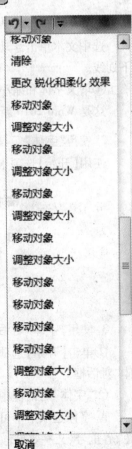

图 3.18 "撤销"操作

3.2.1 字符格式化

在 Word 中，字符包括汉字、字母、数字、符号等。字符格式包括字体、字号、颜色、字形等各种字符属性。在进行字符格式的设置时，遵循"先选定再操作"的原则。对文档进行字符格式操作时，用户可以通过以下几种方式设置：

1. 使用浮动工具栏设置（见图 3.19）

①选中要设置字符格式的文本。

②在跳出的浮动工具栏中选择文本所需要的字体、字号、字体颜色。

在 Word 中，字体分为英文字体和中文字体。字号是指字符的大小，Word 提供了"字号"和"磅值"两种字号单位，字号从初号到 8 号，字号越大字越小，磅值从 5 磅到 72 磅，磅值越大字越大。用户也可以直接输入所需磅值来确定字号的大小。

图 3.19　浮动工具栏

③设置粗体、斜体和下划线。

选中文本单击浮动工具栏的加粗 **B** 按钮，或按快捷键＜Ctrl＋B＞，即可加粗字符。

选中文本单击浮动工具栏的倾斜 *I* 按钮，或按快捷键＜Ctrl＋I＞，即可倾斜字符。

选中文本单击浮动工具栏上的下划线 U 按钮，或按快捷键＜Ctrl＋U＞，即可对字符加下划线。

④增大字体和缩小字体。

这是 Word 2010 新增的一个功能A̅ A̲，便于快速对字体进行缩放。

2. 使用"字体"工具组设置

使用【开始】选项卡下的"字体"工具组按钮设置字符格式，如图 3.20 所示。

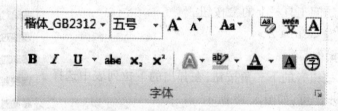

图 3.20　"字体"工具组

3. 使用"字体"对话框设置字符格式

①单击【开始】选项卡"字体"工具组右下角的按钮，即可弹出如图 3.21 所示的"字体"对话框。

②"字体"对话框中字体(N)和高级设置。

A. 字体选项卡中可设置：字体（中文字体、西文字体）、字形、字号、字体颜色、下划线颜色、着重号、文字效果，如图 3.22(a)、(b)、(c)、(d)、(e)、(f)、(g)所示。

B. 高级设置选项卡，可设置字符的间距。

字符间距是指相邻字符之间的距离，字符间距分为标准、加宽和紧缩，在调整间距时，

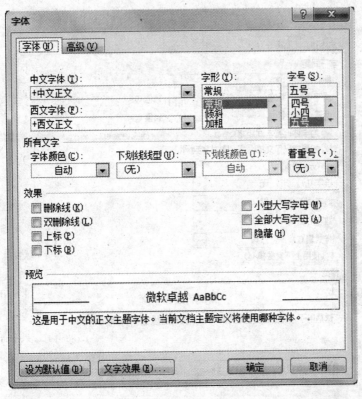

图 3.21 "字体"对话框

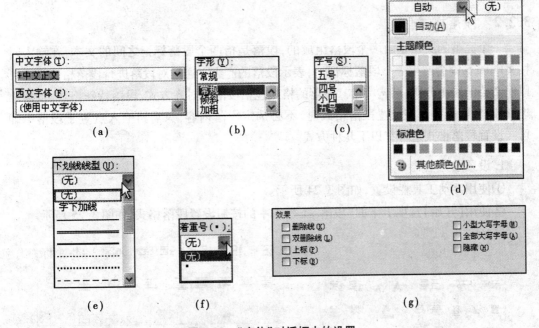

图 3.22 "字体"对话框中的设置

通常采用单位"磅"作为度量字符之间的距离,如图 3.23 所示。

注:设置字符格式还可以使用常用工具栏中的格式刷按钮 ✔ 来复制字符格式。

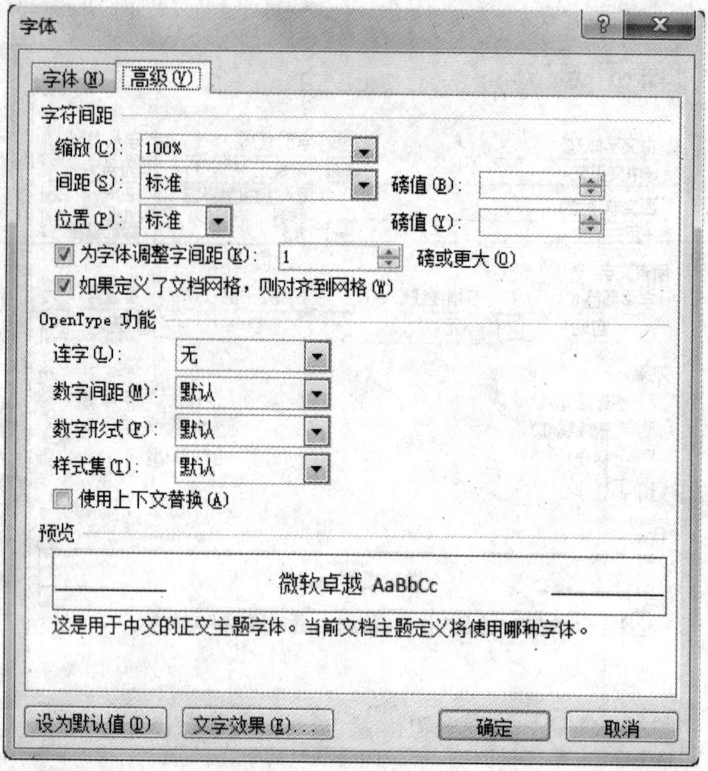

图 3.23　字体中的"高级"选项卡

3.2.2　段落格式化

一个完整的文档是由多个段落组成的,段落是指两个段落标记之间的文本,在输入时按 < Enter > 键会产生一个段落标记,表示段落的产生。通过对段落进行段落格式设置可以使文档的层次分明、结构突出。段落的格式包括段落的对齐方式、段落特殊格式、段落缩进、行距和间距等。在设置段落格式时,不必选定段落内容,只需将插入点置于段落中即可。设置段落格式通常有以下几种方式。

1. 设置段落格式

①使用浮动工具栏设置,如图 3.24 所示。

②使用【开始】选项卡下的"段落"工具组中的按钮设置段落格式,如图 3.25 所示。

图 3.24　"段落"浮动工具栏　　　　　　图 3.25　"段落"工具组

③使用"段落"对话框设置段落格式,如图 3.26 所示。

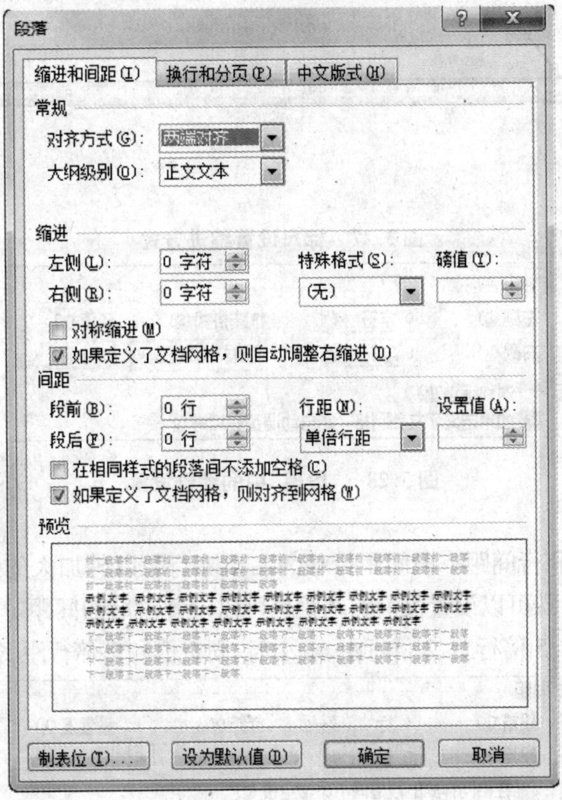

图 3.26 "段落"对话框

2.设置段落的几个要素

（1）对齐方式

段落格式化中的对齐方式有：两端对齐、居中对齐、左对齐、右对齐和分散对齐5种。

（2）缩进方式

段落的缩进方式是指正文与页边界之间的距离调节。缩进方式包括首行缩进、悬挂缩进、左缩进和右缩进。"首行缩进"指段落第一行第一个字符的起始位置；"悬挂缩进"指段落中除第一行以外的其他行的起始位置；"左缩进"指整个段落相对于页面左边距向右缩进的位置；"右缩进"指整个段落相对于页面右边距向左缩进的位置。

①使用按钮设置缩进方式。

在"浮动工具栏"和"段落工具组"中单击█按钮可增加缩进量（以一个字的距离递增），单击█按钮可以减少缩进量（以一个字的距离递减）。

②用标尺设置缩进方式。

通过拖动标尺上的按钮来直观地设置段落的缩进方式，如图3.27所示。

③用"段落"对话框设置缩进方式。

单击【开始】选项卡"段落"工具组下█的按钮，在"缩进"中即可选择缩进的方式，如图3.28所示。

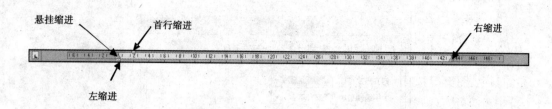

悬挂缩进　　　首行缩进　　　　　　　　　　　　　右缩进

左缩进

图 3.27　标尺设置缩进方式

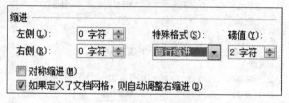

图 3.28　"段落"中的缩进设置

（3）间距设置

间距分为段间距和行间距。段间距指相邻两段除行距以外加大的距离。段间距分为段前距离和段后距离，即既可以设置段前的间距也可以设置段后的间距。行间距指两行之间的距离，分为单倍行距、1.5 倍行距、2 倍行距、最小值、固定值和多倍行距，如图 3.29 所示。

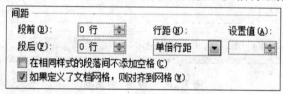

图 3.29　"段落"中的间距设置

（4）给段落添加边框和底纹

在 Word 中，对段落添加"边框和底纹"能对段落起到突出和强调作用，能进一步美化文档。添加方法如下：

①添加边框。

A. 利用"字体"工具组。选择要添加边框的对象，单击【开始】选项卡"字体"工具组中的 按钮，即可添加段落边框，效果如图 3.30 所示。

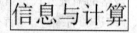

信息与计算

图 3.30　添加边框后的效果

B. 利用"段落"工具组。选择要添加边框的对象，单击【开始】选项卡"段落"工具组中的边框和底纹 按钮，打开下拉菜单，如图 3.31 所示。选择下方的【外侧框线】和【所有框线】等即可添加段落边框。

C. 利用"边框和底纹"对话框。在打开的下拉菜单（见图 3.31）中选择【边框和底纹】命令，弹出"边框和底纹"对话框，如图 3.32 所示。在对话框中依次设置边框的样式、颜色、宽度等选项，右侧预览区可以预览设置效果。

②添加底纹。

A. 利用字体工具组。选择要添加底纹的对象，单击【开始】选项卡"字体"工具组中的 按钮，即可为段落添加底纹，效果如图 3.33 所示。

B.利用"边框和底纹"对话框。在打开的下拉菜单（见图3.31）中选择【边框和底纹】命令,弹出"边框和底纹"对话框,单击【底纹】选项卡,如图3.34所示。在对底纹选项卡中依次设置填充的颜色、图案等选项,右侧预览区可以预览设置效果,单击【确定】按钮即可实现填充。

（5）给段落添加项目符号和编号

项目符号是在段落前面添加的符号,项目符号可以是字符、符号或图片。要给段落添加项目符号和编号,首先选中段落（或将光标放在段落中）,然后单击段落组中的 <img> 按钮（添加项目符号）或 <img>（添加编号）按钮即可给所在段落添加一个项目符号和编号。

如果要选择更多的项目符号和编号样式,展开项目符号和编号旁边的三角形按钮选择即可打开项目符号库和编号库,分别如图3.35和图3.36所示。

（6）复制段落格式

浮动工具栏和【开始】选项卡下的格式刷 <img>,不仅可以复制文字的样式还可以复制段落格式。操作步骤如下:

①选定已设置好格式的段落。

图3.31　边框下拉菜单

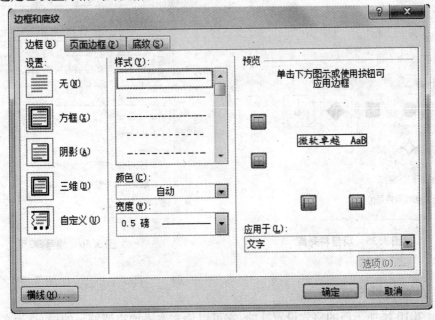

图3.32　"边框和底纹"对话框

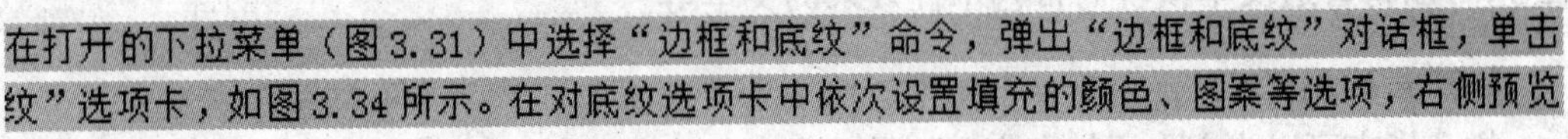

在打开的下拉菜单（图3.31）中选择"边框和底纹"命令,弹出"边框和底纹"对话框,单击纹"选项卡,如图3.34所示。在对底纹选项卡中依次设置填充的颜色、图案等选项,右侧预览

图3.33　文字添加底纹后的效果

②单击 <img> 按钮,此时鼠标指针将变成刷子的形状。

③鼠标选中要复制段落格式的段落,完成段落格式的复制。

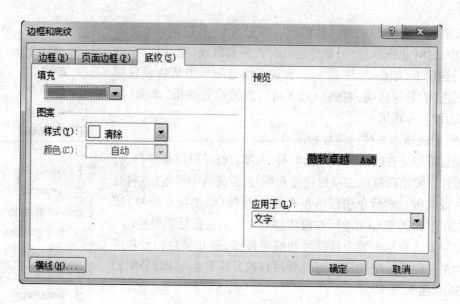

图 3.34 "底纹"选项卡

图 3.35 项目符号库

图 3.36 编号库

3.2.3 设置特殊格式

Word 2010 添加了新的格式设置功能,它可以为文本添加声调符号的拼音,为文本添加圈号,可以将普通文本设置为带艺术性效果的文本等。

1. 拼音指南

拼音指南可以为文本添加有声调符号的拼音。选中需要添加有声调符号的文本,然后单击【开始】选项卡下【字体】组的按钮,打开"拼音指南"对话框,如图 3.37 所示。在对话框中设置好对齐方式、字体、偏移量、字号后单击【确定】按钮即可添加,效果如图 3.38 所示。

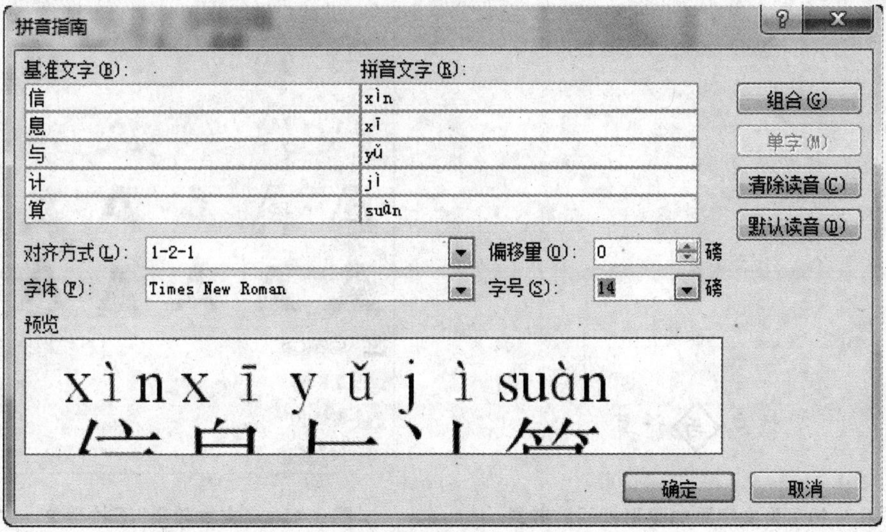

图 3.37　"拼音指南"对话框

2.带圈字符

在编辑文档时,可以为文字添加很多形状的外框:如圆形、三角形、正方形和菱形,这样可以起到强调、突出文字的作用。

选中需要添加带圈字符的文本,然后单击【开始】选项卡下【字体】组的按钮,弹出"带圈字符"对话框,如图 3.39 所示。在对话框中依次设置样式、文字、圈号,单击【确定】按钮即可添加,添加成功后的效果如图 3.40 所示。

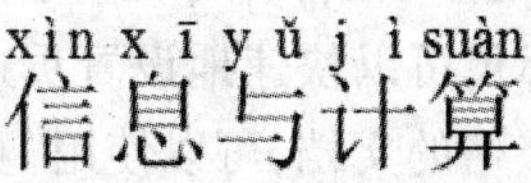

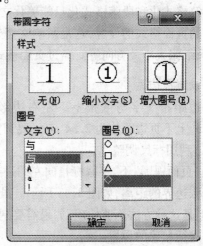

xìn xī yǔ jì suàn
信息与计算

图 3.38　为文字添加拼音后的效果　　图 3.39　"带圈字符"对话框

3.文本效果

在 Word 2003 中,通常是通过添加艺术字效果来设置文档的艺术效果,在 Word 2010 中新增添了文本效果功能,这个功能可以快速将普通文档变为带有艺术效果的文档。

选中需要添加文本效果的文本,单击【开始】选项卡下【字体】组的按钮,打开下拉菜单,如图 3.41 所示。从中选择要添加的艺术效果即可,效果如图 3.42 所示。

图 3.40　为文字添加菱形框后的效果　　　　图 3.41　"文本效果"下拉菜单

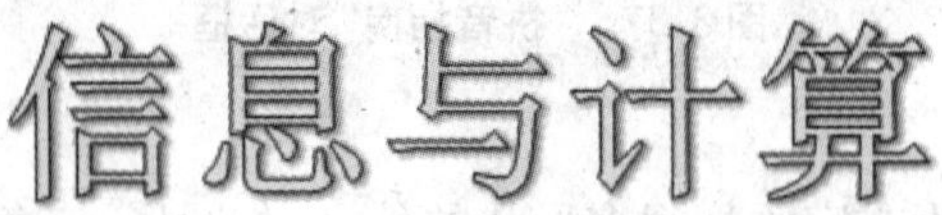

信息与计算

图 3.42　通过"文本效果"给文本添加效果

3.2.4　页面格式化

字符格式化和段落格式化只能美化文档的局部,而美化文档外观的一个非常重要的因素是它的页面格式的设置,它是影响文档外观效果的重要因素之一。页面格式设置包括:页边距、纸张大小及方向等。通过页面格式化的设置,能够排出清晰、美观的版面。

1. 设置页边距

页边距指文字与纸张上下左右边缘的距离。在 Word 中,默认的左右页边距值为3.17 cm,上下页边距值为2.54 cm。要调整页边距的方法通常有以下两种方法:

（1）利用标尺调整

在"页面视图"下,将鼠标指向左缩进或右缩进按钮,拖动鼠标即可调整上、下、左、右文字与纸张边界的距离,如图 3.43 所示。虽然利用拖动标尺可以快速地设置页边距、版面大小等,但是这种方法不够精确,如果需要制作一个较为严格的文档,可以使用"页面设置"对话框来进行精确的设置。

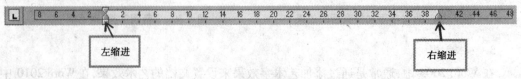

图 3.43　利用"标尺"调整页面边距

（2）利用"页面设置"对话框设置

单击【文件】|【打印】|【页面设置】命令,弹出"页面设置"对话框,如图 3.44 所示。在

"页边距"栏目的上、下、左、右文本框中输入要设置的边界值即可。

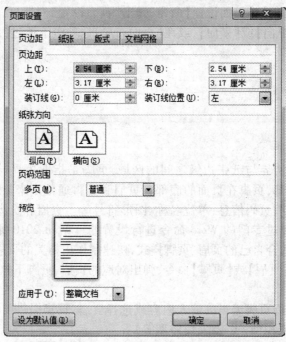

图 3.44 "页面设置"对话框

2. 设置纸张大小及方向

（1）纸张的大小

单击【文件】|【打印】|【页面设置】命令，弹出"页面设置"对话框。单击【纸张】选项卡，选择纸张大小文本框中的纸张大小，如：A2、A3、A4 等即可，如图 3.45 所示。

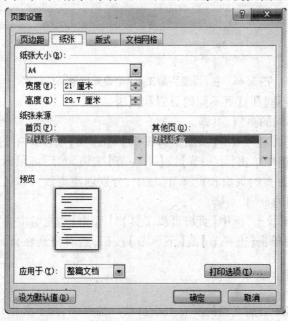

图 3.45 "页面设置"中纸张大小的设置

（2）纸张的方向

单击【文件】|【打印】|【页面设置】命令，弹出"页面设置"对话框，如图 3.44 所示。在纸张"方向"中选择【纵向】或【横向】，或在【页面布局】选项卡下通过【纸张方向】命令确定纸张的方向。

3.2.5　其他设置

1.页眉和页脚

（1）设置页眉页脚

页眉是指页面上边界与纸张边缘之间的区域，页脚是指下边界与纸张边缘之间的距离。页眉在页面的顶部，页脚在页面的底部。页眉和页脚通常用来显示文档的附加信息，常用来插入时间、日期、页码信息、单位名称、图形符号等。页眉和页脚的内容不是随文档的内容输入的，而是通过专门的 Word 命令进行设置的。Word 2010 提供了丰富的页眉样式库，用户可以选择适合自己的页眉、页脚样式，快速制作出精美的页眉和页脚。

①单击【插入】|【页眉】或【页脚】命令，弹出对应的页眉、页脚下拉菜单，从中选择合适的页眉、页脚样式。

②将光标放在页眉页脚编辑区输入内容或选择页眉、页脚提供的其他页眉、页脚样式（如传统型、瓷砖型、堆积型、飞越型、反差型等）。

③输入或选择完毕后，单击【插入】选项卡右边的【关闭】按钮，返回文档区。

（2）编辑页眉和页脚

当用户添加了页眉、页脚后，功能区将显示【页眉页脚工具】（见图 3.46），并且在下方显示了"设计"选项卡，用户可以使用"设计"选项卡中的工具来编辑页眉和页脚。

图 3.46　在"页眉页脚工具"中设置页眉页脚样式

（3）创建奇偶页不同和首页不同的页眉和页脚

①创建奇偶页不同的页眉、页脚。

在页眉、页脚编辑状态，选中【页眉页脚工具】|【选项】功能组中的"奇偶页不同"复选框，并在【导航】功能组中单击【上一节】或【下一节】按钮，然后将鼠标移至文本区，在显示"奇数页页眉"或"偶数页的页眉和页脚"区域中，分别创建奇数页和偶数页的页眉、页脚。

②创建首页不同的页眉、页脚。

在页眉、页脚编辑状态，选中【页眉页脚工具】|【选项】功能组中的"首页不同"复选框，并在【导航】功能组中单击【上一节】或【下一节】按钮，然后分别在首页和正文页眉和页脚编辑区设置样式。

2.插入页码

插入页码可以实现当前文档的所有页面自动添加页码，而不必在每一页上手动添加页码。插入页码的方法如下：

①单击【插入】|【页码】按钮,弹出插入页码下拉菜单,如图 3.47 所示。

②在下拉菜单中,指定页码位置(顶端、底端、页边距、当前位置或者设置新的页码格式)。

③设置页码格式,单击【设置页码格式】命令,打开"页码格式"对话框,如图 3.48 所示。选择所需的页码格式,单击【确定】按钮即可为文本添加页码。

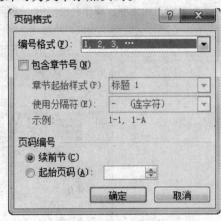

图 3.47　插入页码下拉菜单　　　　图 3.48　"页码格式"对话框

3. 首字下沉

在杂志或一些小说中,我们经常看到有时候为了区分或强调,段落的第一行第一个字的字体变大,并进行了下沉或悬挂设置,以凸显段落或整篇文档的开始位置,这种格式称为首字下沉。Word 提供了首字下沉的功能,操作步骤如下:

①打开文档窗口,将插入点光标定位到需要设置首字下沉的段落中,然后单击【插入】选项卡下【文本】功能组的【首字下沉】按钮,弹出下拉菜单,如图 3.49 所示。单击下拉菜单的【首字下沉选项(D)…】,弹出"首次下沉"对话框。

图 3.49　"首字下沉"下拉菜单　　　图 3.50　选择"首字下沉"中的下沉样式

②在"首字下沉"对话框中单击【下沉】选项(见图 3.50),设置首字下沉效果,可设置下沉文字的字体或下沉行数等,完成后单击【确定】按钮,效果如图 3.51 所示。

③选择【悬挂】选项(见图 3.52),可以设置悬挂的行数等。完成设置后单击【确定】按钮即可,效果如图 3.53 所示。

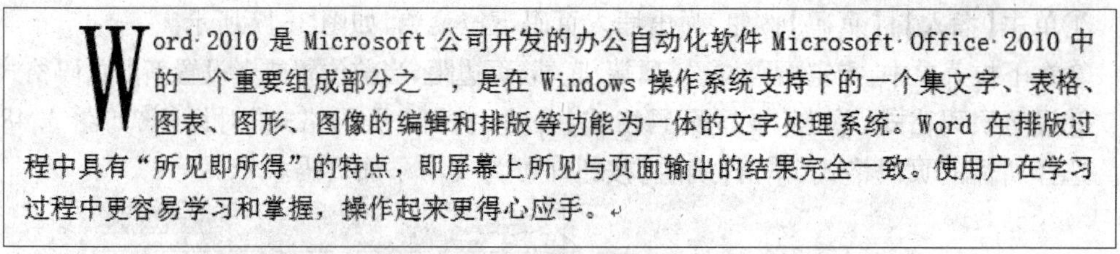

Word·2010 是 Microsoft 公司开发的办公自动化软件 Microsoft·Office·2010 中的一个重要组成部分之一，是在 Windows 操作系统支持下的一个集文字、表格、图表、图形、图像的编辑和排版等功能为一体的文字处理系统。Word 在排版过程中具有"所见即所得"的特点，即屏幕上所见与页面输出的结果完全一致。使用户在学习过程中更容易学习和掌握，操作起来更得心应手。

图 3.51   下沉后的效果

图 3.52   选择"首字下沉"中的悬挂样式

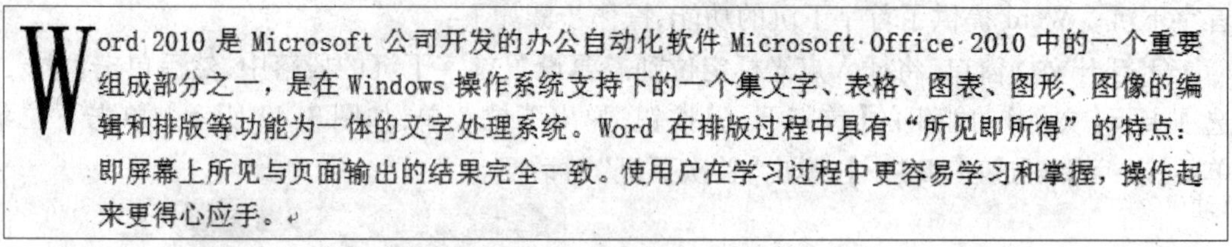

Word·2010 是 Microsoft 公司开发的办公自动化软件 Microsoft·Office·2010 中的一个重要组成部分之一，是在 Windows 操作系统支持下的一个集文字、表格、图表、图形、图像的编辑和排版等功能为一体的文字处理系统。Word 在排版过程中具有"所见即所得"的特点：即屏幕上所见与页面输出的结果完全一致。使用户在学习过程中更容易学习和掌握，操作起来更得心应手。

图 3.53   悬挂后的效果

4. 分栏

在 Word 中，分栏是将 Word 默认的一栏分为成两栏、三栏或多栏，通过分栏使版面具有多样性和可读性，是编辑文档的一个基本方法。在 Word 2010 中，分栏的方法分为简单分栏和使用"分栏"对话框分栏两种。

(1)简单分栏

选中要分栏的段落，单击"页面布局"选项卡下的【分栏】按钮，弹出下拉菜单(见图3.54)，从中选择相应的栏数即可分栏，效果如图 3.55 所示。

(2)使用"分栏"对话框

在分栏下拉菜单(见图 3.54)中单击【更多分栏】命令，弹出"分栏"对话框。在"预设"中设置要分的栏数；在"宽度和间距"

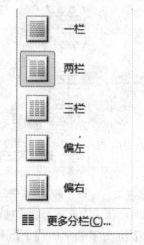

图 3.54   分栏下拉菜单

Word 2010是Microsoft公司开发的办公自动化软件Microsoft Office2010中的一个重要组成部分之一,是在Windows操作系统支持下的一个集文字、表格、图表、图形、图像的编辑和排版等功能为一体的文字处理系统。Word在排版过程中具有"所见即所得"的特点:即屏幕上所见与页面输出的结果完全一致。使用户在学习过程中更容易学习和掌握,操作起来更得心应手。

图3.55　对文档进行简单分栏后的效果

中设置栏的宽度和间距;在"分隔线"中选中复选框(见图3.56)。最后单击【确定】按钮,效果如图3.57所示。

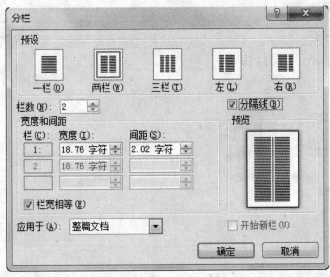

图3.56　"分栏"对话框

Word 2010是Microsoft公司开发的办公自动化软件Microsoft Office2010中的一个重要组成部分之一,是在Windows操作系统支持下的一个集文字、表格、图表、图形、图像的编辑和排版等功能为一体的文字处理系统。Word在排版过程中具有"所见即所得"的特点:即屏幕上所见与页面输出的结果完全一致。使用户在学习过程中更容易学习和掌握,操作起来更得心应手。

图3.57　通过"分栏对话框"对文档进行分栏后的效果

3.3　图文混排

通常为了美化文档或更好地传达作者的用意,用户需要在文档中插入各种图片、图形等。Word 2010支持用户插入并设置各种图片、剪贴画、形状、SmartArt图形、艺术字等功能,使得排版图文并茂的文档变得十分轻松。

3.3.1　插入图片

在Word文档中,用户可以插入本地计算机中保存的图片,也可以插入Word组件自带的剪贴画。无论是插入本地图片还是剪贴画都是通过"插入"功能区实现的,具体方法如下:

1. 插入本地图片

①将光标置于文档中要插入图片的位置,单击【插入】|【图片】命令,弹出"插入图片"对话框。

②在"插入图片"对话框中,选择插入图片的路径和文件,单击【插入】按钮,如图 3.58 所示。

图 3.58　"插入图片"对话框

2. 插入剪贴画

剪贴画是 Office 程序中自带的媒体文件,体积小、清晰度高,以矢量卡通图片为主。用户在插入时需要先对剪贴画进行搜索,具体步骤如下:

①将光标移动到文档中需要插入剪贴画的位置,单击【插入】|【剪贴画】命令,打开"剪贴画"任务窗格。

②在"剪贴画"任务窗格的"搜索文字"编辑框中,输入准备插入剪贴画的关键字,例如"人物""运动"等,单击【搜索】按钮即可搜索出相应的剪贴画。单击图片即可完成剪贴画的插入,如图 3.59 所示。若在"搜索文字"编辑框中不输入任何内容,直接单击【搜索】按钮,则可搜索出所有的剪贴画。

3.3.2　编辑图片

单击已插入的图片,选择【图片工具-格式】选项卡,其中包含【调整】、【图片样式】、【排列】、【大小】4 个功能组,用于实现对图片的各种设置。

1. 调整图片大小

选择目标图片,单击【图片工具-格式】选项卡,在【大小】功能组"形状高度"数值框中输入图片的高度值和宽度值,即可调整图片的大小,如图3.60所示。

2. 剪裁图片

Word 文档中有时候需要对插入的图片进行剪裁,Word 2010 程序提供了"利用控制柄剪裁图片""按比例剪裁图片""将图片剪裁为不同形状"3 种剪裁方式。每种方式的具体操作如下所述。

• 利用控制柄剪裁图片:选择要剪裁的图片,在【图片工具-格式】选项卡中,单击【剪裁】按钮,此时图片上出现剪裁控制柄。选择任意控制柄按住鼠标左键拖动,即可实现对图片的剪裁。

• 按比例剪裁图片:选中待剪裁的图片,单击【图片工具-格式】选项卡|【剪裁】按钮的下三角按钮,展开下拉列表,将鼠标指向【纵横比】选项,打开级联子菜单,从中选择合适的比例,按 < Enter > 键剪裁图片。

• 将图片剪裁为不同形状:利用 Word 剪裁工具,用户可以将图片剪裁为圆形、三角形、心形等形状。首先选中待剪裁的图片,单击【图片工具-格式】选项卡|【剪裁】按钮的下三角按钮,展开下拉列表,将鼠标指向【剪裁为形状】选项,打开【形状库】子菜单,如图3.61所示,从中选择合适的形状剪裁图片。

图 3.59 "剪贴画"任务窗格

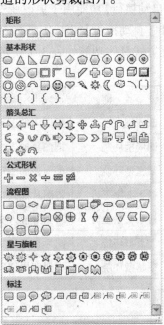

图 3.60 调整图片大小　　　　图 3.61 "形状库"子菜单

3.设置图片位置

设置图片位置即设置图片对象在文档页面上的摆放位置。Word 文档中可以设置"顶端居左、顶端居中、顶端居右、中间居左、中间居中、中间居右、底端居左、底端居中、底端居右"9 种图片位置。设置任意一种图片位置后,文字将自动设置为环绕对象。具体设置方法如下:首先选中图片,单击【图片工具-格式】|【位置】命令,从展开的菜单中选择一种图片位置的方式即可,如图 3.62 所示。

图 3.62　设置图片位置　　　　　图 3.63　设置文字环绕

4.设置文字环绕

图片的【自动换行】功能用于更改所选图像周围的文字环绕方式。选中图片,单击【图片工具-格式】|【自动换行】按钮,从下拉列表中选择一种环绕方式即可,如图 3.63 所示。

各种环绕方式具体功能如表 3.1 所示。

表 3.1　各种文字环绕效果

名　称	功　能
嵌入型	把插入的图片当做一个字符插入文档中
四周型环绕	把图片插入文字中间
紧密型环绕	类似四周型环绕,但文字可进入图片空白处
衬于文字下方	将图片插入文字的下方,而不影响文字的显示
衬于文字上方	将图片插入文字上方
上下型环绕	图片在两行文字中间,旁边无字
穿越型环绕	类似四周型环绕,但文字可进入图片空白处

5.旋转图片

旋转图片功能用于改变图形的方向。选中图片,单击【图片工具-格式】|【旋转】按钮,

从下拉列表中选择相应的旋转方向即可。

用户还可以单击【旋转】按钮后,在弹出的下拉菜单中选择【其他旋转选项】命令,打开"布局"对话框,在旋转文本框中输入旋转的角度,即可设置图片任意角度的旋转。"布局"对话框如图3.64所示。

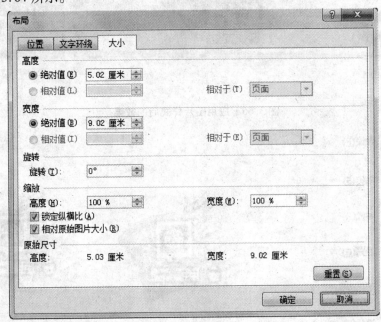

图3.64 "布局"对话框

6. 应用图片样式

选中图片,单击【图片工具-格式】|【图片样式】|【其他】下拉按钮,打开图片样式下拉列表,从列表中选择要应用的图片样式,如图3.65所示。

图3.65 应用图片样式

应用图片样式后图片效果如图3.66所示。

另外,用户还可以在【图片样式】功能组中,单击【图片边框】下拉按钮,选择一种颜色为图片添加边框,单击【粗细】与【虚线】选项,设置边框的粗细及线型。

在Word 2010中,用户可以为图片设置阴影、发光、三维旋转等效果。具体步骤如下:单击【图片工具-格式】|【图片效果】下拉按钮,打开如图3.67所示下拉列表,从中选择一种图片效果。

鼠标指向每一种图片效果选项后,会打开相应的级联菜单,从中选择合适的效果即可。用户可同时为图片设置多种效果。例如,图3.68是设置了阴影、映像后的效果。

图3.66　应用图片样式后的效果

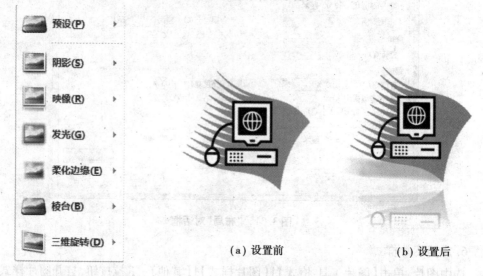

（a）设置前　　　　　　　　（b）设置后

图3.67　图片效果下拉列表　　　　图3.68　设置阴影、映像后的效果

3.3.3　插入自选图形

Word 2010 中提供了线条、矩形、基本形状、箭头、流程图等 8 种类型的自选图形,每种类型下又包括若干图形样式。用户可以直接插入这些简单图形,还可插入多个简单图形组合成复杂的图形。

1. 插入简单图形

①将光标移动到文档中需要插入图形的位置,单击【插入】|【形状】按钮,展开"形状库"下拉菜单。

②在展开的形状库中选择图形,鼠标指针变成" + ",拖动鼠标即可绘制图形。

2. 编辑自选图形

（1）应用形状样式库

选中已插入的自选图形,单击【绘图工具-格式】|【其他】下拉按钮,打开形状样式下拉列表,如图 3.69 所示,从列表中选择要应用的形状样式。

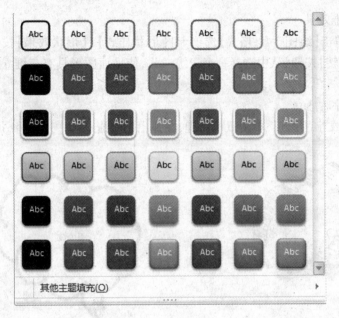

图 3.69 形状样式库

（2）设置形状填充

选中图形，单击【绘图工具-格式】|【形状填充】按钮，打开下拉菜单，如图 3.70 所示。

在打开的下拉菜单中，用户可选择相应的颜色、图片、渐变色、纹理进行填充。用户还可通过单击鼠标右键打开快捷菜单，执行"设置形状格式"命令，打开"设置形状格式"对话框，设置图形的填充效果。

（3）设置形状轮廓

选中图形，单击【绘图工具-格式】选项卡|【形状样式】|【形状轮廓】按钮，打开下拉菜单，更改形状的轮廓颜色、线条粗细以及线形等。

（4）添加阴影效果

选中图形，单击【绘图工具-格式】选项卡|【形状样式】|【形状效果】按钮，打开下拉菜单，单击【阴影】按钮，从中选择一个阴影样式，效果如图 3.71 所示。

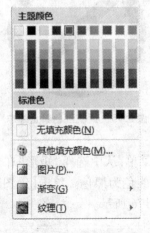

图 3.70 形状填充下拉菜单　　　图 3.71 为图形添加阴影效果

（5）设置三维效果

选中图形,单击【绘图工具-格式】选项卡|【形状样式】|【形状效果】按钮,打开下拉菜单,单击【三维旋转】按钮,从中选择一个三维样式,使平面图形具有三维立体感,效果如图3.72所示。

（6）添加文字

选中要添加文字的图形,单击鼠标右键,在弹出的快捷菜单中选择【添加文字】命令,效果如图3.73所示。

图3.72 为图形设置三维效果　　　　图3.73 为图形添加文字后的效果

3. 绘制复杂图形

在Word文档中可以利用多个简单图形绘制出一个较复杂的图形,主要用到的功能是图形间的组合。下面将以"禁止吸烟"的标志(见图3.74)案例说明,如何利用简单形状绘制出一个较复杂的图形。

（1）绘制红色禁止标志

单击【插入】|【形状】按钮,展开"形状库"下拉菜单,从中选择"禁止符"在文档中绘制。调整标志粗细,然后单击【绘图工具-格式】|【形状填充】按钮,选择填充颜色为红色。单击【形状轮廓】按钮,选择轮廓为【无轮廓】,效果如图3.75所示。

图3.74 "禁止吸烟"标志　　　　图3.75 绘制红色禁止标志

（2）绘制香烟标志

单击【插入】|【形状】按钮,展开"形状库"下拉菜单,从中选择"矩形"在文档中绘制。单击【绘图工具-格式】|【形状填充】按钮,选择填充颜色为黑色。单击【绘图工具-格式】|【形状轮廓】按钮,选择轮廓为【无轮廓】,效果如图3.76所示。

（3）绘制烟雾标志

单击【插入】|【形状】按钮,展开"形状库"下拉菜单,从中选择【曲线】在文档中绘制两

根曲线。单击【绘图工具-格式】|【形状轮廓】按钮,选择轮廓颜色为【黑色】,粗细为2磅,效果如图3.77所示。

图 3.76　绘制香烟标志　　　　　　　　图 3.77　绘制烟雾标志

（4）组合各图标

将以上标志设置为浮于文字上方（执行【绘图工具-格式】|【自动换行】|【浮于文字上方】命令），并将其移动到一起,设置"禁止符"图标置于顶层（执行【绘图工具-格式】|【上移一层】|【置于顶层】命令）。选中所有图标,单击右键,弹出快捷菜单,执行【组合】命令,效果如图3.78所示。

（5）插入艺术字

单击【插入】|【艺术字】按钮,打开"艺术字"库,从中选择【白色,暖色粗糙棱台效果】,输入"NO SMOKING"文字。设置艺术字样式:执行【绘图工具-格式】选项卡|【艺术字样式】|【文本效果】|【转换】命令,在打开的列表中选择合适的【跟随路径】即可。最后将艺术字与图标组合在一起,效果如图3.79所示。

图 3.78　组合各图标　　　　　　　　图 3.79　插入艺术字后的效果

3.3.4　创建 SmartArt 图形

SmartArt 图形是 Word 中预设的形状、文字以及样式的集合,包括列表、流程、循环、层次结构、关系、矩阵、棱锥图和图片7种类型,每种类型下又包括若干个图形样式。

1. 单击"SmartArt"按钮

将光标移动到文档中需要插入图形的位置,单击【插入】|【SmartArt】按钮,弹出"选择SmartArt 图形"对话框,如图3.80所示。

2. 选择合适的 SmartArt 图形

在打开的"选择 SmartArt 图形"对话框中,选择合适的 SmartArt 图形,单击【确定】按钮。

3. 在 SmartArt 图形文本窗格中输入文字

插入 SmartArt 图形后,Word 随即打开"文本"窗格,在窗格内输入相应的内容。

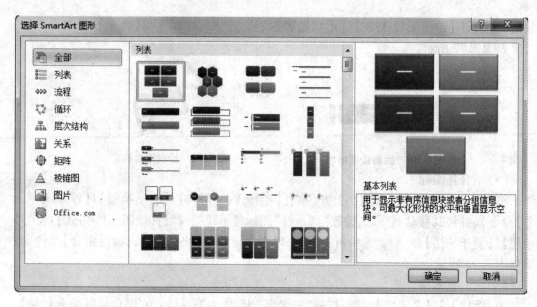

图 3.80　"选择 SmartArt 图形"对话框

部分 SmartArt 图形中还可插入图片,具体方法是在"文本"窗格中,单击▣图标,打开"插入图片"对话框,找到要插入的图片即可。

4. 设置 SmartArt 形状样式

在 Word 2010 中,一个 SmartArt 对象包含"文档的最佳匹配对象"与"三维"两种类型共 14 种样式,用户可在【SmartArt 工具-设计】选项卡中选择合适的形状样式来更改 SmartArt 图形的样式。另外,用户还可通过执行【SmartArt 工具-设计】|【更改颜色】命令来更改 SmartArt 图形的配色方案。【SmartArt 样式】功能组如图 3.81 所示。

图 3.81　设置 SmartArt 形状样式

3.3.5　使用文本框

利用文本框功能,用户可以将 Word 文本很方便地放置到文档页面的指定位置,而不必受到段落格式、页面设置等因素的影响。Word 2010 内置有多种样式的文本框供用户选择使用,用户还可以选择网络中的文本框样式。具体插入文本框的步骤如下所述:

1. 单击"文本框"按钮

执行【插入】|【文本框】命令,展开"内置文本框"下拉菜单,如图 3.82 所示。

2. 选择文本框

在打开的内置文本框面板中选择合适的文本框类型,单击鼠标左键即可。例如,选择

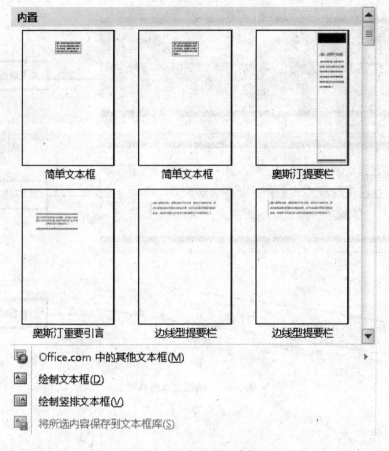

内置

简单文本框　　　简单文本框　　　奥斯汀提要栏

奥斯汀重要引言　　边线型提要栏　　边线型提要栏

📄 Office.com 中的其他文本框(M)　▶
📰 绘制文本框(D)
📰 绘制竖排文本框(V)
📰 将所选内容保存到文本框库(S)

图3.82　展开"内置文本框"

"奥斯汀重要引言"的文本框,单击已插入的文本框,输入相应文本内容,效果如图3.83
所示。

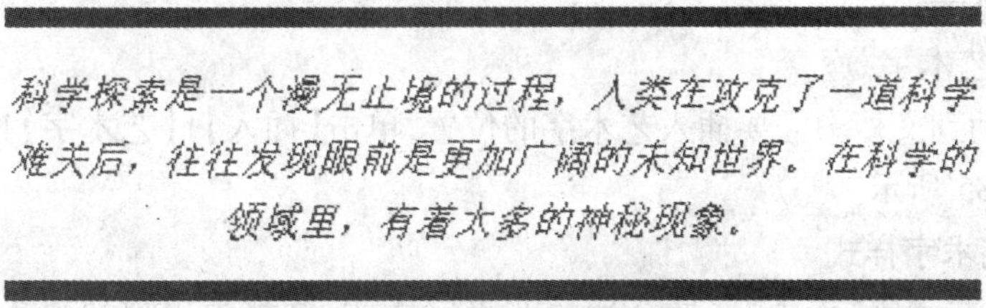

> *科学探索是一个漫无止境的过程,人类在攻克了一道科学*
> *难关后,往往发现眼前是更加广阔的未知世界。在科学的*
> *领域里,有着太多的神秘现象。*

图3.83　设置"奥斯汀重要引言"后文本框的效果

3. 编辑文本框样式

插入文本框后,还可对文本框的填充、轮廓、形状样式等进行编辑。首先选中文本框,
然后单击【绘图工具-格式】选项卡,通过"形状样式"功能区的【形状填充】、【形状轮廓】、
【更改形状】命令可设置文本框的外观样式,效果如图3.84所示。

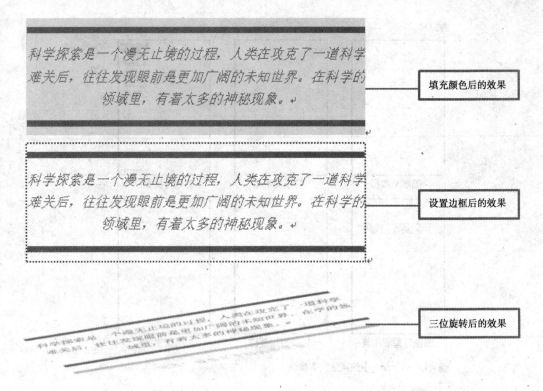

科学探索是一个漫无止境的过程，人类在攻克了一道科学难关后，往往发现眼前是更加广阔的未知世界。在科学的领域里，有着太多的神秘现象。 —— 填充颜色后的效果

科学探索是一个漫无止境的过程，人类在攻克了一道科学难关后，往往发现眼前是更加广阔的未知世界。在科学的领域里，有着太多的神秘现象。 —— 设置边框后的效果

—— 三位旋转后的效果

图3.84 编辑文本框样式

3.3.6 制作艺术字

艺术字结合了文本和图形的特点，可以设置旋转、三维、映像等效果，用来装饰文档的特殊文字，在 Word 中提供了若干的艺术字样式，具体使用方法如下所述。

1. 插入艺术字

（1）打开"艺术字"库

将光标移动到文档中需要插入艺术字的位置，单击【插入】|【艺术字】按钮，打开"艺术字"库，如图3.85所示。

（2）选择艺术字样式

在弹出的"艺术字"库中，选择合适的艺术字样式，文档中出现如图3.86所示的文本框。

（3）输入艺术字内容

单击已插入的艺术字文本框，输入相应的艺术字内容即可。

2. 更改艺术字

插入艺术字后，可根据文档需要设置艺术字的阴影、映像、三维等文字效果。各设置方法操作类似，下面将介绍其中几种效果的具体设置步骤。

（1）设置艺术字的映像效果

选中已插入的艺术字，执行【绘图工具-格式】|【艺术字样式】|【文本效果】|【映像】命

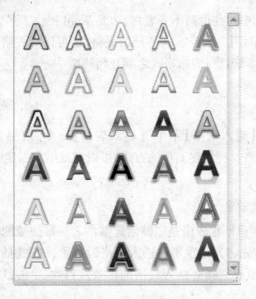

图 3.85　艺术字库

请在此放置您的文字

图 3.86　提示输入艺术字的文本框

令,在映像列表中选择一种效果即可。

　　(2)设置艺术字的转换效果

　　选中已插入的艺术字,执行【绘图工具-格式】|【艺术字样式】|【文本效果】|【转换】命令,在打开的列表中选择一种形状即可。

　　为了更好地装饰文档,可同时为艺术字设置多种文字效果。例如,图 3.87 即是为艺术字设置了阴影、转换后的效果。

图 3.87　为艺术字设置多种文字效果后的效果

　　(3)设置艺术字的文字方向

　　Word 中艺术字的排列方向默认为水平排列,如果要将其修改为垂直排列或任意角度排列,可通过执行【绘图工具-格式】|【文本方向】命令,在打开的下拉菜单中选择一种文字方向即可。

3.4　表格制作

　　表格是工作和生活中表示信息的工具,它不仅具有严谨的结构,而且具有简洁、清晰的逻辑效果。在文档处理中往往也离不开表格,为此 Word 提供了强大的表格功能。Word 的表格功能,不仅可以帮助用户创建形式各异的表格,还可以对表格中的数据进行简单地计算与排序,并能够在文本信息与表格格式之间互相转换。

3.4.1 创建表格

Word 2010 提供了【插入表格】菜单、【插入表格】命令、绘制表格、文本转换成表格、Excel电子表格、快速表格 6 种创建表格的方式,可以满足用户创建形式各异的表格,具体操作如下:

1.利用"插入表格"菜单

利用"插入表格"菜单创建表格是一种创建基本表格最快捷的方式。这种方式最大可创建 10 * 8 的表格。首先将光标置于要插入表格的位置,单击【插入】|【表格】按钮,在打开的下拉菜单中,拖动鼠标选择要插入表格的行数及列数,单击鼠标完成表格的插入。下拉菜单如图 3.88 所示。

2.利用"插入表格"命令

(1)打开"插入表格"对话框

将光标置于要创建表格的位置。单击【插入】|【表格】按钮,在打开的下拉菜单中单击【插入表格】命令,打开"插入表格"对话框,如图 3.89 所示。

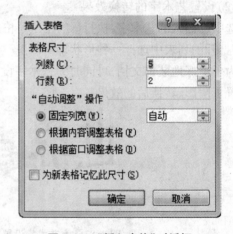

图 3.88　"插入表格"菜单　　　　　　　图 3.89　"插入表格"对话框

(2)设置表格的属性

在打开的"插入表格"对话框中可设置表格的尺寸、表格的宽度等属性。设置表格尺寸的具体方法是,在"插入表格"对话框中的列数、行数文本框中输入对应的数字,单击【确定】按钮即可。而表格的宽度通过该对话框可设置为以下 3 种情况:

- 固定列宽:即每列的宽度固定。
- 根据内容调整表格:即根据输入内容的多少调整表格的列宽。
- 根据窗口调整表格:即表格的宽度与正文区相同,列宽则等于正文区宽度除于表格列数。

3. 手动绘制表格

（1）使用【绘制表格】按钮

使用【绘制表格】命令可以用来创建【插入表格】命令不易创建的复杂表格,具体操作如下。

单击【插入】|【表格】按钮,在打开的下拉菜单中选择【绘制表格】命令,光标变成 ⌀ 形状时,拖动鼠标即可在文档中绘制表格,如图 3.90 所示。要退出表格的绘制状态,可再次单击"绘制表格"命令或按＜Esc＞键退出。

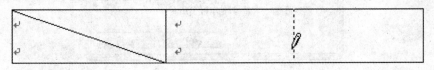

图 3.90 手动绘制表格

（2）使用【擦除】按钮

在绘制表格过程中,可通过执行【表格工具-设计】|【擦除】命令,将 ⌀ 移到表格要擦去的部分单击鼠标左键即可。按＜Esc＞键退出擦除状态。

4. 文本转换成表格

有时用户需要将已输入的文本内容转换成表格,在 Word 2010 中提供了将【文本转换成表格】这一功能,利用该功能避免了创建表格后再将文本输入到表格的繁复过程。特别是用段落标记、逗号、空格等分隔的文字,利用该功能转换成表格更是十分方便,如图 3.91 所示。

学号	姓名	计算机	英语	数学
1401001	梁晓晓	89	75	93
1401002	陈冰	71	56	66
1401003	何云丽	94	89	62
1401004	李志达	74	89	92
1401005	刘宇航	87	85	90
1401006	徐梦龙	72	56	80

（a）转换前

学号	姓名	计算机	英语	数学
1401001	梁晓晓	89	75	93
1401002	陈冰	71	56	66
1401003	何云丽	94	89	62
1401004	李志达	74	89	92
1401005	刘宇航	87	85	90
1401006	徐梦龙	72	56	80

（b）转换后

图 3.91 将文本转换成表格后的效果

将文本转换成表格的具体步骤如下所述。

（1）打开"将文字转换成表格"对话框

选择需要转换成表格的文本,执行【插入】|【表格】|【文本转换成表格】命令,打开"将文字转换成表格"对话框,如图 3.92 所示。

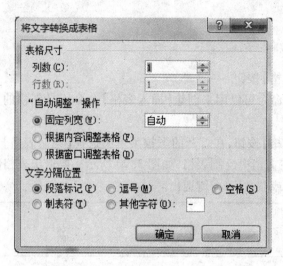

图 3.92　"将文字转换成表格"对话框

（2）设置表格属性

在打开的"将文字转换成表格"对话框中可设置表格的尺寸、列宽等属性，同"插入表格"对话框中的功能相同。其中，"文字分隔位置"是指以哪种分隔符来区分文本对应的每列的内容。例如：将"陈冰，71，56，66"文字转换成 4 列，则文字分隔位置就应该选择逗号。

5. Excel 电子表格

在 Word 2010 中，执行【插入】|【表格】命令，在打开的下拉菜单中选择【Excel 电子表格】命令，即可将 Excel 电子表格嵌入 Word 文档中。双击该表格进入编辑，用户可以像操作 Excel 一样使用该表格，如图 3.93 所示。

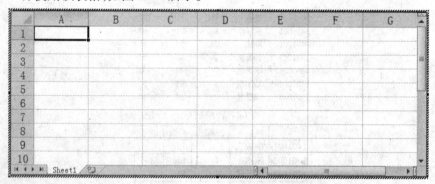

图 3.93　Excel 电子表格

6. 快速表格

在 Word 2010 中内置了若干表格，这些表格的表格样式、字体样式、字体内容已被定义好，用户可以通过执行【插入】|【表格】|【快速表格】命令，打开内置表格列表，选择合适的列表插入即可，如图 3.94 所示。

另外，用户还可以将自定义的表格保存到快速表格库中，方便以后使用。首先选中自定义的表格，执行【插入】|【表格】|【快速表格】命令，在打开的列表中单击【将所选内容保

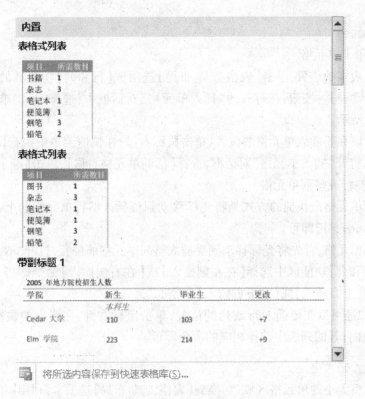

图3.94 内置表格列表

存到快速表格库】命令,打开"新建构建基块"对话框。在对话框中输入表格的名称,单击【确定】按钮即可,如图3.95所示。

图3.95 "新建构建基块"对话框

3.4.2 编辑表格

　　表格是由若干个小格纵横排列组成,每个小格称为"单元格"。单元格中允许输入文字、图形和其他各种对象,也可以设置各种格式。用户在插入表格后,往往由于内容的调整,后期还需对表格的单元格进行插入、删除、合并、拆分等操作,具体如下所述。

1. 插入单元格

（1）插入单个单元格

在要插入表格的位置，单击【表格工具-布局】选项卡【行和列】功能区的【表格插入单元格对话框启动器】按钮，在打开的"插入单元格"对话框中，选择"活动单元格右移"选项，如图 3.96 所示。

用户还可以在要插入单元格的位置，单击鼠标右键，在快捷菜单中执行【插入】|【插入单元格】命令，打开"插入单元格"对话框，选择【活动单元格右移】，单击【确定】按钮即可。

（2）插入整行或整列单元格

插入整行单元格最快捷的方式是将光标移动到待插入整行单元格的上一行单元格的行尾，单击 <Enter> 键即可。

插入整列单元格，首先将光标移动到要插入整列单元格的位置，打开"表格工具-布局"选项卡，在【行和列】功能区中选择【在左侧插入】或【在右侧插入】命令即可。插入整行单元格则选择【在上方插入】或【在下方插入】命令。

另外，用户还可以在要插入行或列的位置，单击鼠标右键，在弹出的快捷菜单中单击【插入】按钮，在打开的列表中选择相应的命令即可。

2. 调整单元格大小

选中要调整大小的单元格区域，切换到【表格工具-布局】选项卡，利用【单元格大小】功能区中的选项可以实现单元格大小的调整。下面将具体介绍这几个选项。

（1）自动调整单元格大小

单击【表格工具-布局】|【自动调整】按钮，打开如图 3.97 所示的下拉菜单。

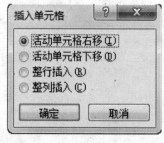

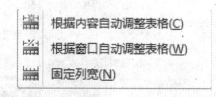

图 3.96 "插入单元格"对话框　　　图 3.97 自动调整单元格大小

菜单中共 3 个选项：

- 根据内容自动调整表格：随着单元格输入内容的多少来调整单元格的大小。
- 根据窗口自动调整表格：随着文档的宽度来调整单元格的大小。
- 固定列宽：即单元格的大小不随着单元格内容、窗口的大小变化。

（2）精确调整单元格大小

在"宽度"文本框中输入单元格的宽度，"高度"文本框中输入单元格的高度，即可实现单元格大小的精确调整。

（3）平均分布各行、各列

将光标定位到表格任意位置，单击【表格工具-布局】|【分布行】按钮，即可实现表格各

行的高度一致;单击【表格工具-布局】|【分布列】按钮,即可实现表格各列的宽度一致。

3. 合并单元格

选择要合并的单元格区域,执行【表格工具-布局】|【合并】|【合并单元格】命令,即可将所选单元格区域合并为一个单元格,如图 3.98 所示。

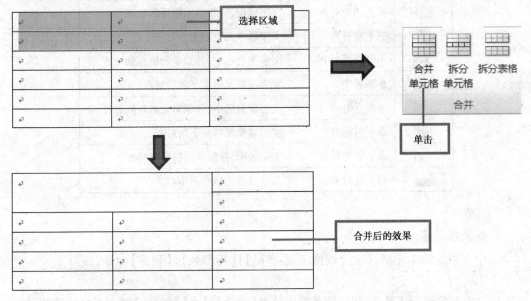

图 3.98　合并单元格

用户也可以选择要合并的单元格区域,单击鼠标右键,在弹出的快捷菜单中选择【合并单元格】命令。

4. 拆分单元格

拆分单元格即是把一个单元格拆成多个单元格,具体操作如下:

首先,选中要拆分的单元格,执行【表格工具-布局】|【合并】|【拆分单元格】命令(或单击鼠标右键,在快捷菜单

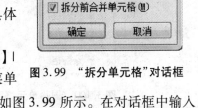

图 3.99　"拆分单元格"对话框

中选择【拆分单元格】命令),打开"拆分单元格"对话框,如图 3.99 所示。在对话框中输入要拆分的行数和列数即可。

5. 拆分表格

拆分表格即是将一个表格拆成两个独立的表格。如果要将表格拆分成几个表格,则重复执行几次拆分表格命令即可,具体操作如下:

将光标移动到拆分后表格的起始单元格中,执行【表格工具-布局】|【合并】|【拆分表格】命令即可。

6. 设置单元格对齐方式

设置单元格对齐方式就是设置单元格中文本内容的对齐方式。首先选中要设置对齐方式的单元格区域,然后切换到【表格工具-布局】选项卡,在【对齐方式】功能区中通过不同

的按钮来实现各种对齐效果。各对齐方式的具体功能如表3.2所示。

表3.2 各对齐方式的具体功能

按 钮	按钮名称	功能作用
	靠上两端对齐	将文字靠单元格左上角对齐
	靠上居中对齐	文字居中,并靠单元格顶部对齐
	靠上右对齐	文字靠单元格右上角对齐
	中部两端对齐	文字垂直居中,并靠单元格左侧对齐
	水平居中	文字在单元格水平和垂直都居中
	中部右对齐	文字垂直居中,并靠单元格右侧对齐
	靠下两端对齐	文字靠单元格左下角对齐
	靠下居中对齐	文字居中,并靠单元格底部对齐
	靠下右对齐	文字靠单元格右下角对齐

7.删除单元格

选中要删除的单元格,执行【表格工具-布局】|【行和列】|【删除】命令,展开下拉菜单,如图3.100所示。

如果要删除整行或整列,在下拉菜单中单击【删除行】或【删除列】选项;如果要删除整个表格,单击【删除表格】选项;如果要删除单元格,单击【删除单元格】选项,打开"删除单元格"对话框,如图3.101所示。根据要删除的单元格选择合适的选项,单击【确定】按钮即可。

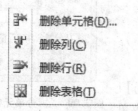

图3.100 删除单元格

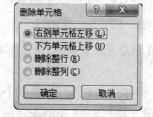

图3.101 "删除单元格"对话框

3.4.3 美化表格

1.为表格添加底纹

选中需要添加底纹的单元格区域,切换到【表格工具-设计】选项卡,在"表格样式"功能区中,单击【底纹】按钮,打开底纹设置下拉菜单,如图3.102所示。在打开的下拉菜单中选择一个颜色即可,如果要去掉填充颜色,可选择无颜色。

2.设置表格边框

选中需要设置表格边框的单元格区域,切换到【表格工具-设计】选项卡,在"表格样式"功能区中,单击【边框】下拉按钮,打开边框设置下拉菜单,在该菜单中可以为表格添加或删除边框线,如图 3.103 所示。例如,给表格添加边框,可执行【所有框线】命令,要删除表格的边框,可执行【无框线】命令。

另外,用户还可在边框设置下拉菜单(见图 3.103)中,单击【边框和底纹】选项,打开"边框和底纹"对话框,如图 3.104 所示。

图 3.102　底纹设置下拉菜单　　　　图 3.103　边框设置下拉菜单

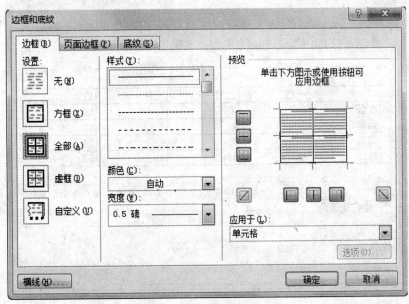

图 3.104　"边框和底纹"对话框

利用该对话框不仅可以为表格添加或删除边框线,还可设置双线框等复杂框线。例如,为表格添加双线框的步骤如下所述。

(1)打开"边框和底纹"对话框

选中表格,执行【表格工具-设计】|【边框】|【边框和底纹】命令,打开"边框和底纹"对话框。

(2)设置双线外边框、单线内边框

在打开的"边框和底纹"对话框中,依次选择设置虚框,滑动样式滚动条,选择双线,单击【确定】按钮。

3. 表格自动套用格式

表格样式是指表格边框、底纹以及文本效果的集合。Word 2010 为用户提供了多种内置表格样式,用户可直接使用这些预设样式,也可对预设样式进行修改,还可自己新建表格样式。

(1)应用预设表格样式

选中表格,单击【表格工具-设计】选项卡|【表格样式】功能组|【其他】下拉按钮,打开下拉菜单,从中选择合适的表格样式即可。

(2)修改预设表格样式

应用表格样式后,单击【表格工具-设计】选项卡|【表格样式】功能组|【其他】下拉按钮,打开下拉菜单,单击【修改表格样式】选项,打开"修改样式"对话框,如图3.105 所示。

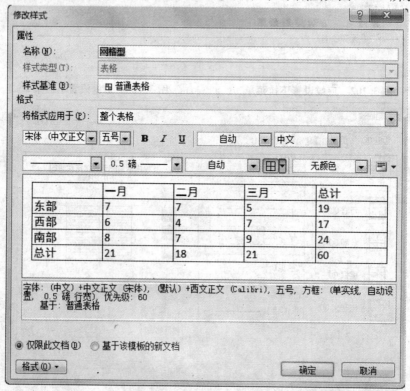

图3.105 "修改样式"对话框

通过该对话框可以修改预设表格的样式,如字体样式、表格边框与底纹等,在预览区直接预览修改后的效果。修改后的表格样式可只用于当前文档,也可用于所有基于该模板的新文档。

(3)新建表格样式

单击【表格工具-设计】选项卡|【表格样式】功能组|【其他】下拉按钮,在打开的下拉菜单中,选择【新建表样式】命令,打开"根据格式设置创建新样式"对话框,在"名称"文本框中输入新建表格的名称,在【格式】选项组中设置表格的样式,具体如图3.106所示。新样式创建成功后,用户就可以在【表格样式】中查看并使用该表格样式了。

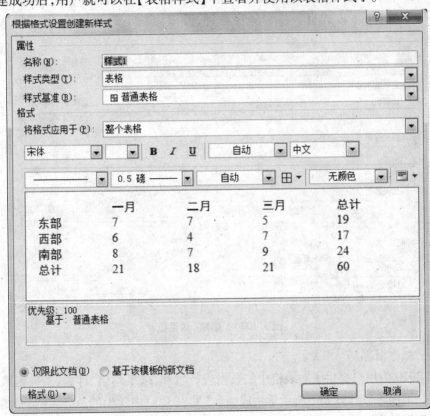

图 3.106　新建表格样式

3.4.4　处理表格数据

Word 2010 中支持对表格数据的排序及运算等功能,用户可直接在 Word 文档中实现对表格的简单数据分析与处理。

1.表格数据排序

(1)打开"排序"对话框

首先选择要排序的表格,然后执行【表格工具-布局】选项卡|【数据】|【排序】命令,打开"排序"对话框。

（2）设置关键字

如果要排序的表格有标题行,则在打开的对话框中,首先设置列表为"有标题行",然后单击"主要关键字"右侧的下三角按钮,展开下拉列表,选择主要关键字及其排序方式,再设置次要关键字、第三关键字及其排序方式,单击【确定】按钮即可。

例如,要将学生成绩表,按照计算机成绩由低到高排列,则选择主要关键字为"计算机",排序方式为升序。如果要将学生成绩表,先按照总分成绩由低到高排列,再按照计算机成绩由低到高排列,则选择主要关键字为"总分",排序方式为升序;选择次要关键字为"计算机",排序方式为升序,单击【确定】按钮即可。"排序"对话框如图3.107所示。

其中,表格的排序方式有升序和降序两种,升序为从小到大排列,降序为从大到小排列。

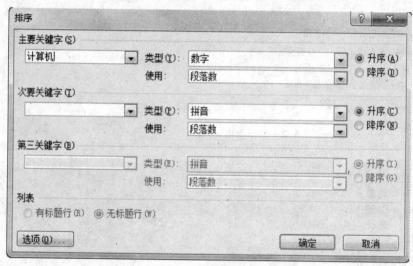

图3.107 "排序"对话框

2. 表格数据运算

Word 2010为用户提供了对表格中的数据进行求和、求平均值、计数、条件函数等多种函数运算。下面将以计算如下所示学生成绩表(见表3.3)中学生的总分为例,介绍表格中进行数据运算的方法。

表3.3 学生成绩表

学　号	姓　名	计算机	英语	数学	总分
1401001	梁晓晓	89	75	93	
1401002	陈冰	71	56	66	
1401003	何云丽	94	89	62	
1401004	李志达	74	89	92	
1401005	刘宇航	87	85	90	
1401006	徐梦龙	72	56	80	

（1）打开"公式"对话框

将光标定位到梁晓晓的"总分"单元格,然后执行【表格工具-布局】选项卡|【数据】|【公式】命令,打开"公式"对话框。

（2）输入求和公式

在"公式"文本框中输入" = ",单击【粘贴函数】下拉列表框右侧的下三角按钮,展开下拉列表,选择求和函数 SUM,如图 3.108 所示。

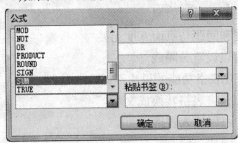

图3.108　输入求和公式

选择使用的函数后,"公式"文本框中的内容变为" = SUM(　)",在括号内输入需要引用的数据所在方向。函数共有 4 个方向,分别用 LEFT,RIGHT,ABOVE,BELOW 代表左、右、上、下。本例中,由于引用的数据在当前单元格的左侧,所以在文本框中输入" = SUM(LEFT)"。然后单击【编号格式】下拉列表框右侧的下三角按钮,从中选择合适的数据编号格式,单击【确定】按钮即可。

使用公式求和后的效果如表 3.4 所示。

表3.4　学生成绩表

学　号	姓　名	计算机	英语	数学	总　分
1401001	梁晓晓	89	75	93	257.00
1401002	陈冰	71	56	66	193.00
1401003	何云丽	94	89	62	245.00
1401004	李志达	74	89	92	255.00
1401005	刘宇航	87	85	90	262.00
1401006	徐梦龙	72	56	80	208.00

习题

一、单选题

1. 如果用户想保存一个正在编辑的文档,但希望以不同文件名存储,可用(　　　)命令。

　　A. 保存　　　　　　B. 另存为　　　　　　C. 比较　　　　　　D. 限制编辑

2. Word 2010 文档中, 每个段落都有自己的段落标记,段落标记的位置在(　　　)。

　　A. 段落的首部　　　　　　　　B. 段落的结尾处

C. 段落的中间位置　　　　　　　　　　D. 段落中，但用户找不到的位置

3. 在 Word 2010 编辑状态下，对于选定的文字(　　　)。

    A. 可以移动，不可以复制　　　　　　　B. 可以复制，不可以移动

    C. 可以进行移动或复制　　　　　　　　D. 可以同时进行移动和复制

4. 在 Word 2010 中，下列关于分栏操作的说法，正确的是(　　　)。

    A. 可以将指定的段落分成指定宽度的两栏

    B. 任何视图下均可看到分栏效果

    C. 设置的各栏宽度和间距与页面宽度无关

    D. 栏与栏之间不可以设置分隔线

5. 下面有关 Word 2010 表格功能的说法不正确的是(　　　)。

    A. 可以通过表格工具将表格转换成文本

    B. 表格的单元格中可以插入表格

    C. 表格中可以插入图片

    D. 不能设置表格的边框线

6. 在 Word 2010 中，如果在输入的文字或标点下面出现红色波浪线，表示(　　　)，可用"审阅"功能区中的"拼写和语法"来检查。

    A. 拼写和语法错误B. 句法错误　　　C. 系统错误　　　D. 其他错误

7. 在 Word 2010 中，默认保存后的文档格式扩展名为(　　　)。

    A. . dos　　　　　B. . docx　　　　　C. . html　　　　　D. . txt

二、多选题

1. 在 Word 2010 中，"文档视图"方式有哪些？(　　　)。

    A. 页面视图　　　　B. 阅读版式视图　　C. Web 版式视图　　D. 大纲视图

    E. 草稿

2. 在 Word 2010 中，可以进行哪些插入(　　　)元素？

    A. 图片　　　　　　B. 剪贴画　　　　　C. 形状　　　　　　D. 页眉和页脚

    E. 艺术字

3. 在 Word 2010 中，插入表格后可通过出现的【表格工具】选项卡中的【设计】、【布局】可以进行哪些操作？(　　　)

    A. 表格样式　　　　　　　　　　　　　B. 边框和底纹

    C. 删除和插入行列　　　　　　　　　　D. 表格内容的对齐方式

    E. 删除表格

4. 【开始】功能区的【字体】组可以对文本进行哪些操作设置？(　　　)

    A. 字体　　　　　　B. 字号　　　　　　C. 消除格式　　　　D. 样式

    E. 颜色

三、判断题

1. 在 Word 2010 中可以插入表格，而且可以对表格进行绘制、擦除、合并和拆分单元格、插入和删除行列等操作。　　　　　　　　　　　　　　　　　　　　　　(　　　)

2. 在 Word 2010 中，只要插入的表格选取了一种表格样式，就不能更改表格样式和进

行表格的修改。　　　　　　　　　　　　　　　　　　　　　（　　）

3.在 Word 2010 中,【行和段落间距】或【段落】提供了单倍、多倍、固定值、多倍行距等行间距选择。　　　　　　　　　　　　　　　　　　　　　　（　　）

4.在 Word 2010 中,可以插入"页眉和页脚",但不能插入"日期和时间"。　（　　）

5.在 Word 2010 中,插入的艺术字只能选择文本的外观样式,不能进行艺术字颜色、效果等其他的设置。　　　　　　　　　　　　　　　　　　　　（　　）

6.在 Word 2010 中,不但能插入内置公式,而且可以插入新公式并可通过【公式工具】功能区进行公式编辑。　　　　　　　　　　　　　　　　　　　（　　）

四、填空题

1.在 Word 2010 中,选定文本后,会显示出_____工具栏,可以对字体进行快速设置。

2.在"插入"功能区的【符号】组中,可以插入_____和符号、编号等。

3.在 Word 2010 中插入了表格后,会出现"_____"选项卡,对表格进行"设计"和"布局"的操作设置。

4.编辑页眉、页脚时,应选择_____视图方式。

5.通常 Word 文档的扩展名是_____。

6.段落对齐方式可以有右对齐、两端对齐、_____和_____四种方式,在工具栏上有这 4 个按钮。

第4章

Excel 2010 的应用

知识提要

Excel 2010 是最强大的电子表格制作软件之一,它不仅具有强大的数据组织、计算、分析和统计功能,还可以通过图表、图形等多种形式对处理结果加以形象的显示,同时能够方便地与 Office 2010 其他组件相互调用数据,实现资源共享。在使用 Excel 2010 制作表格前,首先应掌握它的基本操作,包括使用工作簿、工作表以及单元格的方法。

教学目标

掌握工作表的基本操作和格式设置;

掌握公式与函数的应用;

了解工作表扩展功能的应用;

掌握工作表图表设置及打印。

4.1　Excel 的功能与窗口界面

4.1.1　Excel 概述

Excel 是由 Microsoft 公司开发的电子表格应用软件,用于对数据进行组织、格式处理和计算。Excel 是微软办公套装软件 Office 的一个重要的组成部分,它可以进行各种数据的处理、统计分析和辅助决策操作,广泛地应用于管理、统计财经、金融等众多领域。

Excel 电子表格软件从 Excel 1.01 到 Excel 2013,历经 22 年的发展,现已成为人们日常工作中必不可少的数据管理软件。

4.1.2　启动 Excel

启动 Excel 常用两种方法。第一种方法是单击【开始】|【所有程序】|【Microsoft Office】|【Microsoft Office Excel 2010】;第二种方法是打开一个 Excel 工作簿文件。使用第一种方法启动 Excel 2010 后,系统自动建立一个名为"工作簿 1"的空白工作簿,使用第二种方法启动 Excel 2010 后,系统自动打开相应的工作簿。

4.1.3　Excel 窗口界面的组成

Excel 与 Word 的窗口组成大体相同,但它们的编辑对象不同。Word 编辑的是 Word 文档用以处理文字,Excel 编辑的是工作簿用以处理表格。Excel 的窗口界面主要由标题栏、菜单栏、工具栏、编辑栏、工作表格区、任务窗格和状态栏等元素组成。Excel 的窗口组成如图 4.1 所示。

● 标题栏:位于 Excel 2010 界面中最上方的中央位置,显示当前打开的工作簿的标题。通过拖动标题栏可以拖动整个 Excel 的界面。

● 快速访问工具栏:工具栏是可以自定义的,它位于功能区的上方,包含一组常用命令,并且可以更改命令按钮的数目。

● 功能区 |选项卡|组|命令:功能区是由许多常用命令组成的。为了方便使用,系统自动进行了分类,功能区由文件、开始、插入、页面布局等选项卡组成,每个选项卡由包括多个命令组,一个命令组由许多命令组成。

● 工作表格区:输入文本或数据进行计算和统计的区域,包含多个单元格,以及行号、列标和工作表标签。工作表是由行、列组成的二维表格,表中的每一个格子称为单元格。每个单元格有一个唯一的地址,由单元格所在的行号和列标组成。工作表的列数为 256 列,行数为 65 536 行。

● 编辑栏:用于显示当前单元格中的常数或公式。

● 工作表标签:与 Word 文档不同,Excel 的工作簿可包含多个内容相互独立的工作表(Sheet),每个工作表可有不同的表名。在工作表标签中则列出当前打开工作簿内的所有工作表的名称。默认状态下,一个工作簿由 3 个工作表组成,系统默认名称为:Sheet 1,

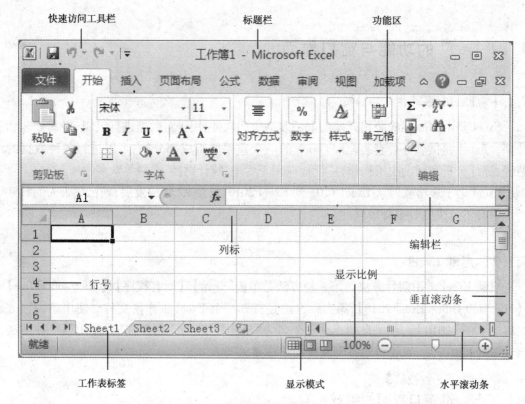

快速访问工具栏　　　　　标题栏　　　　　　功能区

列标

编辑栏

行号

显示比例

垂直滚动条

工作表标签　　　　　　　显示模式　　　　　　水平滚动条

图 4.1　窗口界面

Sheet 2,Sheet 3。

　●行号、列标:工作表的每行每列都分别有固定的标号。列标显示在工作表每一列的最上端,用 A,…,Z,AA,…,ZZ,AAA,…,ZZZ 表示;行号显示在工作表每一行的最左端,用 1,2, …,1048576 表示。

　　显示模式|显示比例:包含 3 种视图,依次为普通视图、页面布局视图和分页预览视图。可以根据需要选择不同的显示方式和显示大小。

　　滚动条:包括垂直滚动条和水平滚动条,用于显示工作表的不同编辑区域。

4.1.4　Excel 的退出

　　与其他微软软件一样,Excel 的退出也是采用以下几种方法:

　　单击标题栏最右上角的⊠按钮。

　　单击"文件"选项卡,在左边菜单中选择【退出 Excel】命令。

　　按 < Alt + F4 > 键。

4.2　Excel 基本操作

4.2.1　工作簿和工作表

　　工作簿是 Excel 存储在磁盘上的文件形式,其扩展名为". xlsx"。一个工作簿由若干个工作表组成,且至少包含1个工作表。

1. 工作簿的编辑

(1)新建工作簿

启动 Excel 2010 后,系统会自动新建一个名为"工作簿 1"的工作簿文件,其默认包含 3 个工作表,名字分别为"Sheet 1""Sheet 2"和"Sheet 3"。在 Excel 2010 中,新建工作簿有以下几个方法:

①单击"文件"菜单,在左边菜单中选择【新建】命令。此时右边将出现如图 4.2 所示的选项。选择"空白工作簿",可以完成新建工作簿。

图 4.2 新建菜单选项

②按 < Ctrl + N > 键,系统会自动建立一个默认模版的空白工作簿。

③单击"快速访问工具栏"上的按钮。

(2)保存工作簿

Excel 2010 操作时,应随时保存 Excel 工作簿,以避免系统意外而丢失数据。常用的保存工作簿的方法为"保存"和"另存为"。

①保存。在 Excel 2010 中保存工作簿有以下 3 种方法:

A. 按 < Ctrl + S > 键。

B. 单击"快速访问工具栏"中的按钮。

C. 单击"文件"选项卡,在打开的菜单中选择【保存】命令。

如果工作簿被保存过,系统会自动将工作簿的最新内容保存起来。除开之前的情况,系统需要用户指定文件保存的位置及文件名称,相当于执行"另存为"操作。

②另存为。如需把当前工作的工作簿以新文件名或新位置保存起来,则要用到"另存为"命令。单击"文件"选项卡,在左边菜单中选择【另存为】命令,出现如图 4.3 所示的【另存为】对话框。

在保存位置处选择保存的文件夹,在文件名处输入新文件名。

(3)打开工作簿

在 Excel 2010 中,打开工作簿有以下 3 种方法:

图4.3 "另存为"对话框

①找到要编辑的工作簿文件的位置,双击该文件,或在该文件上单击右键后选择"打开"命令。

②按 < Ctrl + O > 键。

③单击"文件"选项卡,在左边菜单中选择【打开】命令,将会弹出"打开"对话框。在对话框中选择相应位置中的需编辑的工作簿文件,然后单击 打开(O) 按钮。

(4)关闭工作簿

与所有微软软件一样,关闭某一软件只需按右上角的 X 按钮,或单击"文件"选项卡,在左边菜单中选择【退出】命令。

2. 工作表的编辑

(1)选定工作表

由于一个工作簿中含有多个工作表,因此在操作前必须选定工作表。选定工作表,一般有以下4种操作:

①直接单击需选定的工作表。

②需选定多个连续的工作表:单击第一个工作表,然后按住 < Shift > 键,单击最后一个工作表,此时两个工作表及其之间的工作表均被选中。

③需选定多个不连续的工作表:按住 < Ctrl > 键,单击需要的工作表。

④工作表的全选:在工作表标签上单击右键,在弹出的菜单中选择【选定全部工作表】即可。

（2）插入工作表

当系统默认的 3 个工作表不够用时，可插入多个工作表。插入工作表的常用方法有以下两种：

①单击【开始】选项卡，在【单元格】组中，选择【插入】｜【插入工作表】命令，如图 4.4 所示。

图 4.4　插入工作表命令

②在当前工作的工作表标签处单击右键，在弹出的菜单中选择【插入】命令，会打开如图 4.5 所示的对话框。在对话框的"常用"选项卡中选择"工作表"选项，单击【确定】按钮。

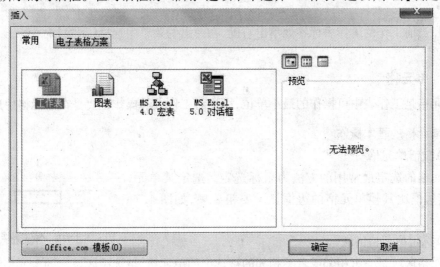

图 4.5　"插入"对话框

（3）重命名工作表

在实际工作中，系统默认的工作表名并不利于管理，用户可根据自身需要改变这些名称。一般重命名的操作有以下两种：

①在工作表标签上双击鼠标左键，当工作表标签变为黑色时，可改写工作表名称。

②在工作表标签上单击鼠标右键，在弹出的快捷菜单中选择【重命名】命令，此时工作表标签变为黑色，可改写工作表名称。

（4）移动和复制工作表

①工作簿内。在工作表标签处用鼠标左键按住需移动的工作表，沿工作表标签行进行拖动即可移动工作表。如果在移动工作表时按住＜Ctrl＞键，则为复制该工作表的操作。

②工作簿外。如需将工作表移动或复制到另一打开的工作簿文件中，需通过以下方法：

　　在工作表标签处单击鼠标右键,在弹出的快捷菜单中单击【移动或复制】按钮,将弹出【移动或复制工作表】对话框。在对话框的"工作簿"下拉菜单中选择需移动到或复制到的工作簿,在"下列选定工作表之前"的选框中选择工作表的位置,若是复制还需选中"建立副本",最后单击【确定】按钮完成操作。

　　(5)删除工作表

　　工作簿中不需要的工作表可以删除,删除工作表有以下两种方法:

　　①单击【开始】选项卡,在【单元格】组中,选择【删除】|【删除工作表】命令,如图4.6所示。

图4.6　删除工作表命令

　　②在当前工作的工作表标签处单击右键,在弹出的菜单中选择【删除】命令。

4.2.2　单元格

　　单元格是工作表中可操作的最小单位,用户对工作表的操作主要是在单元格中进行。

　　1. 单元格的基本操作

　　(1)激活单元格

　　单元格的选定最常用的方法为鼠标选定。选定某单元格后,其边框比其他单元格的边框显示要粗要黑,如图4.7所示。

　　(2)选定单元格区域

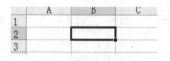

图4.7　单元格

　　单元格区域是一组相邻或者不相邻的被选中的单元格,被选中区域内的单元格会高亮度显示。要选中相邻的单元格区域,可用鼠标左键单击区域左上角的单元格,然后拖动左键至区域右下角,释放左键即可。要选中不相邻的单元格区域,可按住 < Ctrl > 键,然后使用鼠标左键选择需要的单元格,选完后释放 < Ctrl > 键和左键即可。

　　另外,还有一些特殊选择的快捷操作:选择整行单元格,可单击工作表最左边的行号;选择整列单元格,可单击工作表上端的列标;选择整个工作表,可单击工作表左上角行号和列标的交叉处,即全选按钮;选择相邻的行或列,可单击工作表的行号或列标,然后拖动至需要处;选择不相邻的行或列,可单击工作表的行号或列标,按住 < Ctrl > 键,再单击其他所需行号或列标。

　　2. 单元格的数据编辑

　　编辑单元格的数据前,应首先激活或者选定单元格。

（1）输入数据

单击选定单元格,直接在单元格中输入数据。所输入的数据会同时显示在单元格和编辑栏。输入完成后可进行如下操作:

①用键盘上的方向键改变活动单元格的位置。

②按＜Esc＞键,取消输入的数据。

③单击编辑栏左边的 ✔ 按钮,完成数据的输入。

④单击编辑栏左边的 ✖ 按钮,取消数据的输入。

⑤在多个单元格输入同样的数据,先选中这些单元格,在最后选定的单元格中输入数据,按快捷键＜Ctrl＋Enter＞。

（2）数据输入的形式

Excel 中数据的常用类型有文本型、数值型和日期时间型,只要按照每种类型的格式输入,系统会自动识别。

①文本数据的输入。

文本数据可以是汉字、字母、数字和符号等字符。文本数据仅仅用于显示和打印,不能用于运算。文本数据输入时,还有以下特殊情况需注意:

A. 输入的文本数据可被视作数值数据（如"27"）、日期数据（如"5 月 6 日"）或公式（如" ＝A1 ＋5"）时,需在数据输入时首先输入一个英文单引号（'）,再输入数据。

B. 如果要输入的数据第一个是英文字符单引号（'）,则需连续输入两个。

C. 如果输入的文字需要分段时,则需按住＜Alt ＋Enter＞键。

单元格中文本数据的显示也有如下特点:

A. 文本数据在单元格中默认左对齐。

B. 有分段的文本数据单元格,单元格高度由系统根据文本高度自动调整。

C. 当文本数据长过单元格宽度时,如果相邻的单元格中没有数据,文本数据自动扩展到右边显示;如果相邻单元格中有数据,文本数据根据单元格宽度自动被截断。

文本数据在单元格中不同的显示效果如图 4.8 所示。

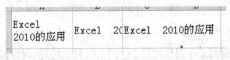

图 4.8 文本数据显示效果

②数值数据的输入。

数值数据是指能够进行运算的数据。Excel 中数值数据有 5 种形式:整数形式,如 260；小数形式,如 3.56；分数形式,如 $\frac{1}{3}$；百分数形式,如 30% ；科学记数形式,如 2.7E4。

在输入数值数据时,有以下几种情况需要注意:

A. 若输入小于 1 的分数,输入形式应为:$0\ \frac{1}{5}$。

B. 若输入负数,可用负号表示,如－300；也可用小括号将数字括起来,如（300）。

C. 当数字的长度超过 12 位时,系统自动用科学记数形式表示。

数字数据在单元格中不同的显示效果如图 4.9 所示。

③输入日期、时间。

默认情况下,日期和时间在单元格中靠右对齐。2013 年 1 月 7 日的常用输入方式为"13|1|7"。14 点 30 分的常用输入方式为"14:30"。若日期时间数据同时输入在一个单元格内,则日期和时间之间需加空格,如"13|1|7 14:30"。若时间数据输入时要输入表示上午、下午的 AM 和 PM,则时间数据和单词数据之间需加空格,如"2:30 PM"。

日期、时间数据在单元格中不同的显示效果如图 4.10 所示。

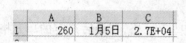

图 4.9　数字数据显示效果　　　　图 4.10　日期、时间显示效果

(3)填充数据

当输入的数据是有规律可循的,则能使用自动填充功能来简化数据输入工作。

①利用填充柄自动填充。

选定单元格右下角的黑色小方块则是填充柄。当把鼠标移动到填充柄上时,鼠标指针变成十形,此时拖动鼠标,拖动所经过的单元格自动进行填充。当单元格中有数字时,默认填充步长为1,如图 4.11 所示。

图 4.11　自动填充

Excel 2010 提供了 11 个内置序列:

A. Sun,Mon,Tue,Wed,Thu,Fri,Sat

B. Sunday,Monday,Tuesday,Wednesday,Thrusday,Friday,Saturday

C. Jan,Feb,Mar,Apr,May,Jun,Jul,Aug,Sep,Oce,Nov,Dec

D. January,February,March,April,May,June,July,August,September,October,November,December

E. 日,一,二,三,四,五,六

F. 星期日,星期一,星期二,星期三,星期四,星期五,星期六

G. 一月,二月,三月,四月,五月,六月,七月,八月,九月,十月,十一月,十二月

H. 正月,二月,三月,四月,五月,六月,七月,八月,九月,十月,十一月,腊月

I. 第一季,第二季,第三季,第四季

J. 子,丑,寅,卯,辰,巳,午,未,申,酉,戌,亥

K. 甲,乙,丙,丁,戊,己,庚,辛,壬,癸

②单元格区域的填充。

选定一个单元格区域后,若需填充,可用以下方法。

单击【开始】选项卡,在【编辑组】中单击"填充",在下拉菜单中选择需要的选项。各选项的功能如下:

• 【向上】:单元格区域最后一行中的数据填充到其他行中。

• 【向下】:单元格区域第一行中的数据填充到其他行中。

• 【向左】:单元格区域最右一列中的数据填充到其他列中。

•【向右】:单元格区域最左一列中的数据填充到其他列中。

图4.12为各选项填充的示例。

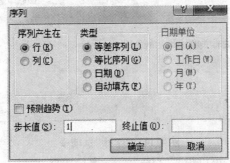

1	2	3	7	8	9	1	2	3	3	3	3	1	1	1
4	5	6	7	8	9	1	2	3	6	6	6	4	4	4
7	8	9	7	8	9	1	2	3	9	9	9	7	7	7
选定区域			向上			向下			向左			向右		

图4.12 单元格区域填充

③填充序列。

如果填充的是一个序列,则单击【开始】选项卡,在【编辑组】中单击"填充",在下拉菜单中选择"系列",将弹出如图4.13所示的"序列"对话框。

图4.13 "序列"对话框

• 序列产生在:选"行",序列产生在当前行中;选"列",序列产生在当前列中。

• 类型:"等差序列""等比序列"则是按照数学方法用等差、等比的方式填充序列,此序列必须为数字类型的数据;"日期"则是产生一个日期序列;"自动填充",即按系统默认序列自动填充。

• 日期单位:"日",以日为单位填充;"工作日",以工作日(周一至周五)填充;"月",以月为单位填充;"年",以年为单位填充。

• 步长值:数值类型的差值或比值。

• 终止值:序列最终值。若选择的为一行或一列的单元格区域则不用输入;若选择的为一个单元格则必须输入。

4.2.3 工作表的格式化

用户在使用工作表时,一般都会改变单元格的格式。常用的操作有单元格数据格式化、单元格样式格式化和页面设置。

1. 单元格数据格式化

(1)设置字体格式

如不需默认的字体格式,则可以用单元格格式对话框中的字体选项卡进行具体设置。

①选定需要设置格式的单元格。

②在选定单元格区域内单击鼠标右键,在弹出的快捷菜单中选定"设置单元格格式",

或者按快捷键<Ctrl+1>,打开如图4.14所示的"设置单元格格式"对话框中的"字体"选项卡。

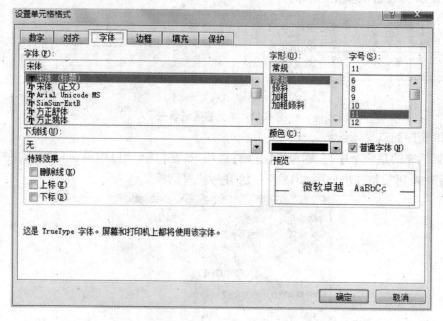

图4.14 "字体"选项卡

③在"字体"选项卡中,可以设置字体、字形、字号等格式。

④单击【确定】按钮完成设置。

另外一种简单的方法是选定单元格后,在【开始】选项卡的【字体】组中设置,如图4.15所示。

图4.15 字体组

(2)设置数字格式

在Excel中,很多时候对数字有特定的格式要求,其设置方法与上面类似。在"数字"选项卡中有Excel可以设置的数字类型,如图4.16所示。

Excel中,输入的数字默认为常规格式。若需设置为货币、日期、文本等特殊格式,则要使用"数字"选项卡。

(3)设置对齐方式

在单元格中,数据的对齐方式主要有水平对齐和垂直对齐,如图4.17所示。

对齐方式设置效果如图4.18所示。

默认情况下,单元格中的数据只显示在同一行,若需要换行显示,则需设置"对齐"选项卡中,"文本控制"下的"自动换行"。另外用户还可设置"文本控制"下的"合并单元格"将

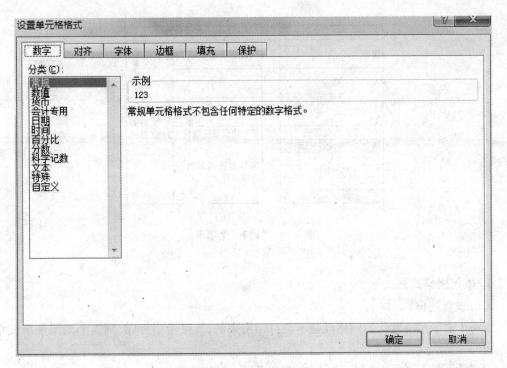

图 4.16 "数字"选项卡

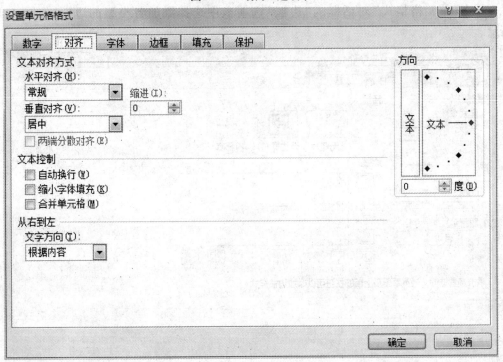

图 4.17 "对齐"选项卡

多个单元格合并成一个单元格,合并后只保留第一个单元格的内容。

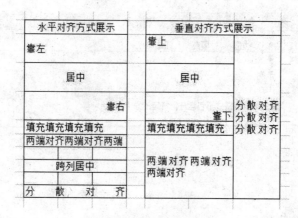

水平对齐方式展示	垂直对齐方式展示	
靠左	靠上	
居中	居中	
靠右	靠下	分散对齐 分散对齐 分散对齐
填充填充填充填充	填充填充填充填充	
两端对齐两端对齐两端	两端对齐两端对齐两端对齐	
跨列居中		
分　散　对　齐		

图4.18　"对齐"选项卡

2. 单元格样式格式化

（1）设置边框

Excel 中单元格默认的网格线是不会打印出来的,如果希望打印,则需手动添加单元格的边框。

①在【开始】选项卡的【字体】组中选择添加边框的位置。

②在"单元格格式"对话框的"边框"选项卡中选择添加各类型的边框,如图4.19所示。

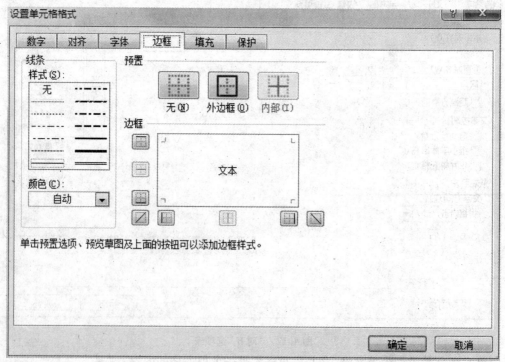

图4.19　"边框"选项卡

"边框"可以按不同位置添加单元格边框;"线条"可以选择不同样式的边框线条;颜色可以给边框选择不同的显示颜色。

(2)设置填充

Excel 中可以给每个单元格设置不同的显示效果,选择要添加的单元格区域,在"填充"选项卡中选择填充的底纹颜色和图案样式,如图 4.20 所示。

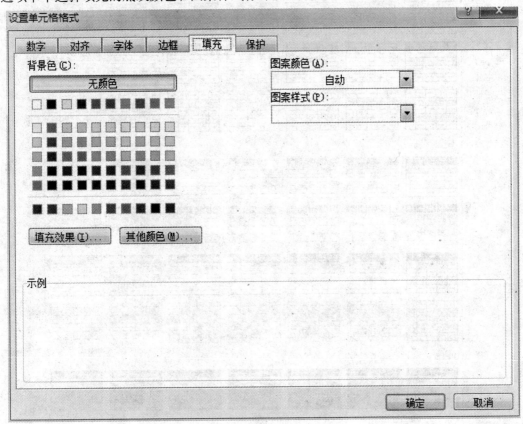

图4.20 "填充"选项卡

(3)设置行高、列宽

①把鼠标移动到单元格所处的行号(列标)的边线处,当鼠标变为 ↕ 或 ↔ 形状时,按住左键拖动鼠标用以改变行高(列宽)。

②选定行后,选择【格式】I【行(列)】I【行高(列宽)】,在弹出对话框中输入所需的值,单击【确定】按钮。

4.2.4 自动套用格式

Excel 中,系统自带了一些表格的现成格式,方便用户格式化表格。

选择需要格式化的单元格区域后,在【开始】选项卡的【样式】组中,选择【套用表格格式】按钮,在下拉菜单中选择需要的样式,如图 4.21 所示。

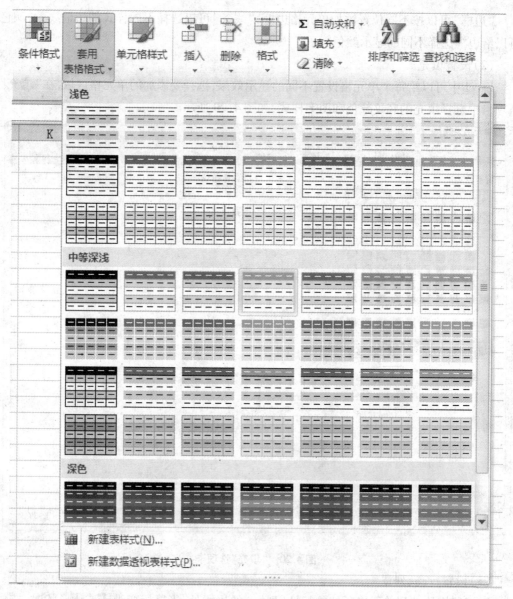

图4.21 套用表格格式命令

4.3 公式与函数

如果 Excel 只是设置前面所列的数据常量,那么跟 Word 没什么区别。其最大的功能则是下面讲解的在实际工作中进行的各种计算统计。使用者可以用数值、函数、运算符等把实际问题反映到 Excel 的公式计算中去,用系统自动运算。

4.3.1 公式

Excel 中的公式是体现在单元格里对数据进行各种计算和分析的表达式。公式的主体是各种数值、函数、运算符。输入公式的先决条件是以" = "为开头。

1. 运算符

Excel 中,运算符包括算术运算符、比较运算符、文本运算符和引用运算符。它们的优先级如表4.1所示。运算符的输入必须在英文半角状态下从键盘输入。下面介绍各类型运算符的使用。

表 4.1 运算符的优先级

优先级	运算符	名 称
1	（　）	括号
2	—	负号
3	%	百分比
4	^	乘方
5	*、\	乘、除
6	+、—	加、减
7	&	连接号
8	=、<、>、<=、>=、<>	比较符

（1）算术运算符

+（加）、−（减）、*（乘）、\（除）、%（百分比）、^（乘方）等,与数值型数据一起构成算术表达式,用以完成基本的算术运算,其运算结果也为数值型数据。

（2）比较运算符

=（等号）、<（小于）、>（大于）、<=（小于等于）、>=（大于等于）、<>（不等于）等,与数值型数据或文本型数据一起构成逻辑表达式,其运算结果为逻辑值 TURE（真）或 FALSE（假）。例如:公式" =30>50"的结果为 FALSE,如图 4.22 所示。

（3）文本运算符

文本运算符只有一个"&",用于将多个字符或字符串连接起来。例如:单元格 A1 中的数据是"大学",单元格 C1 中的数据是"学生",则公式" =A1&C1"的结果是"大学学生",如图 4.23 所示。

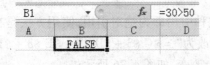

图 4.22　比较运算

图 4.23　文本运算

2. 公式的输入

以实例的方式说明公式的输入方式。

例如,要计算如图 4.24 所示的学生成绩单中的总分。总分 = 语文分数 + 数学分数 + 外语分数 + 历史分数 + 生物分数。

①选择 H3 单元格,输入" ="。

②在" ="号后可以用两种方式,一是用键盘输入"C3 + D3 + E3 + F3 + G3";二是用鼠

H3	▼		f_x	=C3+D3+E3+F3+G3			
	A	B	C	D	E	F	G	H
				学生成绩单				
	学号	姓名	语文	数学	英语	历史	生物	总分
	20120105001	李海	78	69	78	89	87	401
	20120105002	张澜澜	85	90	82	92	77	426
	20120105003	何鸿宇	90	94	88	93	79	444
	20120105004	杨扬	68	78	80	86	84	396
	20120105005	刘彤盈	79	81	76	87	90	413
	20120105006	赵青林	83	86	92	89	78	428
	20120105007	熊昊	93	79	89	76	86	423

图 4.24 公式输入

标左键分别点击"C3,D3,E3,F3,G3"单元格,中间用键盘输入" + "。

③完成公式输入也有两种方式,一种是按 < Enter > 键完成公式输入;另一种是用左键单击" ✓ "完成公式输入。

④H3 以下的单元格在鼠标变成"✚"时用鼠标拖曳完成各单元格的公式输入。

3. 单元格的引用

公式的使用中,数据可能来自于不同的单元格、不同的工作表或者不同的工作簿,此时 Excel 可以通过单元格的引用功能实现它们之间的数据共享。

Excel 有 3 种引用方式,分别是绝对引用、相对引用和混合引用。

(1)相对引用

相对引用是指公式在被复制到其他单元格使用时,公式中的单元格地址会有所改变,其变化的值即为公式中原单元格和新单元格之间的相对位移。例如将图 4.25 中 H3 单元格的公式复制到 H4,则 H4 中的公式改变为" = C4 + D4 + E4 + F4 + G4",如图 4.25 所示。

H4	▼		f_x	=C4+D4+E4+F4+G4						
	A	B	C	D	E	F	G	H	I	J
				学生成绩单						
	学号	姓名	语文	数学	英语	历史	生物	总分		
	20120105001	李海	78	69	78	89	87	401	公式为:	
	20120105002	张澜澜	85	90	82	92	77	426	=C3+D3+E3+F3+G3	
	20120105003	何鸿宇	90	94	88	93	79	444		

图 4.25 相对引用

(2)相对引用

公式复制时不能改变其中单元格的地址,这种引用即为绝对引用,使用方法是在行号列标前都加上符号"$"。如前例中把 H3 的公式改为" = $C $3 + $D $3 + $E $3 + $F $3 + $G $3",则复制到 H4 时,公式内容和结果都不会改变,如图 4.26 所示。

H4	▼		f_x	=$C$3+$D$3+$E$3+$F$3+$G$3						
	A	B	C	D	E	F	G	H	I	J	K
				学生成绩单						
	学号	姓名	语文	数学	英语	历史	生物	总分		
	20120105001	李海	78	69	78	89	87	401	公式为:	
	20120105002	张澜澜	85	90	82	92	77	401	=$C$3+$D$3+$E$3+$F$3+$G$3	
	20120105003	何鸿宇	90	94	88	93	79	401		

图 4.26 绝对引用

（3）混合引用

混合引用方式即是在公式使用中既有相对引用又有绝对引用。例如 B $3,则表示列 B 可以改变,而行 3 不能改变;反之,若为$B3,则列 B 不能改变,而行 3 可以改变。

（4）其他引用

在 Excel 中可以引用同一工作簿中不同工作表的数据,引用方式为:工作表名! 单元格地址。也可以引用不同工作簿中的数据,引用方式为:工作簿文件所在路径\[工作簿名]工作表名! 单元格地址。

4.3.2 函数

1. 函数的介绍

函数是系统预定义的公式,它使用特定的函数名和参数完成数据的计算。函数名为大写字母,后面紧跟着用括号括起来的参数,参数可以是常量、变量、公式或者函数。其构成格式为:

函数名(参数 1,参数 2,…,参数 N)

Excel 提供的函数很多,大致分为 9 类,包括财务、日期与时间、数学与三角、统计、查找引用、数据库、文本、逻辑、信息。下面介绍一些常用函数。

（1）AVERAGE(number1,number2,…)

主要功能:求所有参数的算术平均值。

参数说明:number1,number2,…需要求平均值的数值或引用的单元格区域,参数不超过 30 个。

（2）MAX(number1,number2,…)

主要功能:求出参数中的最大值。

参数说明:number1,number2,…需要求最大值的数值或引用的单元格区域,参数不超过 30 个。

（3）MIN(number1,number2,…)

主要功能:求出参数中的最小值。

参数说明:number1,number2,…需要求最小值的数值或引用的单元格区域,参数不超过 30 个。

（4）COUNT(value1,value2,…)

主要功能:计算参数中数值类型数据的个数。

参数说明:value1,value2,…需要计算的各类数据参数或各引用的单元格区域,参数不超过 30 个。

（5）COUNTIF(range,citeria)

主要功能:统计单元格区域内符合指定条件的单元格个数。

参数说明:range,表示要进行统计的单元格区域;citeria,指定条件的表达式。

（6）SUM(number1,number2,…)

主要功能:计算参数中所有数值的和。

参数说明:number1,number2,…需要计算的数据或引用的单元格区域,参数不超过30个。

(7)SUMIF(range,citeria,sum_range)

主要功能:计算符合指定条件的单元格区域内的数值和。

参数说明:range,用于条件判断的单元格区域;citeria,指定条件的表达式;sum_range,求和的单元格区域。

(8)LEN(text)

主要功能:统计文本字符串中的字符个数。

参数说明:text,文本字符串。

(9)IF(logical_test,value_if_true,value_if_false)

主要功能:对指定逻辑表达式进行真假判断,并返回相对应的结果。

参数说明:logical_test,逻辑表达式;value_if_true,判断为真时的显示结果;value_if_false,判断为假时的显示结果。

2. 函数的使用

用3种函数输入方式来说明函数的使用方法。

建立如图4.27所示的"学生成绩单"表格,并利用函数完成总分的计算。

	A	B	C	D	E	F	G	H
1				学生成绩单				
2	学号	姓名	语文	数学	英语	历史	生物	总分
3	20120105001	李海	78	69	78	89	87	
4	20120105002	张澜澜	85	90	82	92	77	
5	20120105003	何鸿宇	90	94	88	93	79	
6	20120105004	杨扬	68	78	80	86	84	
7	20120105005	刘彤盈	79	81	76	87	90	
8	20120105006	赵青林	83	86	92	89	78	
9	20120105007	熊昊	93	79	89	76	86	

图4.27 学生成绩单

(1)使用"自动求和"Σ按钮完成计算

第1步,单击H3单元格,然后在【开始】选项卡的【编辑】组中,单击 Σ 自动求和 · 按钮,在下拉列表中选中需要的函数"求和",如图4.28所示。

图4.28 自动求和

第2步,以单元格H3为起点,下拉鼠标完成公式的复制,如图4.29所示。

(2)用"插入函数" *fx* 按钮输入函数

第1步,单击H3单元格,然后单击编辑栏的 *fx* 按钮,在弹出的"插入函数"对话框中选择"SUM"函数,如图4.30所示。

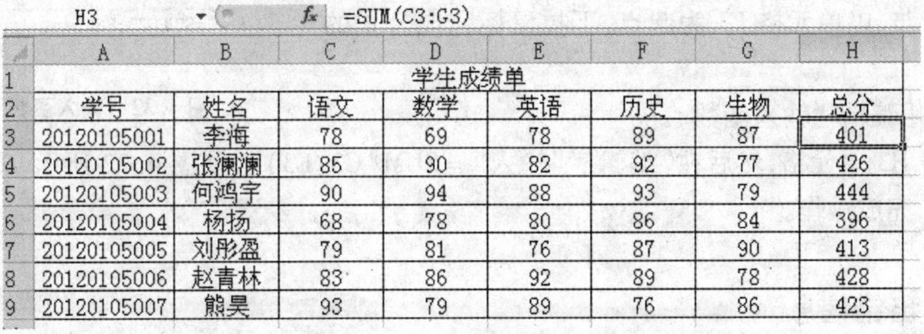

H3 　　　　　　　fx =SUM(C3:G3)

学号	姓名	语文	数学	英语	历史	生物	总分
			学生成绩单				
20120105001	李海	78	69	78	89	87	401
20120105002	张澜澜	85	90	82	92	77	426
20120105003	何鸿宇	90	94	88	93	79	444
20120105004	杨扬	68	78	80	86	84	396
20120105005	刘彤盈	79	81	76	87	90	413
20120105006	赵青林	83	86	92	89	78	428
20120105007	熊昊	93	79	89	76	86	423

图 4.29　公式的复制

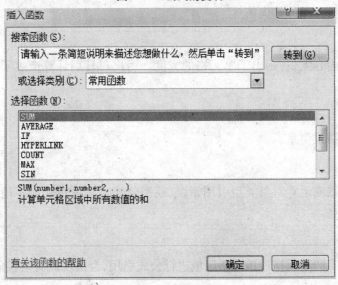

图 4.30　"插入函数"对话框

　　第 2 步,在"插入函数"对话框中单击【确定】按钮后,在弹出的"函数参数"对话框中设置"Number1"的计算区域,如图 4.31 所示。

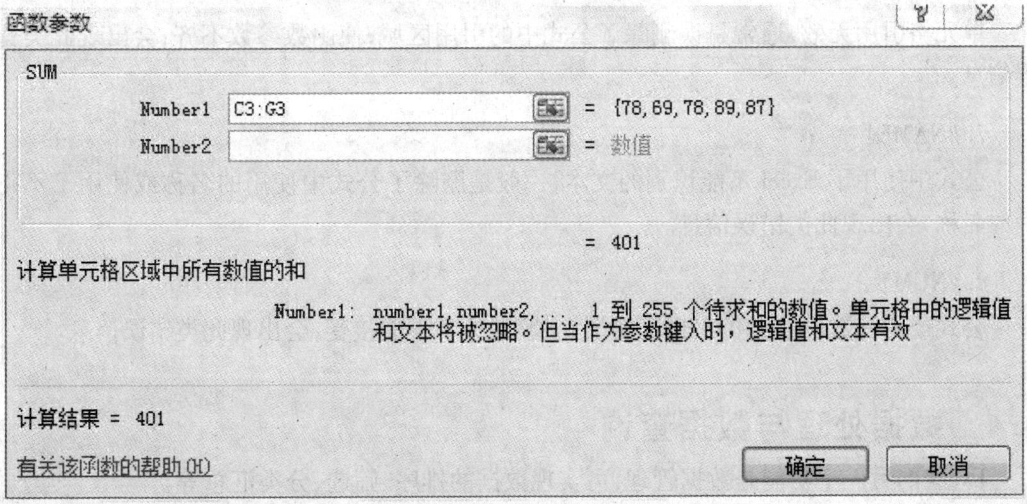

图 4.31　"函数参数"对话框

第 3 步,以单元格 F3 为起点,下拉鼠标完成公式的复制。

（3）用编辑栏输入函数

图 4.32　输入函数

单击 H3 单元格,然后在"编辑栏"输入" = SUM(C3:E3)",如图 4.32 所示,单击【Enter】按钮,完成操作。

4.3.3　出错信息

单元格中引入公式后,如果公式使用不正确导致无法计算,Excel 就会显示出错误信息。下面列出几种常见的错误信息。

1. ####!

单元格中的内容太长,超出了单元格的宽度。用户对日期计算产生了负值,会出现此类错误信息。

2. #DIV|0

除数为零的错误信息。

3. #VALUE

公式中的参数或运算对象类型引用错误,或当公式自动更正功能不能更正公式时,会出现此类错误信息。

4. #NULL!

使用了不正确的单元格或单元格区域进行公式引用,会出现此类错误信息。

5. #N|A

公式中没有可用的数值或者函数中缺少参数,会出现此类错误信息。

6. #REF!

单元格引用无效,通常是误删除了公式中的引用区域,使函数参数不齐,会出现此类错误信息。

7. #NAME!

公式中使用了 Excel 不能识别的文本,一般是删除了公式中使用的名称或使用了不正确的名称,会出现此类错误信息。

8. #NUM!

公式或者函数中的参数出现了错误,一般是数字不能接受,会出现此类错误信息。

4.4　数据处理与数据查询

Excel 的另一个功能是数据管理,可实现数据的排序、筛选、分类汇总等。

4.4.1 排序

Excel 提供的排序功能可以使用户更容易看懂列表的数据。根据需要,用户可以选择按行或列进行升序或降序的规则排序。下面列出了按递增方式排列时各类数据的顺序,递减排序与递增排序的顺序相反,但空白格仍将排在最后。

● 数字:从小数到大数。

● 文字和包含数字的文本排序:0~9,A~Z。

● 逻辑值:False,True。

● 错误值:所有的错误值都相等。

● 空白:总是排在最后。

1. 单个关键字排序

现在对"学生成绩单"中"总分"进行排序。

第一种方式:选中该表"总分"这列的任一单元格,然后单击【开始】选项卡【编辑】组中的【排序和筛选】,在下拉菜单中选择"升序",如图 4.33 所示。

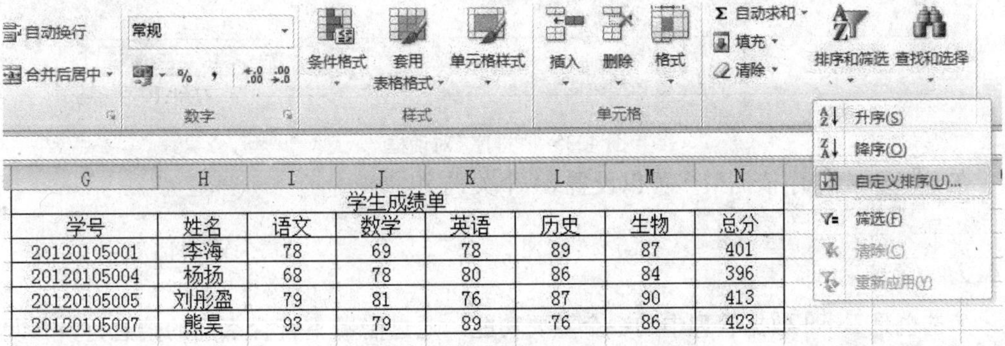

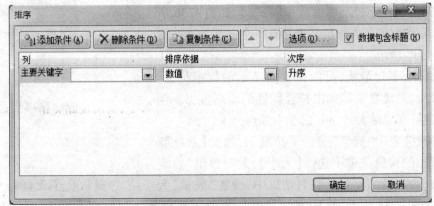

图 4.33 升序菜单

第二种方式:选中"学生成绩表"的任一单元格,然后单击【开始】选项卡【编辑】组中的【排序和筛选】,在下拉菜单中选择【自定义排序】,将弹出"排序"对话框,如图 4.34 所示。也可以单击【数据】选项卡【排序和筛选】组中的【排序】,同样可以打开"排序"对话框。

图 4.34 "排序"对话框

在"排序"对话框的【主要关键字】下拉列表中选择"总分";在"排序依据"下拉列表中选择"数值";在"次序"下拉列表中选择"升序"。

2. 多个关键字排序

除了以表格中某一数据列的关键字排序外,还可以设置多个关键字进行排序。现在以"总分"为主要关键字进行升序排列,当遇到总分相同的情况,则以"语文"为次要关键字进行升序排列;若语文分数也一样,则以"数学"为次要关键字进行升序排列。

在"排序"对话框中,单击"添加条件(A)",就可以进行次要关键字的设置,如图 4.35 所示。

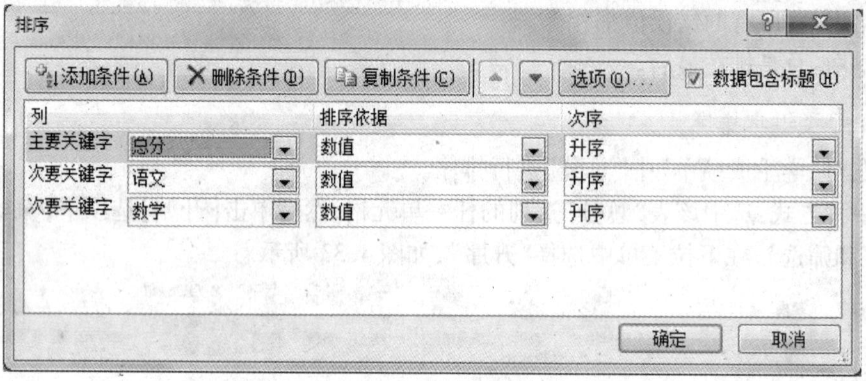

图 4.35 "排序"对话框

在 Excel 中,排序依据最多可以设置 64 个关键字。

4.4.2　筛选

筛选也是 Excel 数据管理中的一个重要功能。通过隐藏不符合条件的信息行,可以更方便地对数据进行查看。Excel 中有两种筛选方式:自动筛选和高级筛选。

1. 自动筛选

自动筛选适用于条件简单的筛选。首先单击表格中的任一单元格,然后单击【开始】选项卡【编辑】组中的【排序和筛选】,在下拉菜单中选择【筛选】,如图 4.36 所示。此时在表格的所有字段名里都有一个向下的筛选箭头,如图 4.37 所示。

单击任一下拉箭头,可以设置需显示的数据特性。设置完成后,系统自动筛选出符合特性的全部数据。例如,需要把数学成绩大于"80"的学生筛选出来。

单击成绩表中"数学"旁的下拉箭头,选择【数字筛选】,在弹出的快捷菜单中选择【大于】,此时弹出"自定义自动筛选方式"对话框。在对话框中,设置"数学"大于"80",如图 4.38 所示,单击【确定】按钮。筛选结果自动显示,如图 4.39 所示。

图 4.36　筛选命令

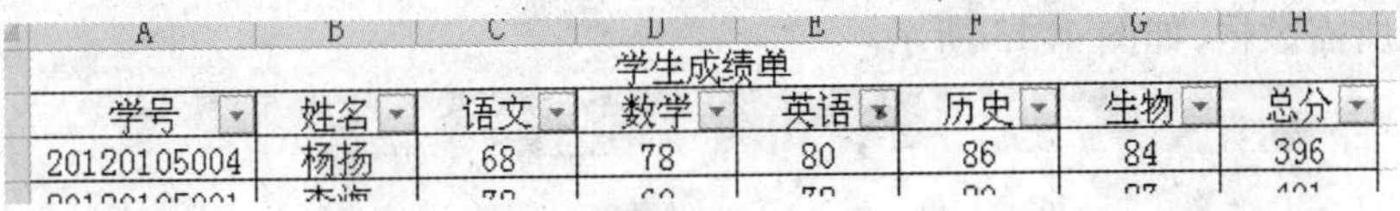

学号 ▼	姓名 ▼	语文 ▼	数学 ▼	英语 ▼	历史 ▼	生物 ▼	总分 ▼
			学生成绩单				
20120105004	杨扬	68	78	80	86	84	396
20120105001	李海	78	69	78	89	87	401

图4.37 筛选箭头

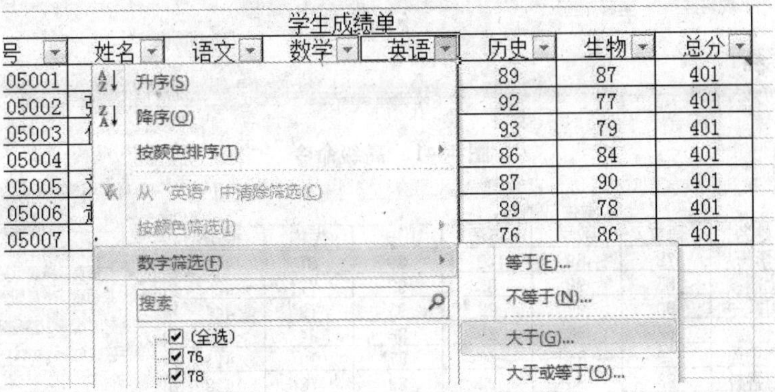

图4.38 自定义筛选

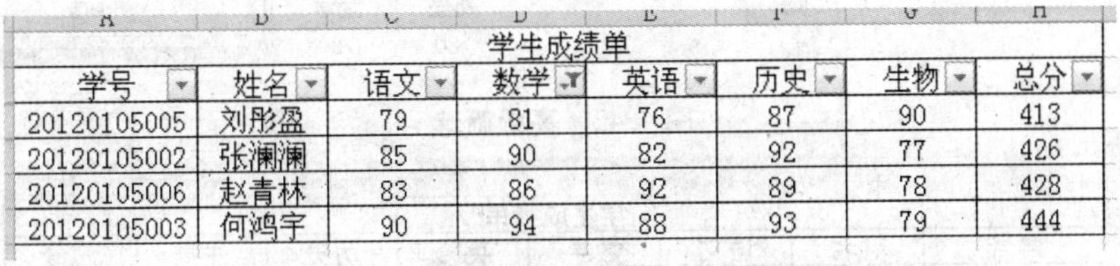

学号 ▼	姓名 ▼	语文 ▼	数学 ▼	英语 ▼	历史 ▼	生物 ▼	总分 ▼
			学生成绩单				
20120105005	刘彤盈	79	81	76	87	90	413
20120105002	张澜澜	85	90	82	92	77	426
20120105006	赵青林	83	86	92	89	78	428
20120105003	何鸿宇	90	94	88	93	79	444

图4.39 自定义筛选结果

在数据表中,如果单元格填充了颜色,也可以按照颜色进行自动筛选。

2.高级筛选

当筛选条件比较复杂时,可以使用高级筛选功能把需要的数据显示出来。

例如,需要把"数学"成绩或者"英语"成绩大于80的学生显示出来,按下列步骤进行操作。在表格空白处建立条件区域,输入字段名和条件,如图4.40所示。

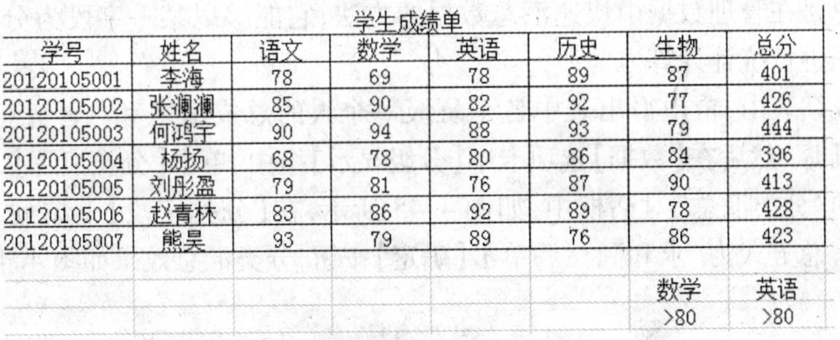

学号	姓名	语文	数学	英语	历史	生物	总分
			学生成绩单				
20120105001	李海	78	69	78	89	87	401
20120105002	张澜澜	85	90	82	92	77	426
20120105003	何鸿宇	90	94	88	93	79	444
20120105004	杨扬	68	78	80	86	84	396
20120105005	刘彤盈	79	81	76	87	90	413
20120105006	赵青林	83	86	92	89	78	428
20120105007	熊昊	93	79	89	76	86	423
						数学	英语
						>80	>80

图4.40 高级筛选

然后选中表格的任一单元格,单击【数据】选项卡中的【排序和筛选】组中的【高级】,如图4.41所示。在弹出的"高级筛选"对话框中,Excel自动选择了需要筛选的列表区域,单击【条件区域】右侧的选择按钮,选中刚才设置的条件区域,再次单击选择按钮,返回"高级筛选"对话框,如图4.42所示。确认选择完成后,单击"高级筛选"对话框中的【确定】按钮,筛选出所需数据,如图 4.43 所示。

图 4.41　高级命令

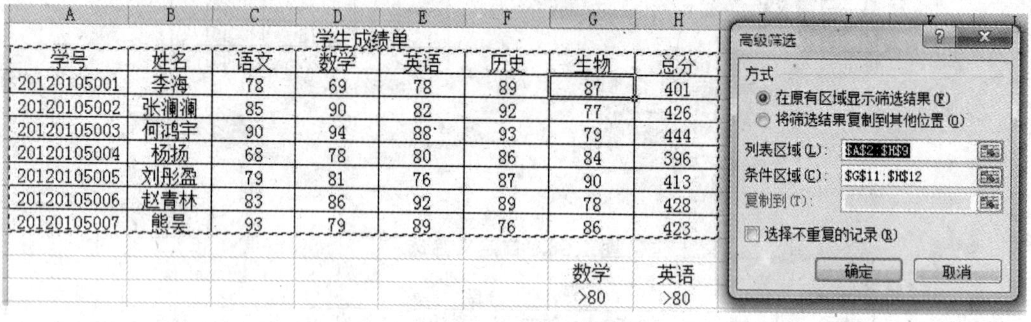

学号	姓名	语文	数学	英语	历史	生物	总分
			学生成绩单				
20120105001	李海	78	69	78	89	87	401
20120105002	张澜澜	85	90	82	92	77	426
20120105003	何鸿宇	90	94	88	93	79	444
20120105004	杨扬	68	78	80	86	84	396
20120105005	刘彤盈	79	81	76	87	90	413
20120105006	赵青林	83	86	92	89	78	428
20120105007	熊昊	93	79	89	76	86	423

数学　英语
>80　>80

图 4.42　高级筛选

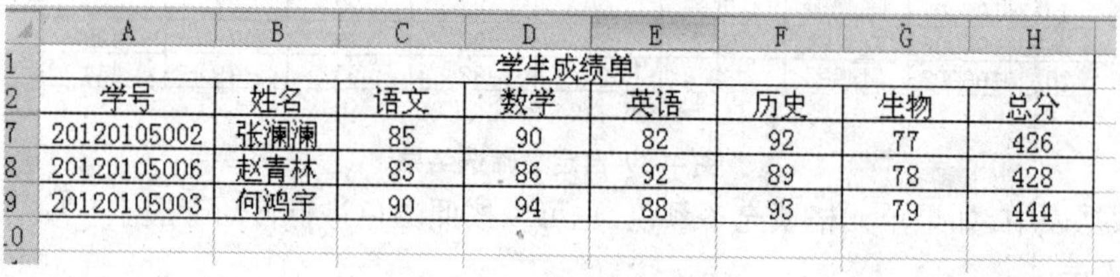

	学号	姓名	语文	数学	英语	历史	生物	总分
1				学生成绩单				
2								
7	20120105002	张澜澜	85	90	82	92	77	426
8	20120105006	赵青林	83	86	92	89	78	428
9	20120105003	何鸿宇	90	94	88	93	79	444

图 4.43　高级筛选结果

4.4.3　分类汇总

分类汇总是在管理数据中快速汇总数据的方法,它能够以某一字段为分类项,对每一类的各个数据进行统计计算。

比如在成绩表中,希望得出表中各个班级每个人的总成绩之和。首先把成绩表按照"班级"进行排序,然后在【数据】选项卡中【分级显示】组中,单击【分类汇总】,如图 4.44 所示。在弹出的"分类汇总"对话框中,如图 4.45 所示,在【分类字段】下拉列表中选择【班级】,在选择汇总方式为"求和",然后单击【确定】按钮,分类汇总效果如图 4.46 所示。

图 4.44　分类汇总命令

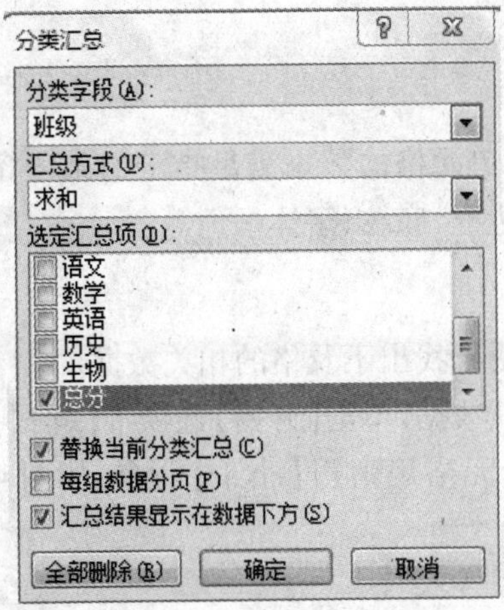

图 4.45 "分类汇总"对话框

	A	B	C	D	E	F	G	H
1				学生成绩表				
2	姓名	班级	语文	数学	英语	历史	生物	总分
3	陈俊霖	一班	60	64	60	71	79	334
4	陈琳化	一班	67	70	68	72	64	341
5	贺薇	一班	93	76	87	85	91	432
6	一班 汇总							1107
7	黄晓娟	二班	93	90	71	84	84	422
8	霍丽娜	二班	71	67	67	82	67	354
9	冷真敏	二班	72	95	67	82	68	384
10	唐可欣	二班	74	90	68	74	91	397
11	田伟	二班	93	80	60	82	87	402
12	二班 汇总							1959
13	涂欣	三班	72	80	60	68	85	365
14	王吉冰	三班	90	86	81	85	77	420
15	王涛	三班	88	76	60	76	81	381
16	游瑞玲	三班	80	84	65	81	81	391
17	三班 汇总							1557
18	总计							4623

图 4.46 分类汇总效果

分类汇总的数据是分级显示的,在工作表的左上角分成 1 级、2 级和 3 级,单击 1 级,表中就只有总计项,如图 4.47 所示。单击 2 级,出现汇总和总计项,如图 4.48 所示。

	A	B	C	D	E	F	G	H
1				学生成绩表				
2	姓名	班级	语文	数学	英语	历史	生物	总分
18	总计							4623

图 4.47 1 级效果

	A	B	C	D	E	F	G	H
1				学生成绩表				
2	姓名	班级	语文	数学	英语	历史	生物	总分
6	一班 汇总							1107
12	二班 汇总							1959
17	三班 汇总							1557
18	总计							4623

图 4.48 2 级效果

4.4.4 条件格式

条件格式设置成功后,当单元格的数据满足指定的某种条件时,该单元格会被显示为设置的格式。格式可以设置边框、底纹、字体颜色等。

1. 突出显示单元格规则

例如,在成绩表中,需要快速找出不及格的相关数据。

选中成绩表中的所有成绩数据,单击【开始】选项卡【样式】选项组中的【条件格式】,在弹出菜单中选择【突出显示单元格规则】|【小于】命令,如图 4.49 所示,弹出"小于"对话框,如图 4.50 所示。

图 4.49 小于命令

图 4.50 "小于"对话框

在"小于"对话框中,将数值部分设置为"60",然后设置单元格格式为"浅红填充色深红色文本",单击【确定】按钮,数据显示如图 4.51 所示。

2. 项目选取规则

在 Excel 2010 中,使用条件格式不仅可以快速查找设定信息,还可以挑选前十项数据、后十项数据、高于平均值的和低于平均值的数据。

例如,在成绩表中,需要快速找出英语成绩低于平均分的数据。

学生成绩表				
姓名	语文	数学	英语	历史	生物
陈俊霖	60	64	60	71	79
陈琳化	67	56	68	72	64
贺薇	93	76	87	85	91
黄晓娟	93	90	71	58	84
霍丽娜	71	67	67	82	50
冷真敏	72	95	67	82	68
唐可欣	74	90	68	74	91
田伟	93	35	60	82	87
涂欣	72	80	60	68	85
王吉冰	50	86	81	85	77
王涛	88	76	60	76	81
游瑞玲	80	84	65	48	81

图 4.51 条件格式设置后效果

选中"英语"列中的所有成绩,单击单击【开始】选项卡【样式】选项组中的【条件格式】,在弹出菜单中选择【项目选取规则】|【低于平均值】命令,如图 4.52 所示,弹出"低于平均值"对话框,如图 4.53 所示。

图 4.52 "低于平均值"命令

在"低于平均值"对话框中,设置格式为"浅红填充色深红色文本",单击【确定】按钮,数据显示如图 4.54 所示。

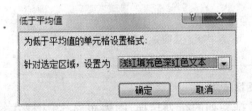

学生成绩表					
姓名	语文	数学	英语	历史	生物
陈俊霖	60	64	60	71	79
陈琳化	67	56	68	72	64
贺薇	93	76	87	85	91
黄晓娟	93	90	71	58	84
霍丽娜	71	67	67	82	50
冷真敏	72	95	67	82	68
唐可欣	74	90	68	74	91
田伟	93	35	60	82	87
涂欣	72	80	60	68	85
王吉冰	50	86	81	85	77
王涛	88	76	60	76	81
游瑞玲	80	84	65	48	81

图 4.53 "低于平均值"对话框   **图 4.54 低于平均值设置后效果**

4.5 图表

4.5.1 图表的创建和组成

1. 创建图表

首先选择需要用图表表示的数据区域,然后选择【插入】选项卡,插入【图表】组中的图表类型和子类型,如图 4.55 所示。

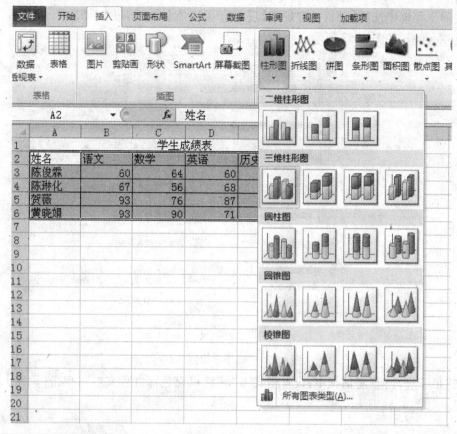

图 4.55　图表类型

图表创建完成后,系统自动在功能区上方显示【图表工具】,其中包括【设计】选项卡、【布局】选项卡和【格式】选项卡,如图 4.56 所示。

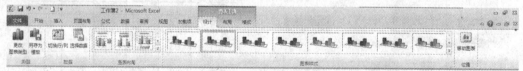

图 4.56　图标工具

● 【设计】选项卡:用于对图表类型更改、数据系列的行列转换、图表布局、图表样式的选择。

● 【布局】选项卡:对组成图表的各元素进行修改编辑,例如图表标题、图例、数据选项卡的编辑和背景的设置,还能插入图片、形状和文本框等对象。

● 【格式】选项卡:设置和编辑形状样式、艺术字、排列和大小。

2. 图表的组成

图表的各组成部分如图 4.57 所示。其每个部分都可分别进行编辑设置。

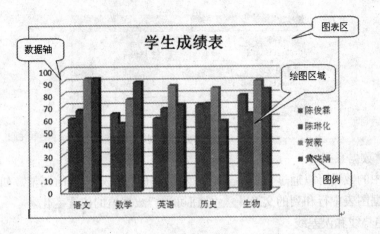

图 4.57 图表的组成

4.5.2 编辑图表

1. 图表的简单操作

单击图表，图表边框上有 8 个控制块，拖动时可使图表的大小发生变化。拖拽图表区域，可使图表位置发生变化。如果要在同一工作表中复制图表，可按 < Ctrl > + 拖拽图表。如果要删除图表，可按 < Del > 键。

2. 图表数据的编辑

（1）删除数据系列

选择【图标工具】|【设计】|【选择数据】。在打开的【选择数据】对话框中，可以添加、编辑和删除数据系列，还可以进行数据系列的行列转换，如图 4.58 所示。

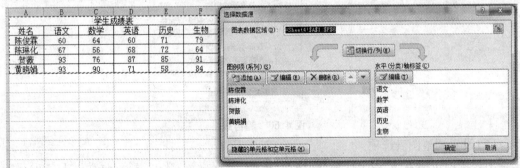

图 4.58 "选择数据源"对话框

（2）加数据系列

选择【图标工具】|【设计】|【选择数据】。在打开的【选择数据】对话框中，选择【添加】按钮。出现如图 4.59 所示的对话框。然后分别选择需要添加的系列名称和系列值，最后单击【确定】按钮完成添加。

（3）修改数据值

当修改了工作表中的数据后，图表中的数据列自动更新。

图4.59　"编辑数据系列"对话框

（4）重排数据系列

数据表中的数据可以通过"选择数据源"对话框进行系列位置的调整。如：切换行/列按钮可进行数据图表中行和列的交换；▲▼按钮可进行数据值的位置变化。

（5）加趋势线和误差线

为了预测某些数据系列的变化规律，可以对此数据系列加上趋势线和误差线。选中需要预测的数据系列，选择【图表工具】|【布局】|【趋势线】或者【误差线】，如图4.60所示。删除趋势线或者误差线的操作很简单：选中需要删除的线条，按<Delete>键。

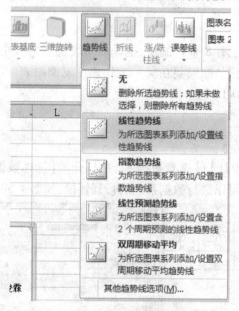

图4.60　趋势线

（6）设置调整图表选项

图表选项包括主题、主坐标轴、网格线、图例、数据标记、数据表等，改动以上各项只需要点开【图表工具】中的【布局】选项卡。

3. 图标区格式

双击图表区，可打开【设置图表区格式】对话框，如图4.61所示。在对话框中分别设置图表的填充色、边框颜色和边框样式、阴影、三维格式等图表区格式。

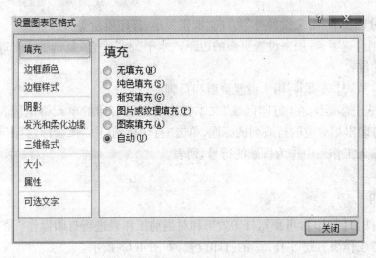

图4.61 "设置图表区格式"对话框

4. 更改图表类型

选中图表,单击【图表工具】|【设计】|【更改图表类型】,在对话框中更改图表的类型。

4.6 页面设置和打印

4.6.1 工作表页面设置

选择【页面布局】选项卡,单击【页面设置】右下角的按钮,打开"页面设置"对话框,如图4.62所示。

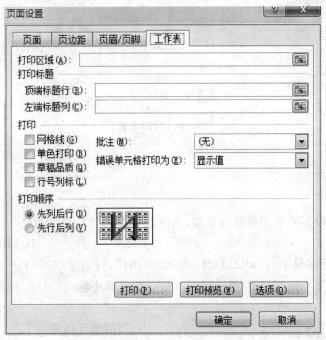

图4.62 "页面设置"对话框

- 【页面】选项卡:用来设置打印方向、纸张大小、打印质量等参数。
- 【页边距】选项卡:用来设置页面的边距,"水平"和"垂直"复选框用来确定工作表在页面中居中的位置。
- 【页眉|页脚】选项卡:用来设置页眉和页脚。
- 【工作表】选项卡:在"打印区域"文本框中确定要打印的单元格范围。若希望在每一页中都能打印出相对应的行或列的标题,单击"打印标题"中"顶端标题行"和"左端标题行",选择或输入工作表中作为标题的行号、列表。

4.6.2 打印

选择【文件】|【打印】,可预览打印效果和对当前工作表进行打印操作。在"设置"按钮下,可以进行"工作表"或"工作簿"的打印设置,如图4.63所示。

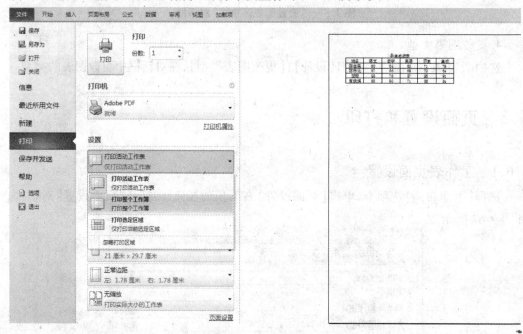

图4.63 打印设置

习题

一、选择题

1.A1 单元格设定其数字格式为整数,当输入"52.51"时,显示为(　　)。

  A.52.51　　　　　　B.52　　　　　　C.53　　　　　　D.ERROR

2.如果某单元格显示为"#VALUE!"或"#DIV/0!",这表示(　　)。

  A.公式错误　　　B.格式错误　　　C.行高不够　　　D.列宽不够

3.填充柄位于(　　)。

  A.菜单栏里　　　　　　　　　B.当前单元格的右下角

  C.工具栏里　　　　　　　　　D.状态栏中

4. 在单元格输入 1/3,则 Excel 认为是(　　　　)。

  A. 分数　　　　　　B. 日期　　　　　　C. 小数　　　　　　D. 表达式

5. 在 Excel 中,若在 A1 单元格中输入公式"= 10 > = 5",则显示结果为(　　　　)。

  A. 5　　　　　　　　B. Ture　　　　　　C. False　　　　　　D. 10

6. 在 Excel 单元格中输入数字字符串 0400101(学生学号)时,应输入(　　　　)。

  A. 0400101　　　　B. "0400101　　　C. '0400101　　　D. 0400101'

7. 在 Excel 中,若需将某一个单元格中的文本内容分行显示,在编辑时换行应使用组合键(　　　　)。

  A. < Enter >　　　　B. < Shift + Enter > C. < Alt + Enter >　D. < Ctrl + Enter >

8. 在单元格中输入"001"后,会自动变成"1",其原因是(　　　　)。

  A. 操作系统故障

  B. 该单元格的数据类型不是文本型

  C. 应用软件故障

  D. 单元格中不允许输入"001"之类的内容

9. Excel 广泛应用于(　　　　)。

  A. 工业设计、机械制造、建筑工程

  B. 美术设计、装潢、图片制作

  C. 统计分析、财务管理分析、经济管理

  D. 多媒体制作

10. 在 Excel 2010 中,如果一个单元格中的显示为"#####",这表示(　　　　)。

  A. 公式错误　　　　B. 数据错误　　　　C. 行高不够　　　　D. 列宽不够

二、判断题

1. 在 Excel 2010 工作簿中的工作表可以复制到其他工作簿中。　　　　　　(　　　)

2. 在 Excel 2010 中,更改工作表中数据的值,其图表不会自动更新。　　　　(　　　)

3. Excel 的图表一定要与生成该图表的有关数据处于同一张工作表上。　　　(　　　)

4. 在 Excel 中,需要返回一组参数的最大值,则应该使用 COUNTIF 函数。　　(　　　)

5. Excel 表格数据在分类汇总前不一定非要对分类关键字进行排序。　　　　(　　　)

三、填空题

1. 公式: = SUM(B1,C1:C3)是对_____求和。

2. 工作表的 E6 单元格中的公式为"= MYMBMYM6 + MYMCMYM6",该表示方式是_____引用。

3. Excel 2010 中每个工作簿默认包含_____个工作表,其文件扩展名为_____。

4. 在 Excel 2010 中,区域 C3:E5 共占据_____个单元格。

5. 公式"= COUNTIF(工资," >1000")"的值为 26,其含义是_____。

第5章

演示文稿 PowerPoint 2010

知识提要

PowerPoint 是 Microsoft 公司发布的办公自动化系统 Office 的重要组成部分,是用于制作演示文稿的常用软件之一,利用 PowerPoint 软件,用户可以在很短的时间内创建和演示图文并茂的演示文稿。本章以 PowerPoint 2010 为平台,主要介绍演示文稿的相关基本知识,内容包括 PowerPoint 2010 的基本操作、演示文稿的编辑格式化、超链接设置、动画效果的制作和幻灯片的放映等。

教学目标

了解演示文稿制作的基本知识和 PowerPoint 2010 的功能;

掌握 PowerPoint 2010 的基本操作、制作技术和美化技巧;

重点掌握演示文稿的格式化、动画设置、超链接技术以及放映打印技术。

5.1 PowerPoint **2010** 的功能与窗口界面

5.1.1 PowerPoint 2010 的简介

PowerPoint 2010 是 Microsoft Office 2010 办公自动化套件之一,是一个功能齐全、使用方便的演示文稿制作软件。利用 PowerPoint 2010 可以快速制作、编辑、演播具有专业水准的演示文稿,可用于教学、讲演、报告、广告等。PowerPoint 2010 制作的演示文稿是由一张张电子幻灯片组成的,每张幻灯片可以包含文字、图形、图像、表格、声音、动画、视频等多媒体对象,图、文、声、像并茂。通过设置动画、超级链接等功能,可以制作丰富多彩的讲解演示型多媒体课件。

使用 PowerPoint 2010 建立一个生动的演示文稿是容易的,有关演示文稿的制作,我们给出以下几点参考意见:

● 明确目标:目标即通过演示试图表达的内容,目标定位要精准,聚焦目标才不会给观众呈现一个支离破碎的演示。

● 考虑受众:受众就是演示文稿的观众,受众的情况及受众对演示文稿的主题的了解情况,演讲的时间、地点限制等,都是制作演示文稿时需要注意的因素。

● 演示提纲:演示文稿中使用提纲方式来展示,可以使演示层次分明,富有逻辑性,骨架清晰。

● 精炼词汇:一张幻灯片上放置过多的文字肯定不是一个好的制作,要用简单、生动的词汇。

● 保证重点:每一张幻灯片突出重点,最好是突出一个主题。

● 数据可视化:演示文档是用作演示的,尽可能地运用多媒体手段突出重点,刺激观众的感官,给人印象深刻。

● 画面简洁:花哨的画面并不能使人视觉愉快,不要使用多余的边框、背景和无意义的修饰来分散观众的注意力。

● 风格统一:整个文稿的幻灯片配色、文字、图片等元素保持风格一致。

5.1.2 PowerPoint 2010 的启动和退出

1. 启动 PowerPoint 2010

方法 1:在 Windows 桌面的任务栏,单击【开始】,打开【程序】|【Microsoft Office】|【Microsoft Office PowerPoint 2010】,即可启动 PowerPoint。PowerPoint 2010 会自动创建"演示文稿 1",在窗口中默认添加了第一张幻灯片,如图 5.1 所示。

方法 2:如果桌面上有 PowerPoint 2010 的快捷图标 ,用鼠标双击该图标即可。

方法 3:在 Windows 桌面右键菜单中,选择【新建】下的【新建 Microsoft PowerPoint 演示

文稿】,再双击桌面上的"新建的演示文稿" ,也可打开 Microsoft Office PowerPoint 软件。

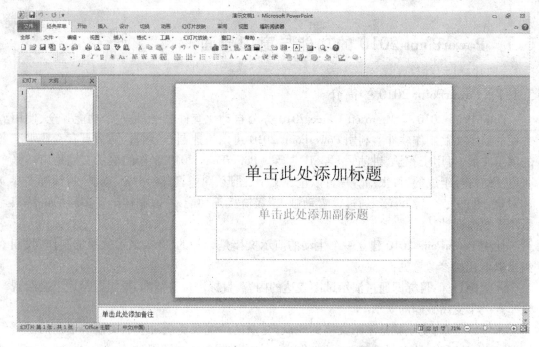

图 5.1　新建 PowerPoint 2010 窗口界面

2. 退出 PowerPoint 2010

方法 1：单击 PowerPoint 2010 窗口右上角的【关闭】按钮。

方法 2：单击 PowerPoint 2010 窗口【文件】菜单下的【退出】命令。

方法 3：双击 PowerPoint 2010 窗口左上角的"控制菜单图标"P。

5.1.3　PowerPoint 2010 的窗口组成

PowerPoint 2010 的界面更加整齐而简洁，便于操作。下面简要介绍 PowerPoint 2010 操作界面或称工作界面的主要区域及功能。

1. 标题栏

标题栏位于窗口的最上方一行，从左到右依次为控制菜单图标、快速访问工具栏、正在操作的演示文稿的名称、应用程序名称和窗口控制按钮。用鼠标双击标题栏可以全屏显示该窗口或恢复窗口大小，拖动标题栏可以移动窗口的位置，如图 5.2 所示。

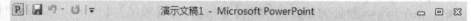

图 5.2　PowerPoint 2010 标题栏

● 控制菜单图标P：单击该图标，将弹出一个窗口控制菜单，通过该控制菜单可以对该窗口执行还原、最小化和关闭等操作。

● 快速访问工具栏：显示常用的工具按钮，默认情况下，显示【保存】、【撤销】和【恢复】3 个按钮，单击这些按钮可快速执行相应的操作。

● 窗口控制按钮：从左到右依次为【最小化】按钮、【最大化】按钮和【关闭】按钮，单击这些按钮可快速执行相应的操作。

2. 功能区

功能区位于标题栏的下方,默认情况下包含【文件】、【开始】、【插入】、【设计】、【切换】、【动画】、【幻灯片放映】、【审阅】、【视图】9 个选项卡,如图 5.3 所示。

图 5.3　PowerPoint 2010 功能区

每个选项卡由多个功能组构成,单击某个选项卡,可展开该选项卡下方的所有功能组。例如,【开始】选项卡由【剪贴板】、【幻灯片】、【字体】、【段落】、【绘图】和【编辑】6 个组构成,有些功能组的右下角有一个小箭头图标,通常将其称为功能扩展按钮,将鼠标指针指向该按钮时,可显示帮助信息;单击该按钮时,将弹出对应的对话框或窗格,如图 5.4 所示。

图 5.4　PowerPoint 2010 选项卡

此外,当在演示文稿中插入或选中文本框、图片或艺术字等对象时,功能区会显示与所选对象设置有关的选项卡。

3. 幻灯片编辑区

PowerPoint 2010 窗口主界面中间的一大块空白区域称为幻灯片编辑区,该空白区域是演示文稿的重要组成部分,通常用于显示和编辑当前显示的幻灯片内容。

4. 视图窗格

视图窗格位于幻灯片编辑区的左侧,包含【幻灯片】和【大纲】两个选项卡,用于显示幻灯片的数量及位置,如图 5.5 所示。视图窗格中默认显示的是【幻灯片】选项卡,切换到该选项卡时,会在该窗格中以缩略图的方式显示当前演示文稿中的所有幻灯片,以便查看幻灯片的最终设计效果;切换到【大纲】选项卡时,会以大纲列表的方式列出当前演示文稿中的所有幻灯片。

5. 备注窗格

备注窗格位于幻灯片编辑区的下方,通常用于给幻灯片添加注释说明,例如幻灯片讲解说明等。

6. 状态栏

状态栏位于窗口底部,用于显示幻灯片的当前是第几张、演示文稿总张数、当前使用的输入法状态等信息。

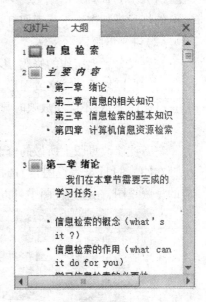

图 5.5　大纲视图

状态栏的右端有视图切换工具按钮和显示比例调节工具按钮,视图切换工具按钮用于幻灯片模式切换,显示比例调节工具按钮用于调整幻灯片的显示比例,如图 5.6 所示。

图 5.6　PowerPoint 2010 状态栏

5.1.4　PowerPoint 2010 的各项功能

1. 演示文稿

演示文稿是通过 PowerPoint 2010 程序创建的文档。一个 PowerPoint 2010 文件被称为一个演示文稿,演示文稿的默认扩展名为".pptx"。

当启动 PowerPoint 时,PowerPoint 会自动新建一个演示文稿。暂时命名为"演示文稿1",当用户编辑完演示文稿进行存盘时,PowerPoint 会提示用户输入文件名。

2. 幻灯片

一个演示文稿由若干张幻灯片组成,演示文稿的播放是以幻灯片为单位的。即播放时屏幕上显示的是一张幻灯片而不是整个演示文稿。

3. 母版

一般情况下,同一演示文稿中的各个幻灯片应该有着一致的样式和风格。为了方便对演示文稿的样式进行设置和修改,PowerPoint 2010 将所有幻灯片所共用的底色、背景图案、文字大小、项目符号等样式放置在母版中。这样,只需更改母版的样式设计,所有幻灯片的样式都会跟着改变,为修改幻灯片的样式带来了极大方便。PowerPoint 2010 提供的母版分为 3 种:即幻灯片母版、讲义母版、备注母版。

(1)幻灯片母版

幻灯片母版作用于基于幻灯片版式的幻灯片。

(2)讲义母版

在讲义母版上所作的修改,影响着打印出来的讲义效果,如页眉、页脚等,可在幻灯片之外的空白区域添加文字或图形,使打印出来的讲义每页形式都相同。讲义母版上的内容只在打印时显示,不会在放映时显示,不影响幻灯片的内容。

(3)备注母版

在备注修改母版上所做的修改,影响打印出来的备注页效果。

在【视图】|【母版视图】中选择【幻灯片母版】、【讲义母版】或【备注母版】即可打开相应的母版视图,在这些视图中可以对相应的母版进行修改,如图 5.7 所示。

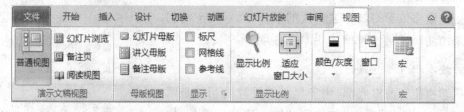

图 5.7　PowerPoint 2010 母板

4. 幻灯片版式

在【开始】选项卡【幻灯片】组中的【新建幻灯片】和【幻灯片版式】均可以改变本张幻灯片的版式,幻灯片版式提供幻灯片中的文字、图形等的位置排列方案,如图5.8所示。

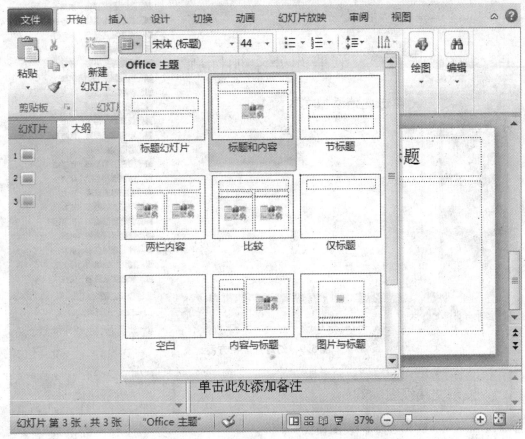

图5.8 PowerPoint 2010 **幻灯片版式**

幻灯片版式主要由各种占位符组成,占位符代表准备放置到幻灯片上的各个对象,在新建幻灯片上用带有提示信息的虚线方框表示,和文本框略有不同,如占位符中录入的文字会随录入文字的增多而自动改变字号大小。单击"占位符"即可以添加需要的文字或图像等内容。占位符也分为:标题占位符、文本占位符、剪贴画占位符、表格占位符、图表占位符、组织结构图占位符、媒体剪辑占位符等。

5. 配色方案

一个画面优美的幻灯片在播放时能够吸引观众的注意力,提高演示效果。颜色搭配是影响幻灯片美观的重要因素,对于非专业的用户来说是比较困难的事,为此,PowerPoint 2010 提供了丰富的配色方案供用户使用。选择【设计】|【主题】|【颜色】,即可选择相应的配色方案。可以挑选某种配色方案用于个别幻灯片或所有幻灯片,如图5.9所示。通过这种方式,可以很轻易地更改幻灯片或整个演示文稿的配色方案,并确保新的配色方案和演示文稿中的其他幻灯片相互协调。

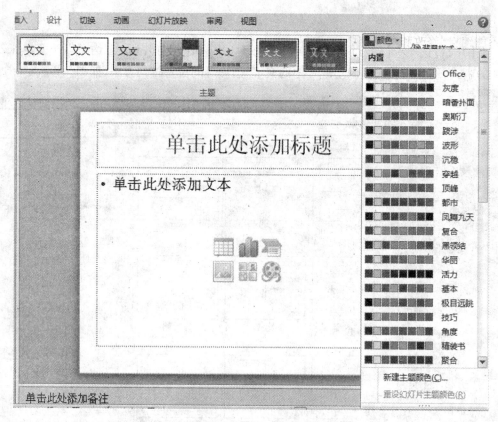

图5.9 幻灯片配色方案

5.1.5 演示文稿视图

1. PowerPoint 2010 的 5 种视图模式

PowerPoint 2010 提供了 5 种视图模式：普通视图、幻灯片浏览视图、幻灯片放映视图、备注页视图和阅读视图。同一演示文稿根据不同制作阶段操作者的操作需求，提供了不同的工作环境或者工作页面，也就是不同的视图模式，可以在不同的视图模式下对演示文稿进行编辑、修改和演示。

（1）普通视图

PowerPoint 2010 启动后就直接进入普通视图方式，这是 PowerPoint 2010 默认的视图模式，该视图模式通常用于创建、编辑或设计演示文稿。在该视图模式下，窗口被分成了大纲窗格、幻灯片窗格和备注窗格 3 个部分，拖动窗格分界线，可以调整窗格的大小。

（2）幻灯片浏览视图

在幻灯片浏览视图下，按幻灯片顺序显示全部幻灯片的缩略图。通过该视图可以重新排列幻灯片的顺序，查看演示文稿的整体效果，还可以添加、删除幻灯片以及设置幻灯片切换效果，但不能编辑幻灯片。

（3）幻灯片放映视图

幻灯片放映视图用于查看幻灯片的播放效果，也是实际播放演示文稿的视图。在此视图下,以全屏方式播映,每一屏显示一张幻灯片,可以欣赏幻灯片中的动画和声音等效果。但不能编辑、修改和添加幻灯片。

(4)备注页视图

以上下结构显示幻灯片和备注页,主要用于添加和修改幻灯片的附加信息,如幻灯片的注释、注意事项以及演讲者的提示等备注内容。

(5)阅读视图

阅读视图是 PowerPoint 2010 新增的一款视图方式,它以窗口的形式来查看演示文稿的放映效果。在播放过程中,同样可以欣赏幻灯片的动画和切换效果。

2. PowerPoint 2010 视图模式的切换方式

方法1:切换到【视图】选项卡,在【演示文稿视图】组中,单击某个视图模式按钮即可切换相应的视图。

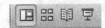

图5.10　PowerPoint 2010 视图按钮

方法2:在 PowerPoint 2010 窗口的状态栏的右侧提供了视图按钮,该按钮有 4 个,分别是【普通视图】按钮、【幻灯片浏览】按钮、【阅读视图】按钮和【幻灯片放映】按钮,如图5.10所示,单击某个按钮即可切换到对应的视图模式。

5.2　创建演示文稿

启动 PowerPoint 2010 后,用户就需要根据制作演示文稿的需求来创建新演示文稿。

5.2.1　演示文稿的创建

1. 新建空白演示文稿

方法1:启动 PowerPoint 2010 之后,系统会自动创建一张名为"演示文稿1"的空白演示文稿,如果再次启动 PowerPoint 2010,系统自动以"演示文稿2""演示文稿3"……依次类推的顺序对新演示文稿命名。

方法2:直接按 < Ctrl + N > 快捷键。

方法3:用鼠标将窗口切换到【文件】选项卡中,在左侧窗格单击【新建】命令,在右侧窗格的【可用的模板和主题】栏中选择【空白演示文稿】选项,然后单击【创建】按钮。

2. 根据系统提供的样本模板创建演示文稿

PowerPoint 系统为用户提供了几百个模板类型文件,利用这些模板文件,用户可以方便快捷地制作各种专业的演示文稿,模板文件的扩展名是. pot。例如:要根据【样本模板】中的【项目状态报告】模板新建一篇演示文稿,可按照以下操作方法来实现:

步骤1:在 PowerPoint 2010 窗口中切换到【文件】选项卡,在左侧窗格单击【新建】命令,然后再中间窗格中选择【样本模板】选项,如图5.11所示。

步骤2:在打开的【样本模板】界面中选择需要的模板风格,例如选择【项目状态报告】模板即可。

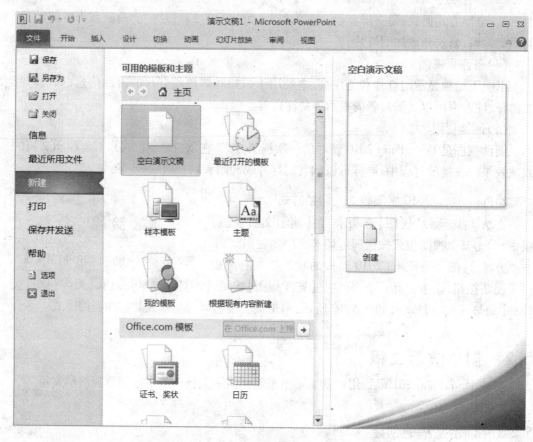

图5.11　新建基于样本模板的空白演示文稿

5.2.2　演示文稿的打开

对于已经保存在计算机中的演示文稿,如果要进行修改,需要先将其打开;对演示文稿进行了各种编辑后,确认保存之后关闭。

1.打开演示文稿

切换到【文件】选项卡,然后在左侧窗格中单击【打开】命令,也可以直接按快捷键<Ctrl+O>,在弹出的对话框中找到并选中需要打开的演示文稿,然后单击【打开】按钮,如图5.12所示。

2.关闭演示文稿

在要关闭的演示文稿中,切换到【文件】选项卡,然后单击左侧窗格的【关闭】命令即可关闭当前演示文稿。

5.2.3　演示文稿的保存

保存演示文稿是保障用户创建和编辑的演示文稿部丢失,也是再次编辑和放映该演示

图5.12 打开演示文稿对话框

文稿的基础,是比较关键的一步。【打包成CD】也是一种保存演示文稿的方式,将在后面介绍。与 Word 2010 类似,保存演示文稿时,分为新建演示文稿的保存、已有演示文稿的保存和另存演示文稿3种情况。

1. 新建演示文稿的保存

在新建的演示文稿中,单击快速访问工具栏中的【保存】按钮,在弹出的"另存为"对话框中设置演示文稿的保存位置、保存文件名及保存类型,然后单击【保存】按钮即可。保存的演示文稿扩展名为".pptx",如图5.13所示。

2. 已有演示文稿的保存

单击快速访问工具栏中的【保存】按钮,或单击【文件】选项卡中的【保存】命令,或按 <Ctrl+S>快捷键都可以将当前文稿按原文件位置和文件名重新保存。已有演示文稿和已经保存过一次的新建演示文稿按上述操作保存不会弹出"另存为"对话框。

3. 另存演示文稿

单击【文件】选项卡中的【另存为】命令,在打开的"另存为"对话框中设置演示文稿的保存位置,保存文件名及保存类型,然后单击【保存】按钮,可以将当前编辑的演示文稿以另一个文件的方式备份起来。

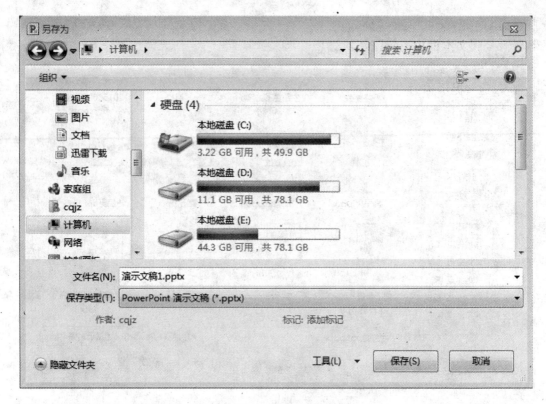

图 5.13 "另存为"对话框

5.3 演示文稿的编辑与修饰

通常把一个 PowerPoint 文件称为一个演示文稿,一个演示文稿是由多张幻灯片组成的,每张幻灯片中都可以包含文字、数字、表格、图像、超级链接、动作、声音和动画等信息元素。

5.3.1 幻灯片的基本制作方法

1. 插入新幻灯片

当打开一个演示文稿或创建新的演示文稿后,需要制作下一张新幻灯片,在普通视图、幻灯片浏览视图或备注视图中,单击【开始】选项卡的【新建幻灯片】命令,该命令默认是新建幻灯片的版式与上一张幻灯片版式相同。如果要更改幻灯片版式需要单击该命令的下拉箭头即小三角【▼】,在主题中选择需要的幻灯片版式来插入幻灯片。如图 5.14 所示。

2. 输入和编辑文本

幻灯片中文本是以文本框的形式出现的,输入和编辑文本以及文本框的操作方法相同。同样在幻灯片中也可以插入艺术字、绘制图形等。

（1）文本的输入

①在有占位符的地方输入文本。

在 PowerPoint 中,幻灯片上的所有文本都要输入到文本框中。每张新幻灯片上都有相关的提示,告诉用户在什么位置输入什么内容,这些提示称为"占位符"。单击"占位符",光标将在框中闪烁,然后就可以在其中输入文本了。

注意:文本框被选中时,周围会出现尺寸句柄。拖动尺寸句柄,即可改变文本框的大小。如果要改变文本框的位置,将鼠标指针指向文本框的边框,当指针变为"4 个方向键"➕形状时,按住鼠标左键拖动,位置合适后释放鼠标即可。

②在没有占位符的地方输入文本。

如果要输入文本,必须先插入个文本框。插入方法类似于 Word 文档中插入文本框,即选择【插入】|【文本框】|【水平】或【垂直】命令,然后拖动鼠标,在幻灯片中画出适当大小的文本框后释放鼠标即可。

（2）文本的编排

输入幻灯片标题时一般不用按＜Enter＞键(除非有特殊排版要求),当一行不足以放下整个标题时,PowerPoint 会自动换行。正文的缩进层次具有继承性,即输完一段正文后按＜Enter＞键,插入点将移到与上一段正文对齐的位置,即两段正文属于同一级,具有相同的项目符号或编号。

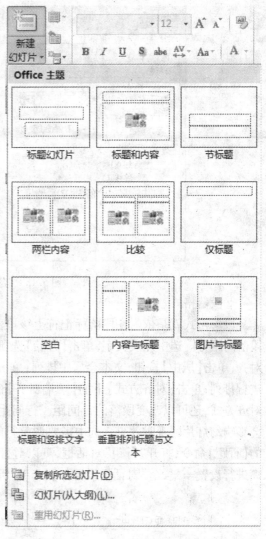

图 5.14　新建幻灯片

对于文本框的文本可以像 Word 文档中的文本那样,使用格式工具栏进行格式编排。

①文字格式设置。

打开一个演示文稿,选中标题文字,单击【开始】选项卡中【字体】组的【字体】列表框旁的下拉箭头,可以看到有多种字体可供选择,如选择【隶书】,则标题文字就变成隶书了。单击【字号】列表框旁的下拉箭头,从中选择文字的字号,比如选择 60,字号就设置为 60 了。单击工具栏上的【加粗】按钮,文字加粗显示;单击【倾斜】按钮,文字变成斜体了。

除了格式工具栏上默认的文本格式设置,点击【开始】选项卡中【字体】组右下角的显示"字体"对话框按钮,弹出"字体"对话框,如图 5.15 所示。在该对话框里可以设置字体、字形、字号,还可以对中文、西文档文本字体分别做定义。在字体效果选项中可以对文字进行下划线、阴影、上下标等设置。打开颜色下拉列表框,可以选择不同的颜色设置选定文字的颜色。

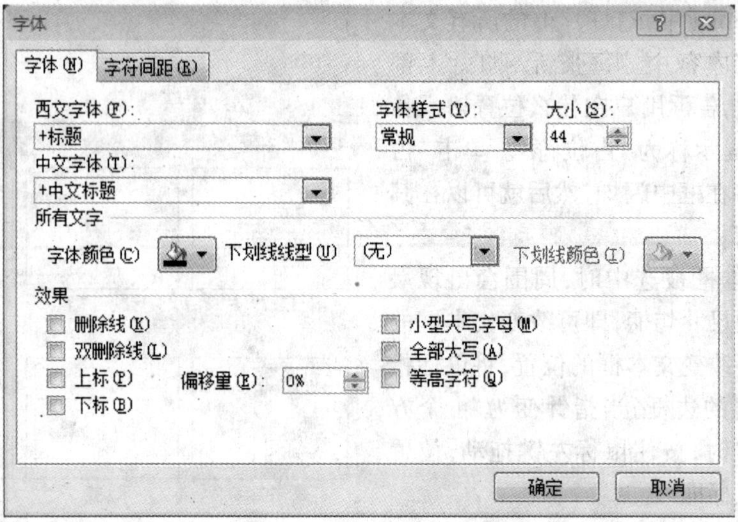

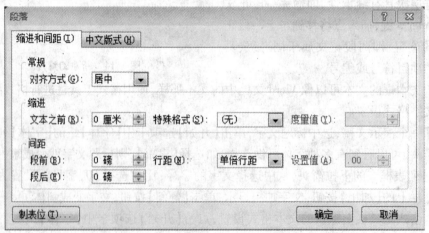

图 5.15 "字体"对话框

②段落格式。

段落格式就是依附在段落标记符上该段落的格式,包括段落的对齐方式、段落行距和段落间距等。选中几段文字,单击【开始】选项卡中【段落】组的【右对齐】按钮,文字会靠右对齐;单击【居中】按钮,文本会居中排列;单击【分散对齐】按钮,可使每行文字都充满两侧进行排列;单击【对齐方式】下的【两端对齐】命令,可将段落的左、右两边同时对齐。除了对齐方式,还可以改变段落的行间距。行间距是行与行之间的距离,行间距过大或过小都会影响幻灯片的观赏效果。选中需要调整行间距的段落,单击【开始】选项卡中【段落】组的【行距】命令,打开"行距"对话框,可以对行距进行设置,还可以对段前和段后空多少距离进行设置。"段落"对话框设置如图 5.16 所示。

图 5.16 "段落"对话框

(3)项目符号和编号

什么是项目符号和编号呢?如果我们在文档中输入"1."然后把光标移动到这一行的末尾,按<Enter>键,下一行就自动出现"2.",这就是项目编号。实际上项目符号是文档格式而非文档内容,也有看起来同样是"1.""2."的输入的文档内容,这就不是项目符号,不会具有项目符号自动编码和维持层级关系等特性,请特别注意。

单击【开始】选项卡中【段落】组的【项目符号】按钮,可以添加和取消所选定段落的项目符号设置,默认的小黑圆点,也可设置其他项目符号。单击【开始】选项卡中【段落】组的【编号】按钮,可以添加和取消所选定段落的编号设置。更详细的设置可以通过两个按钮旁边的下拉箭头,打开【项目符号和编号】命令,在弹出的"项目符号和编号"对话框里设置,如图 5.17 所示。

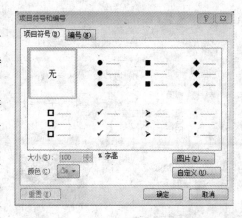

图 5.17 "项目符号和编号"对话框

和 Word 中的设置一样,任意删除和增加一个编号段落,其余的编号段落都会自动重新编号;当设置了多级编号时,在编号段落的编号前按 < Tab > 键,可以将该编号段落设置为下一级编号段落,在编号段落的编号前按 < Backspace > 键可以设置到上一级编号段落。

3. 图形的编辑

图 5.18 插入剪贴画

在幻灯片中可以插入各种图片,包括系统自带的剪贴画、外部的一些图形文件以及艺术字、自选图形和 SmartArt 图形等。通过在幻灯片中插入图片,可以增加幻灯片的可读性,增加视觉效果,使幻灯片更加生动有趣,以提高观众的注意力,给观众传递更多的信息。更重要的是图片能够传达语言难以描述的信息,有时需要长篇大论的问题,也许一幅图片就解决问题了。

(1)插入剪贴画

切换到【插入】选项卡,单击【插图】组中的【剪贴画】按钮,打开【剪贴画】窗格,在【搜索文字】文本框中输入剪贴画类型,然后单击【搜索】按钮,在搜索结果中单击需要插入点剪贴画,即可将其插入到当前幻灯片中,如图 5.18 所示。

(2)插入外部的图形文件

在【插入】选项卡中的【图像】组中单击【图片】按钮,在弹出的"插入图片"对话框中选择需要插入的图片,然后单击【插入】按钮即可,如图 5.19 所示。

(3)使用【绘图】工具栏自己绘制图形

除了插入系统自带的剪贴画和一些现成的图形文件之外,我们还可以利用【插入】选项卡中的【插图】组中单击【形状】按钮,选择适合的图形按钮在幻灯片上直接绘制自己喜欢的图形,如图 5.20 所示。

图 5.19　"插入图片"对话框

图 5.20　绘图工具栏可选用的绘图形状

4. 艺术字的编辑

艺术字是具有特殊效果的文字。类似 Word 文档,我们可以在幻灯片中插入艺术字。在【插入】选项卡的【文本】单击【艺术字】按钮,在弹出的下拉列表中选择一种艺术字样式,幻灯片中将出现一个艺术字文本框,直接输入要做成艺术字的文字,并设置文字的字体、字号等格式,最后单击【确定】按钮,艺术字出现在幻灯片里了。

5. 插入 SmartArt 图形

首先选中欲插入 SmartArt 图形的幻灯片,在【插入】选项卡的【插图】组中单击【Smart-Art】按钮,在弹出"选择 SmartArt 图形"对话框中选择一种 SmartArt 图形样式,然后单击【确定】按钮,如图 5.21 所示。所选样式的 SmartArt 图形将插入到当前幻灯片中,然后在其中输入具体的文字内容即可。

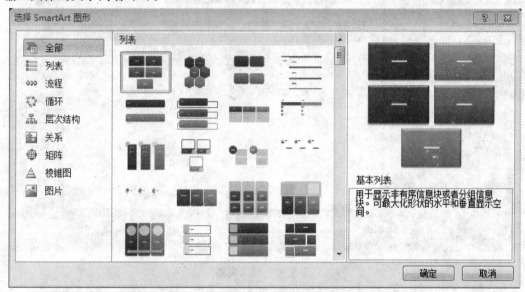

图 5.21　SmartArt 图形对话框

6. 表格和图表的制作

PowerPoint 2010 具备表格制作功能,如果幻灯片中使用到一些数据实例,使用表格和图表可以让数据更加直观清晰,使制作出的演示文稿更富有创意。

(1)插入表格

选中某张幻灯片,切换到【插入】选项卡,然后单击【表格】组中的【表格】按钮,在弹出的下拉列表中选择【插入表格】,并选择表格的行数和列数,所选表格即插入到当前幻灯片中了,如图 5.22 所示。再根据操作需要,将表格移动到合适位置,调整行高列宽,在表格中输入内容并进行格式美化即可。

(2)插入图表

选中某张幻灯片,切换到【插入】选项卡,然后单击【插图】组中的【图表】按钮,在弹出的"插入表格"对话框中选择需要的图表样式,如图 5.23 所示。然后单击【确定】按钮,所选样式的图表将插入到当前幻灯片中,与此同时,PowerPoint 系统会自动打开与图表数据相关联的工作簿,并提供默认数据。根据操作需要,在工作表中输入相应数据,然后关闭工作簿,返回到当前幻灯片,即可看到所插入的图表。

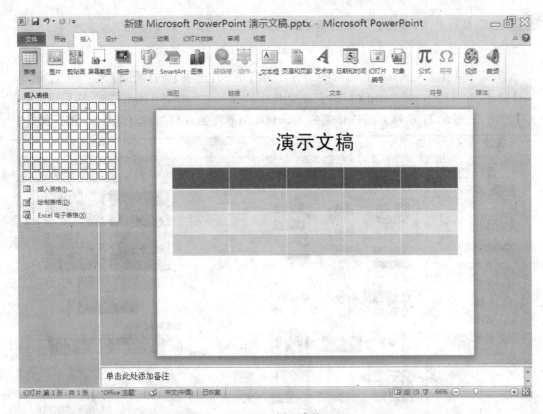

图 5.22　插入表格

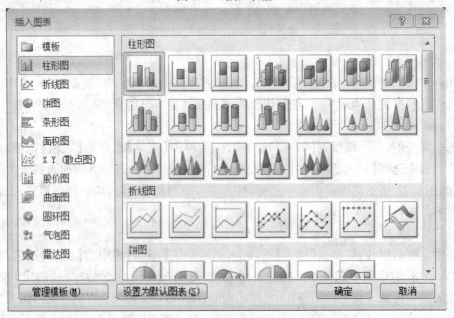

图 5.23　插入图表

5.3.2 幻灯片的编辑

1. 选择幻灯片

插入一组幻灯片后，一般还需要反复修改、编辑或调整顺序等，修改、编辑之前必须选定要修改或编辑的幻灯片为当前幻灯片。选定幻灯片的方法有如下两种：

方法1：在普通视图中，单击视图窗格中的【大纲】选项卡的幻灯片标号，或单击视图窗格中的【幻灯片】选项卡中的幻灯片缩略图，即可选定该幻灯片。

方法2：在幻灯片浏览视图中选定幻灯片。在幻灯片浏览视图中，单击相应的幻灯片缩略图，即可选定该幻灯片。

如果要选择连续的多张幻灯片，用鼠标选定第一张幻灯片，然后按住<Shift>键，单击要选择的最后一张幻灯片；如果要选择不连续的多张幻灯片，按住<Ctrl>键，然后单击每一张要选择的幻灯片；如果要选择全部幻灯片，按下<Ctrl+A>快捷键，即可选中当前演示文稿中的全部幻灯片。

2. 复制幻灯片

复制幻灯片是指创建两张或者多张完全一样的幻灯片，反复使用相同的幻灯片内容、版式和格式。打开要进行编辑的演示文稿，切换到【视图】选项卡，单击【演示文稿视图】组中的【幻灯片浏览】按钮，切换到【幻灯片浏览】模式视图；然后选中需要复制的幻灯片，例如第2张幻灯片，切换到【开始】选项卡，然后单击【剪贴板】组中的【复制】按钮进行复制（或按<Ctrl+C>快捷键）；选中目标位置前面的一张幻灯片，例如第5张幻灯片，然后单击【剪贴板】组中的【粘贴】按钮（或按<Ctrl+V>快捷键）；此时第5张幻灯片后面将创建一张与第2张相同的幻灯片，且编号为6，同时，原第5张以后的幻灯片的编号自动依次向后递增一位，例如原来的第6张幻灯片的编号变成了7。

这样便得到相同的幻灯片，可以在复制得到的幻灯片中键入新的文字或图片等，替换原来的内容，完成幻灯片的制作。利用复制幻灯片操作还能在不同的演示文稿中进行幻灯片的复制，不同点在于，光标定位在另一个演示文稿里。

3. 移动幻灯片

①打开要移动幻灯片的演示文稿，进入幻灯片普通视图或幻灯片浏览视图，在幻灯片缩略图中选择要移动的幻灯片。

②直接单击要移动的幻灯片，并拖动到目标位置，使光标落在目标位置后释放鼠标即可。

4. 删除幻灯片

幻灯片的删除与文本的删除操作很类似，在幻灯片缩略图中选择要删除的幻灯片，然后按键盘上的<Delete>键，或单击鼠标右键，在弹出的菜单中单击【删除幻灯片】命令即可。

5. 改变幻灯片版式布局

幻灯片版式是幻灯片内容的格式，有时插入的幻灯片版式不适合，需要改换另一种版式,可按下面的操作步骤进行。

方法1:在【普通视图】或【幻灯片浏览】视图模式下,选中需要更换版式的幻灯片,在【开始】选项卡的【幻灯片】组中单击【版式】按钮,在弹出的下拉列表中选择需要的版式即可。

方法2:在视图窗格的【幻灯片】选项卡中,使用鼠标右键单击需要更换版式的幻灯片,在弹出的快捷菜单中单击【版式】命令,在弹出的子菜单中选择需要的版式。

5.3.3 演示文稿的修饰

1. 设置幻灯片的外观

(1)设置幻灯片的背景

为幻灯片添加合适的背景,既可以美化幻灯片,又对突出显示其他的信息和内容起到衬托的作用。

选中某张幻灯片,切换到【设计】选项卡,然后单击【背景】组中的【背景样式】按钮,在弹出的下拉列表中可以选择各种预设的样式,默认是应用于整个演示文稿。也可以在刚才下拉列表选择【设置背景格式】按钮,在弹出的对话框中对背景进行设置,如图5.24所示。包括【纯色填充】、【渐变填充】、【图片或纹理填充】、【图案填充】等填充方式,并能对图片进行初步的调整。

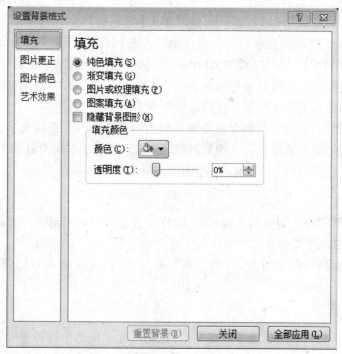

图5.24 "设置背景格式"对话框

设置好图片填充方式后,选择【关闭】,这幅图片只对选中的幻灯片起作用,其他幻灯片的背景保持不变;如果选择【全部应用】,那么这个演示文稿中所有的幻灯片全都采用这个背景了。

（2）应用幻灯片母版

在一般视图中，编辑的幻灯片内容和在母版视图中编辑的母版内容，在放映幻灯片时就像两张透明的胶片叠放在一起，上面一张是幻灯片本身，下面的一张就是母版。在进行编辑时，一般修改的是幻灯片本身，只有切换到【视图】选项卡，选择【母版视图】组中的【幻灯片母版】、【讲义母版】和【备注母版】，进入各个母版视图后，才能对母版进行修改，如图5.25 所示。可用来制作统一标志和背景的内容，设置标题和主要文字的格式，包括文本的字体、字号、颜色和阴影等特殊效果。母版是为该演示文稿所有的幻灯片设置默认的板式和格式的，修改母版就是在创建新的模板。

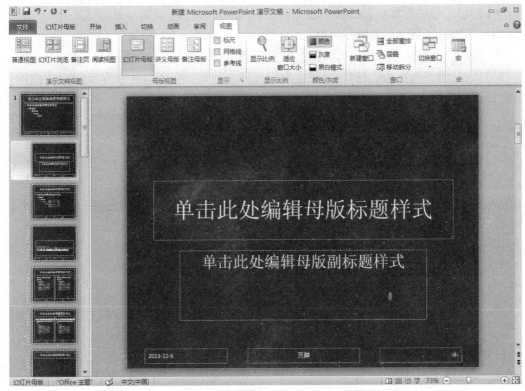

图5.25 幻灯片母板

切换到【视图】选项卡，单击【母版视图】组中的【幻灯片母版】可以进入幻灯片母版视图，在【开始】选项卡的前面会增加【幻灯片母版】选项卡，该选项卡中有【关闭母版视图】按钮，单击可以退出母版视图编辑。

（3）为幻灯片加入徽标

为了美化演示文稿，可以在幻灯片中加入一个徽标，可以利用图片、文本以及绘制图形结合起来创建自己的徽标。对母版进行编辑和插入图片、文字等内容和编辑幻灯片相同，在母版上创建徽标可以使徽标在多张幻灯片的同一位置出现。

（4）添加幻灯片编号及页眉页脚

在 PowerPoint 2010 的幻灯片母版中，可以利用页眉、页脚来为每张幻灯片添加日期、时间、编号和页码等。

切换到【插入】选项卡，然后单击【文本】组中的【页眉页脚】按钮，将会弹出如图5.26

所示的对话框,包含【日期时间】、【幻灯片编号】、【页脚】、【标题幻灯片不显示】4 个复选框。复选框作用如下:

•【日期和时间】复选框:选中【自动更新】,则所加的日期与幻灯片放映的日期一致。如果要显示固定的日期,选中【固定】,在【固定】文本框中输入信息,否则在幻灯片不会显示任何内容。

•【幻灯片编号】复选框:选中该选项,会在幻灯片的右下方插入页码编号。

•【页脚】复选框:选中该复选框,可在幻灯片正下方插入一些特定信息,如输入"重庆建筑工程职业学院"为页脚。

•【标题幻灯片不显示】复选框:选中该选项,标题幻灯片(即第一张幻灯片)将不显示设置的日期和时间、页码、页脚等信息。

在母版中应用幻灯片页眉、页脚设置会应用到所有幻灯片,但在普通视图中,单击【全部应用】按钮,设置的页眉、页脚信息将在演示文稿中的每一张幻灯片中显示;单击【应用】按钮,设置的页眉、页脚信息只在当前幻灯片上显示。

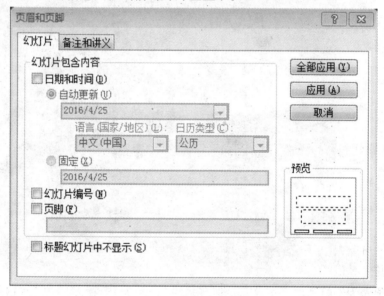

图 5.26　"页眉和页脚"对话框

2.插入声音、影片和动画

为了使幻灯片更加活泼、生动,可以插入影片和声音等多媒体剪辑。插入的声音文件需要是 PowerPoint 2010 支持的格式,如 WAV 格式、MIN 格式、MP3 格式等。

(1)插入声音

首先选中准备插入声音的幻灯片,切换到【插入】选项卡,在【媒体】组中单击【音频】按钮下方的下拉按钮,在弹出的下拉列表中单击【文件中的音频】选项;然后在弹出的"插入音频"对话框中选择插入的声音,单击【确定】按钮;插入声音后幻灯片中将出现一个小喇叭图标(或称为声音图标),根据操作需要,可调整该小喇叭的位置和大小。如图 5.27 所示。

图 5.27　插入声音

在幻灯片插入声音后,放映该幻灯片时,单击相应的"小喇叭图标"会播放出声音;选中声音图标后,其下方还会出现一个播放控制条,该控制条可用来调整播放进度及播放音量;另外,右键单击该声音图标,在弹出的右键快捷菜单中还有对该声音进行剪辑的选项。注意,在选中声音文件后,会增加【音频】工具选项卡,其中有【格式】和【播放】两个子选项卡,【格式】选项卡主要是对小喇叭图标进行修改,而【播放】选项卡是对该声音文件播放的方式进行修改,如图 5.28 所示。

图 5.28　声音选项卡

(2)插入影片和动画

插入影片(或称为视频)和动画的方法和插入声音的方法非常相似,只需要切换到【插入】选项卡,然后单击【媒体】组中的【视频】按钮即可插入具体的视频。

3.插入超链接

在 PowerPoint 2010 中,多张幻灯片之间的逻辑关系可以通过超链接来实现。利用超链接,可以实现在幻灯片放映时从某张幻灯片的某一位置跳转到其他位置。

用户可预先为幻灯片的某些文字或其他对象(如图片、图形、艺术字等)设置超链接,并将链接目标指向其他位置,这个位置即可以是本演示文稿内指定的某张幻灯片、另一个演示文稿、一个可执行程序,也可以是一个网站的域名地址。

添加超链接的方法如下:

①打开需要操作的演示文稿,在要设置超链接的幻灯片中选择要添加超链接的对象,切换到【插入】选项卡,然后单击【链接】组中的【超链接】按钮。

②弹出"插入超链接"对话框,如图 5.29 所示,在【链接到】栏中有 4 种链接位置可供选择:

【现有文件或网页】可以在【地址】文本框中输入要链接到的文件名或者域名地址。

【本文档中的位置】可以在右边的列表框中选择要链接到的当前演示文稿中的幻灯片。

【新建文档】可以在右边【新建文档名称】文本框中输入要链接到的新文档的名称。

【电子邮件地址】可以在右边【电子邮件地址】中输入邮件的地址和主题。

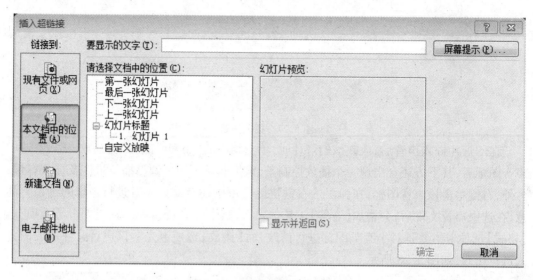

图 5.29 "插入超链接"对话框

③返回到原幻灯片中,可以看到所选文字的下方出现下划线,且文字颜色也发生了变化,切换到【幻灯片放映】视图模式。当放映到该幻灯片时,鼠标指针指向该文字时将变成一个小手形状,单击该文字可跳转到指定的目标位置。如果不想让文字变化颜色,可以将文字所在的文本框或占位符作为对象来设置超链接。在有超链接的对象上点击鼠标右键,在弹出的快捷菜单中有【取消超链接】选项,可单击取消超链接。

4. 动画技术

PowerPoint 2010 的动画功能是让幻灯片及幻灯片中的对象动起来,将前面编辑的静态的标题、文本、图片以及声音等变成可控的动画,不仅能美化我们的演示文稿,也突出了某些对象,展示幻灯片画面中对象的先后、主次等关系,更好地表达演示者的意图。

PowerPoint 2010 的动画分为两种:一种是幻灯片之间的动画,即第一张幻灯片放映结束后如何进入下一张幻灯片;另一种是幻灯片中的各个对象的动态效果,如对象的进入、强调、退出方式等。

(1)幻灯片各对象的动画

PowerPoint 2010 提供的各类对象的动画放在【动画】选项卡中,通过该选项卡,可以方便地对幻灯片中的对象添加各类动画效果。【动画】选项卡中的动画效果有 4 类,分别是进入式、强调式、退出式和动作路径式。

①添加单个动画效果。

打开编辑好的演示文稿,在某张幻灯片中选中要添加动画效果的对象,切换到"动画"选项卡,然后在【动画组】单击列表框中的下拉菜单,在弹出的下拉菜单中可看到系统提供的多种动画效果,列入添加进入式动画效果,此时可以在下拉列表的【进入】类别中选择【飞入】效果即可,如图 5.30 所示。注意:幻灯片某对象被设置了【进入】动画效果后,在放映到该幻灯片时,该对象只有在被允许进入的操作后(如单击或在上一动画前或后)才会播放动画后出现;设置【退出】动画效果也类似,将会在播放动画后消失。这样就可以突出重点,控制信息的流程,提高演示文稿的观赏性。

图 5.30 "动画"选项卡

②为同一对象添加多个动画效果。

为了使幻灯片中对象的动画效果丰富,可对其添加多个动画效果。

选中要添加动画效果的对象,切换到"动画"选项卡,然后在【动画】组中单击列表框中的下拉按钮,在弹出的下拉列表中选择需要的动画效果,在"动画"选项卡的【高级动画】组中单击【添加动画】按钮,在弹出的下拉列表中选择需要添加的第 2 个动画效果,一般在进入式动画后添加强调式、动作路径式动画,最后添加退出式动画。参照添加的第 2 个动画的操作步骤,可以继续为选中的对象添加其他动画效果。为选中的对象添加多个动画效果后,该对象的左侧会出现编号,该编号是根据添加动画效果的顺序而自动添加的。

③编辑动画效果。

添加动画效果后,还可以对这些效果进行相应的编辑操作,如更改动画效果、删除动画效果和调整动画效果播放顺序等。

选择动画效果:选中动画效果有两种方法,一种是在"动画"选项卡的【高级动画】组中单击【动画窗格】按钮,打开"动画窗格"对话框,在该对话框中将显示当前幻灯片中所有对象动画效果,单击某个动画编号,便可选中对应的动画效果,如图 5.31 所示。另一种是在幻灯片中选中添加了动画效果的某个对象,此时【动画窗格】中会以灰色边框突出显示该对象的动画效果,对其单击可快速选中该对象对应的动画效果。

● 更改动画效果:如果对某个对象设置的动画效果不满意,可以重新更改其动画效果。打开"动画窗格"对话框,选中已经设置好的动画效果,然后在【动画组】列表中重新选中其他动画效果,即可对选中对象的动画效果进行重新设置。

图 5.31 动画窗格

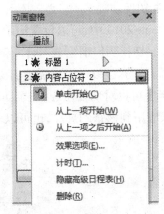

图 5.32 动画窗格

● 调整动画效果:在"动画窗格"对话框中选中某一项设置的动画时,动画右边有一个向下的箭头,单击后能展开一个菜单,如图 5.32 所示。菜单中【单击开始】、【从上一项开始】和

【从上一项之后开始】的设置,均会影响该动画播放时的开始条件。单击菜单中的【效果选项】,会弹出该动画的"效果"选项卡,还包括"计时"选项卡和"正文文本动画"选项卡,能对该动画的效果作更多设置,如【方向】、【延迟】、【动画文本】等,"计时"选项卡如图5.33所示。注意不同的动画效果能设置的效果选项会有所不同。

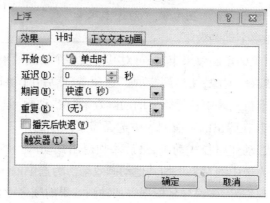

图5.33 "计时"选项卡

● 调整动画效果播放顺序:除了未设动画的对象在放映开始时出现在屏幕上之外,每张幻灯片中的动画效果都是按添加动画时的顺序来依次播放的。根据操作需要可调整动画效果的播放顺序,可以在"动画窗格"对话框中选中需要调整顺序的动画效果,单击向上箭头按钮可实现动画效果上移,单击向下箭头按钮可实现动画效果下移。同样在"动画"选项卡的【计时】组中,单击【对动画重新排序向前移动】和【对动画重新排序向后移动】按钮可以调整动画播放顺序。在【动画窗格】中播放顺序是自上到下的时间轴关系,也可以用鼠标单击拖动各个对象的动画效果来排列其播放顺序。

● 删除动画效果:对于不再需要的动画效果,可通过以下方法进行删除。在【动画窗格】中选中需要删除的动画效果后,其右侧会出现一个下拉按钮,对其单击,在弹出的下拉列表中单击【删除】选项即可。也可选中要删除的动画效果后直接按<Delete>键即可。

(2)幻灯片切换动画

在PowerPoint 2010中,可以设置演示文稿中两张幻灯片之间的换片动画,也就是幻灯片的切换效果。切换到【切换】选项卡,选中要设置切换效果的幻灯片,在【切换到此幻灯片】组中选中需要的效果;再根据需要打开"效果选项"对话框,对效果选项进行修改。在"计时"选项卡中可以对切换声音,切换动画持续时间以及换片方式进行设置。最后这些切换设置将默认应用到该张幻灯片,也可以单击【全部应用】按钮应用到该演示文稿的所有幻灯片。如图5.34所示。

图5.34 幻灯片切换动画选项卡

5.4 演示文稿的播放、打包与发布

5.4.1 演示文稿的放映

制作幻灯片的目的就是为了向观众放映幻灯片。PowerPoint 2010 提供了演示文稿的多种放映方式,在演示幻灯片时用户可以根据不同的情况选择合适的演示方式,并对演示进行控制。

1.重新安排幻灯片放映

单击"视图"选项卡中的【幻灯片浏览】按钮,或者单击状态栏右侧的【幻灯片浏览】按钮 ,即可切换到幻灯浏览视图。用户可以利用【视图】选项卡中的【显示比例】按钮 (或者拖动窗口状态栏右侧的显示比例调节工具条)控制幻灯片显示大小,在窗口中显示更多或更少的幻灯片,如图5.35 所示。

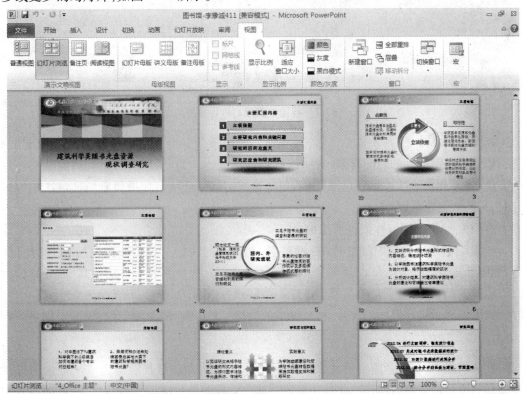

图5.35 幻灯片浏览视图

在该视图中,要更改幻灯片的显示顺序,可以直接把幻灯片从原来的位置拖到另一个位置。要删除幻灯片,单击该幻灯片并按 < Delete > 键即可,或者右击该幻灯片,再从弹出的快捷菜单中选中【删除幻灯片】命令,如图5.36 所示。

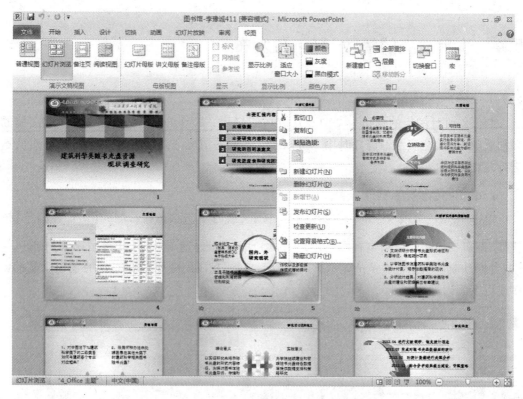

图5.36　幻灯片视图中删除幻灯片快捷菜单按钮

2.隐藏幻灯片

如果放映幻灯片的时间有限,有些幻灯片将不能逐一演示,用户可以利用隐藏幻灯片的方法,将某几张幻灯片隐藏起来,而不必将这些幻灯片删除。如果要重新显示这些幻灯片时,只需取消隐藏即可。

步骤1:切换到幻灯片浏览视图中。

步骤2:选中要隐藏的幻灯片,右键单击,在弹出的快捷菜单中选择【隐藏幻灯片】命令,如图5.37所示。

此时,在幻灯片右下角的编号上出现一个斜线方框 ,如图5.38所示。

如果要显示被隐藏的幻灯片,再从弹出的快捷菜单中选择【隐藏幻灯片】命令即可。

3.设置放映方式

默认情况下,演示者需要手动放映演示文稿。例如,通过按任意键完成从一张幻灯片切换到另一张幻灯片的动作。此外还可以创建自动播放演示文稿,用于展示。自动播放幻灯片,需要设置每张幻灯片在自动切换到下一张幻灯片前在屏幕上提留的时间。

切换到功能区中的"幻灯片放映"选项卡,在【设置】选项组中单击【设置幻灯片放映】按钮,弹出"设置放映方式"对话框,如图5.39所示。

用户可以按照在不同场合运行演示文稿的需要,选择3种不同的方式放映幻灯片。

•【演讲者放映(全屏幕)】:这是最常用的放映方式,由演讲者自动控制全部放映过程,可以采用自动或人工的方式运行放映,还可以改变幻灯片的放映流程。

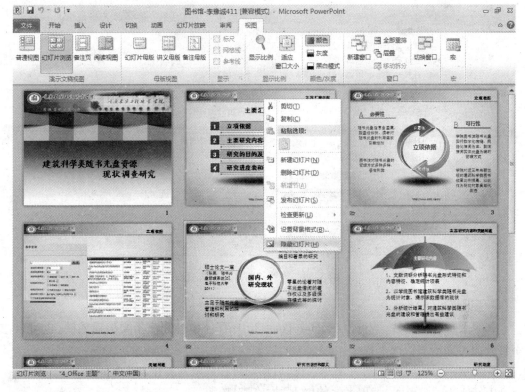

图 5.37 幻灯片视图中隐藏幻灯片快捷菜单按钮

图 5.38 隐藏幻灯片标记

●【自行浏览(窗口)】:这种放映方式可以用于小规模的演示。以这种方式放映演示文稿时,演示文稿出现在小型窗口内,并提供相应的操作命令、允许移动、编辑、复制和打印幻灯片。在此方式中,观众可以通过该窗口的滚动条从一张幻灯片移到另一张幻灯片,同时打开其他程序。

●【展台浏览(全屏幕)】:这种方式可以自动放映演示文稿。自动放映的演示文稿是不需要专人播放幻灯片就可以发布信息的绝佳方式,能够使大多数控制失效,这样观众就不能改动演示文稿的播放。

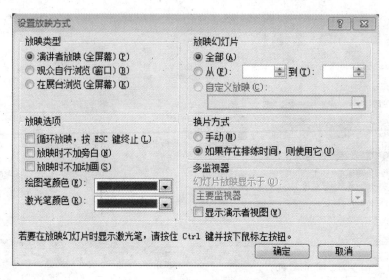

图 5.39　设置幻灯片放映方式

4. 启动幻灯片放映

如果要放映幻灯片,既可以在 PowerPoint 2010 程序中打开演示文稿后放映,也可以在不打开演示文稿的情况下放映。

在 PowerPoint 2010 中打开演示文稿,启动幻灯片放映的操作方法有 3 种:

方法 1:单击"视图"选项卡上的【幻灯片放映】按钮。

方法 2:单击"幻灯片放映"选项卡上的【从头开始】或【从当前幻灯片开始】按钮。

方法 3:按 <F5> 键。

不打开 PowerPoint 2010 便启动幻灯片放映的方法是:首先要将演示文稿保存为以放映方式打开的类型,该类型扩展名为".PPSX",打开此类文件时,它会进行自动放映。现打开要保存为幻灯片放映文件类型的演示文稿,单击"文件"选项卡,在弹出的菜单中选择【另存为】命令,出现如图 5.40 所示的"另存为"对话框。此时,在【保存类型】下拉列表框中选中【PowerPoint 放映】选项,在【文件名】文本框中输入新名称,最后单击【保存】按钮。

5. 控制幻灯片的放映过程

采用【演讲者放映(全屏幕)】方式放映演示文稿时,可以利用快捷菜单控制幻灯片放映的各个环节。在放映的过程中,右击屏幕的任意位置,利用弹出的快捷菜单中的命令,控制幻灯片的放映,如图 5.41 所示。另外,在放映过程中,屏幕的左下角会出现【幻灯片放映】工具栏,单击图形按钮▤,也会弹出快捷菜单。

【下一张】命令可以切换到下一张幻灯片,【上一张】命令可以返回到上一张幻灯片;【定位至幻灯片】可以在其下拉菜单中选择本演示文稿的任意一张想要展示的幻灯片。用户在根据排练时间自动放映演示文稿时,遇到意外情况(如有观众提问等),需要暂停放映时使用快捷菜单中的【暂停】命令。如果要提前结束放映,则从快捷菜单中选择【结束放映】命令,或直接按 <Esc> 键。

在幻灯片放映时,右键弹出的快捷菜单中有一个【指针选项】命令,下拉菜单中默认的鼠标指针是箭头,可以选择的有【笔】、【荧光笔】、【墨迹颜色】和【箭头选项】等,如图 5.42

图 5.40 保存类型为 PowerPoint 放映

所示。当用户用【笔】或【荧光笔】在放映的演示文稿
中进行了标注后,【橡皮擦】和【擦除幻灯片上的所有
墨迹】选项将变为可选选项。

6. 设置放映时间

　　用户可通过两种方法设置幻灯片在屏幕上显示时
间的长短:一种是人工为每张幻灯片设置时间,再运行
幻灯片放映来查看设置的时间是否合适;另一种是使
用排练功能,在排练时自动记录时间。

　　● 人工设置放映时间:先选定要设置放映时间的
幻灯片,单击"切换"选项卡,在【计时】选项组内选中
【设置自动换片时间】复选框,然后在右侧文本框中输

图 5.41 放映幻灯片时右键快捷菜单

入希望幻灯片换片的秒数。如果单击【全部应用】按
钮,则该演示文稿所有的幻灯片的换片时间间隔都被设置,否则该换片时间将只会对选中
的该幻灯片起作用。不选中换片方式中【单击鼠标时】复选框,幻灯片在放映时单击鼠标左
键将不会切换幻灯片。

　　● 使用排练计时:演讲者对于彩排的重要性很清楚,在每次发表演讲之前都要进行多
次的演练。演示时可以在排练幻灯片放映的过程中自动记录幻灯片之间切换的时间间隔。
首先打开要使用排练计时的演示文稿,切换到功能区中的"幻灯片放映"选项卡,在【设置】
选项组中单击【排练计时】按钮,系统将切换到幻灯片放映视图,如图 5.43 所示。

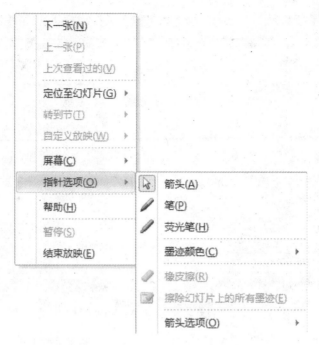

图 5.42 调整鼠标指针选项菜单

图 5.43 排练计时按钮

在放映过程中,屏幕上会出现如图 5.44 所示的【录制】工具栏。当播放下一张幻灯片时,在【幻灯片放映时间】框中开始记录新幻灯片的时间。前一个时间是本张幻灯片放映的时间,后一个时间是该演示文稿目前共放映了多少时间。

图 5.44 录制排练工具栏

图 5.45 是否保留幻灯片排练时间对话框

排练放映结束后,会出现如图 5.45 所示的对话框显示幻灯片放映所需的时间。如果单击【是】按钮,则接受每张幻灯片排练时间,该放映时间将保存在该演示文稿中;如果单击

【否】按钮,则放弃保存本次排练时间记录。如果保存了排练时间,在下一次放映幻灯片时,默认设置下,演示文稿会在排练时的每一次换片时间点自动换片。

5.4.2 演示文稿的打包与发布

对制作完成的演示文稿打包,是指包括演示文稿,及其所链接的图片、音频、视频等文件和 PowerPoint 播放器形成一个文件夹,将该文件夹复制到其他计算机或者通过刻录机输出到 CD。打包后便于携带到其他计算机上播放,播放时可脱离 PowerPoint 2010 环境,在 Windows 下直接进行演示。如文稿中特有的字体或没有安装 PowerPoint 2010 时,播放时并不受任何影响。

具体打包操作步骤如下:

打开要打包的演示文稿,单击"文件"选项卡,在弹出的菜单中单击【保存并发送】命令,然后选择【将演示文稿打包成 CD】命令,再单击【打包成 CD】按钮,如图 5.46 所示。

图 5.46 将演示文稿打包成 CD 选项

出现如图 5.47 所示的"打包成 CD"对话框,在【将 CD 命名为】文本框中输入打包文件夹的名称。

单击【添加】按钮,可以添加多个演示文稿。

单击【选项】按钮,出现如图 5.48 所示的"选项"对话框,可以设置是否包含链接的文

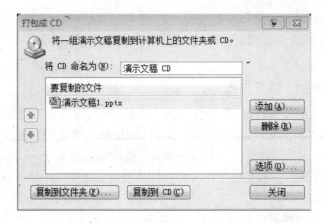

图 5.47 "打包成 CD"对话框

件、是否包含嵌入的 TrueType 字体,还可以设置打开文件密码等。

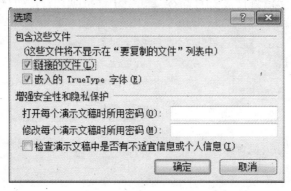

图 5.48   打包成 CD 选项设置

选中"PowerPoint 播放器"复选项,则在没有安装 PowerPoint 的计算机上可以放映演示文稿;用户还可以在"帮助保护 PowerPoint 文件"区域为演示文稿设置密码。

单击【复制到文件夹】按钮,打开"复制到文件夹"对话框,可以将当前文件复制到指定的位置,如图 5.49 所示。

图 5.49   将演示文稿打包复制到文件夹

单击【确定】按钮,弹出如图 5.50 所示的"Microsoft PowerPoint"对话框,提示程序会将链接的媒体文件复制到你的计算机,直接单击【是】按钮,出现"正在将文件复制到文件夹"对话框并复制文件,复制完后,用户可以关闭"打包成 CD"对话框,完成打包操作。

5.4.3   打印演示文稿

演示文稿可以打印成多种形式,其操作步骤如下:

图 5.50　是否包含链接文件对话框

步骤1：打开要打印的演示文稿。

步骤2：单击【文件】选项卡中的【打印】命令，打开【打印】下拉菜单。

步骤3：在【打印机】下拉列表中选定与计算机相配的打印机。

步骤4：在【设置】中可选择【打印全部幻灯片】，则打印全部幻灯片；选择【打印当前幻灯片】则打印当前选定的一张幻灯片；选择【自定义范围】，并在下边的框中输入要打印的幻灯片编号，则打印输入编号的几张幻灯片。

在【打印版式】下拉列表中选择打印内容，默认选择为【整页幻灯片】，也可根据需要选择【备注页】或者【大纲】；通常情况下，选择【讲义】比较节约纸张，每页纸张可以打印1、2、3、4、6、9张不等的幻灯片；选择【备注页】，则在每页纸张中打印出幻灯片和该张幻灯片中录入的备注页内容；选择【大纲】，则打印出在大纲视图中看到的内容，是整个演示文稿的概览。

在进行了打印设置之后，可以在右边查看到打印设置后的实际打印效果，通过单击【上一页】、【下一页】查看。

最后确定打印内容后，在份数框中确定打印份数，单击【打印】按钮开始打印，如图5.51所示。

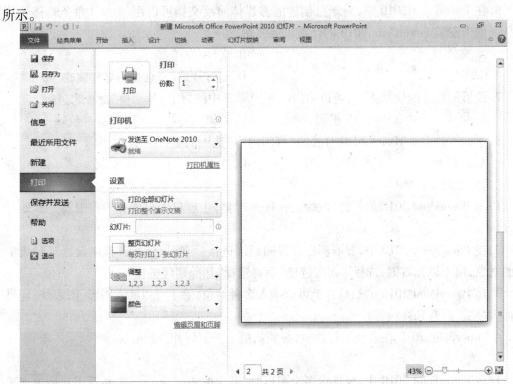

图 5.51　幻灯片打印

习题

一、选择题

1. PowerPoint 2010 演示文稿和模板的扩展名是（　　）。
   A. docx 和 txt　　　　B. html 和 ptrx　　　C. pot 和 ppt　　　　D. pptx 和 potx

2. 演示文稿的基本组成单元是（　　）。
   A. 文本　　　　　　　B. 图形　　　　　　　C. 超链点　　　　　　D. 幻灯片

3. 在 PowerPoint 2010 中，不能对个别幻灯片内容进行编辑修改的视图方式是（　　）。
   A. 大纲视图　　　　　　　　　　　　B. 幻灯片浏览视图
   C. 幻灯片视图　　　　　　　　　　　D. 以上三项均不能

4. 在 PowerPoint 2010 中，可对母版进行编辑和修改的状态是（　　）。
   A. 幻灯片视图状态　　　　　　　　　B. 备注页视图状态
   C. 母版状态　　　　　　　　　　　　D. 大纲视图状态

5. PowerPoint 2010 中，下列裁剪图片说法错误的是（　　）。
   A. 裁剪图片是指保存图片的大小不变，而将不希望显示的部分隐藏起来
   B. 当需要重新显示被隐藏的部分时，还可以通过"裁剪"工具进行恢复
   C. 如果要裁剪图片，单击选定图片，再单击"图片"工具栏中的"裁剪"按钮
   D. 按住鼠标右键向图片内部拖动时，可以隐藏图片的部分区域

6. 在 PowerPoint 2010 中，对于已创建的多媒体演示文档可以用（　　）命令转移到其他未安装 PowerPoint 2010 的计算机上放映。
   A. 文件/打包　　　　　　　　　　　B. 文件/发送
   C. 复制　　　　　　　　　　　　　　D. 幻灯片放映/设置幻灯片放映

7. 设置幻灯片的切换方式，可以单击（　　）菜单中的"幻灯片切换"命令来进行。
   A. 格式　　　　　B. 视图　　　　　C. 编辑　　　　　D. 幻灯片放映

8. 下列不是 PowerPoint 2010 合法的"打印内容"选项的是（　　）。
   A. 幻灯片　　　　B. 备注页　　　　C. 讲义　　　　D. 动画

二、判断题

1. 用 PowerPoint 2010 的幻灯片视图，在任一时刻，主窗口内只能查看或编辑一张幻灯片。　　　　　　　　（　　）

2. 在 Powerpoint 2010 中，要取消已设置的超级链接，可将鼠标指针移向设置了超级链接的对象，单击鼠标右键，选择"超级链接"后再选择"删除超级链接"。　　（　　）

3. 在 PowerPoint 2010 的幻灯片上可以插入多种对象，除了可以插入图形、图表外，还可以插入公式、声音和视频等。　　　　　　　　（　　）

4. PowerPoint 2010 在放映幻灯片时，必须从第一张幻灯片开始放映。　（　　）

三、填空题

1. 在 PowerPoint 2010 中，要选定多个图形时，需先按住_____键，然后用鼠标单击要选定的图形对象。

2. 在 PowerPoint 2010 中按功能键【F5】的功能是_____。

3. 在 PowerPoint 2010 的幻灯片放映视图下,全屏放映演示文稿过程中,要结束放映,可按键盘上的_____键。

4. 在 PowerPoint 2010 中,创建新的幻灯片时出现的虚线框称为_____。

第6章

Access 2010 原理及应用

知识提要

本章主要介绍数据库及数据库系统的基本知识,并以 Access 2010 为例介绍关系数据库的基本操作与应用。Access 是 Microsoft 公司发布的办公自动化系统 Office 的重要组成部分,是一种用于处理中小型数据库的数据库管理系统,利用 Access 用户可以在很短的时间内创建和管理自己的数据库,相比之前的版本 Access 2010,除了继承和发扬了以前版本的功能强大、界面友好、易学易用的优点之外,在界面的易用性方面和支持网络数据库方面进行了很大改进。

教学目标

掌握数据库及数据库系统的基本知识;

理解关系数据库模型;

掌握关系数据库的基本操作:建立数据库及数据表、创建数据查询。

6.1 数据管理概述

6.1.1 数据管理基本概念

从 20 世纪 50 年代以来,数据管理一直是计算机科学技术领域中的一门重要技术和研究课题,如何对数据进行分类、组织、编码、储存、检索和维护,是数据处理的中心问题。在经历了人工管理、文件系统两个阶段后,数据管理于 20 世纪 60 年代末,迈入了数据库系统阶段。今天,我们日常生活中常见的学生信息管理系统、图书馆管理系统、办公信息系统、银行信息系统……均是应用数据库系统进行数据管理的典范。

1. 数据

数据是按一定规则排列的、用于描述事物的符号记录,是数据库中存储的基本对象。可以是数字、文字、图形、图像、声音、学生的档案记录或选课情况、货物的运输情况等。

为避免烦琐,人们常常抽取那些感兴趣的特征来描述事物。例如,一个大学生可以这样描述:(沈亚,男,1992,重庆,计算机系,2010)。这样的信息,一般人可能不解其意,但对于知道这个描述含义的人,可以从中得知学生沈亚,男,1992 年出生,重庆人,2010 年考入计算机系。可见,数据与其语义是不可分的。

2. 数据库

数据库是存放数据的仓库,是长期存储在计算机系统内的、有组织、可共享的大量数据的集合。数据按一定的数据模型组织、描述和存储,具有较小的冗余度、较高的数据独立性和易扩展性,并可以供各种用户共享。

3. 数据库系统

数据库系统一般由 4 个部分组成:数据库(Database);数据库管理系统(Database Management System);数据库管理员(Database Administrator);用户和应用程序(Users and Applications)。如图 6.1 所示。

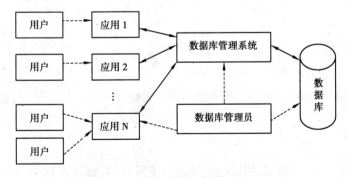

图 6.1 数据库系统

其中,数据库管理系统(DBMS)是建立在操作系统之上的一个软件,是用户和数据库之间的接口,用于建立、维护和使用数据库,对数据库进行统一的管理和控制。Access 2010

就是一个数据库管理系统。

6.1.2　数据模型

计算机不能直接处理现实世界中的具体事物,所以必须将具体事物转换成计算机能够处理的数据。数据模型即是用来抽象、表示和处理现实世界中数据信息的工具,是数据库系统的核心和基础。

1. 层次模型

在层次模型中,各数据实体之间是一种一对一或者一对多的联系,可以用树形结构来表示,如图6.2所示。

其特点如下:

①有且仅有一个结点没有父结点,称为根结点。

②根结点以外的称为子结点,它向上仅有一个父结点,向下可有一个或多个子结点。

③同层次结点之间没有联系。

层次模型的优点是结构简单、层次清晰、各结点之间的联系简单;而缺点是不能直接表示多对多的联系。

2. 网状模型

在网状模型中,各数据实体之间通常是一种层次不清楚的一对一、一对多或者多对多的联系,呈现一种交叉的网络结构,如图6.3所示。

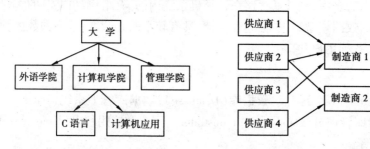

图6.2　层次模型结构示例　　　　图6.3　网状模型结构示例

其特点如下:

①有一个以上的结点无父结点。

②至少一个结点有多个父结点。

网状模型的优点是表示数据之间多对多的联系时具有很大的灵活性;而缺点是数据结构复杂。

3. 关系模型

目前应用最广的一种模型,用二维表来表示逻辑结构,每张表称为一个关系,如表6.1所示。其优点是数学基础强,模型单一,存取路径透明;而缺点是查询效率不高,必须优化查询。

表6.1　学生成绩表

学号	专业	姓名	性别	英语	高数	体育
20111003	热能	唐磊	男	81	84	91
20111124	机械	杨永胜	男	84	84	84
20111225	会计	文英	女	85	81	86
20111320	计算机	唐磊	男	80	85	86

为更好地学习和使用关系数据库,我们先看看关系模型中的基本术语和常用的关系运算。

(1)基本术语

● 关系:二维表。

● 元组:行(任意两行不能相同)。

● 属性:列 { 属性名:列名 / 属性值:列值(每一列的值应是同一类型) / 域:属性的取值范围

● 关键字:能够唯一地标识一个元组的属性或属性组合。

● 关系名:表名。

● 关系模式:关系名(属性名1,属性名2,…,属性名n)。

(2)关系运算

● 选择:从关系中找出满足条件的元组,得到一个子集,即元组比原来少。

● 投影:指定若干个属性组成新的关系,得到一个新关系,且属性个数减少或排列顺序不同。

● 联接:两个关系模式按属性拼接,得到一个更宽的关系模式。

6.2　Access 2010 的工作界面

6.2.1　Access 2010 的启动与退出

1. 启动 Access 2010

在 Windows 操作系统下,单击桌面左下角的【开始】菜单,选择【程序】|【Microsoft Office】|【Microsoft Access 2010】命令,启动 Access 2010。也可以通过已存文件、桌面图标等方式启动,与 Office 2010 中的其他软件类似。

2. 退出 Access 2010

Access 2010 使用完毕后,应按下列方法之一正常退出,否则可能造成数据的意外损失。

①单击标题栏右边的【关闭】按钮。

②选择"文件"选项卡中的【退出】命令。

③使用快捷键＜Alt＋F4＞。

6.2.2　Access 2010 的界面构成

成功启动 Access 2010 后,屏幕上就会出现 Access 2010 的工作界面,由标题栏、快速访问工具栏、功能区、导航窗格、对象工作区及状态栏等部分组成。

1. 功能区

功能区显示在 Access 的顶部,是一个包含多组命令且横跨程序窗口顶部的带状选项卡区域,它由多个选项卡组成,由此替代 Access 2007 之前的版本中存在的菜单和工具栏的主要功能,如图 6.4 所示。

图 6.4　Access 2010 功能区

在 Access 2010 中,常规命令选项卡包括【文件】、【开始】、【创建】、【外部数据】和【数据库工具】。每个选项卡都包含多组相关命令,例如【开始】选项卡下有【视图】、【剪贴板】、【排序和筛选】、【记录】、【查找】、【文本格式】、【中文繁简转换】等工具组,可以让我们对数据库中的数据库对象进行设置,要执行某一命令就直接点击对应的命令按钮。

"文件"选项卡上显示的命令集合也被称为 Backstage 视图,可以从该视图获取有关当前数据库的信息、创建新数据库、打开现有数据库或者查看来自 Office.com 的特色内容,如图 6.5 所示。在数据库设计和使用的过程中,可以通过单击"文件"选项卡随时访问 Backstage 视图。

除了上述的常规命令选项卡外,Access 2010 还采用了"上下文命令选项卡",位于常规命令选项卡旁,它根据所选对象状态或正在执行的操作,自动弹出或关闭,这种智能功能使得操作更为方便。

2. 快速访问工具栏

快速访问工具栏是与功能区相邻的工具栏,通过快速访问工具栏,只需一次单击即可访问命令。默认命令集包括【保存】、【撤销】和【恢复】,可以自定义快速访问工具栏,将常用的其他命令包含在内。还可以修改该工具栏的位置,以及将其从默认的小尺寸更改为大尺寸。小尺寸工具栏显示在功能区中命令选项卡的旁边,如图 6.6 所示。切换为大尺寸后,该工具栏将显示在功能区的下方,并展开到全宽。

3. 导航窗格

导航窗格位于 Access 程序窗口左侧的窗格,在打开数据库或创建新数据库时,数据库对象的名称将显示在导航窗格中。数据库主要对象有表、查询、窗体、报表、页、宏和模块。

图 6.5　Access 2010 Backstage 视图

4. 对象工作区

Access 2010 对象工作区位于功能区右下方、导航窗格左侧，是用来设计、编辑、运行或显示表、查询、窗体及报表等对象的区域。可以通过隐藏导航窗格和功能区来扩大对象工作区的可视面积。

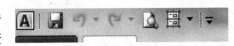

图 6.6　Access 2010 快速访问工具栏

6.3　Access 数据库和表

6.3.1　建立数据库

Access 2010 数据库文件的扩展名为. accdb。开始设计数据库时，必须先建立一个数据库文件，才能在其中设计表、查询、窗体和报表等对象。

1. 使用样本模板建立数据库

Access 2010 内建有一些常用的模板数据库，使用它们可以很容易地建立一个实用的数据库系统。模板中包含执行特定任务时所需的所有表、查询、窗体和报表。用户可以原样使用模板数据库，也可以对它们进行自定义，以便更好地满足需要。

【例 6.1】　使用样本模板建立一个教职员数据库，命名为"我校教职员. accdb"。

步骤 1：启动 Access 2010 后，在【文件】选项卡下单击【新建】命令，然后在可用模板中选择"样本模板"，再选择"教职员"。

步骤2:右侧"文件名"处选择路径并设置文件名为"我校教职员.accdb",单击【创建】按钮,如图6.7所示。

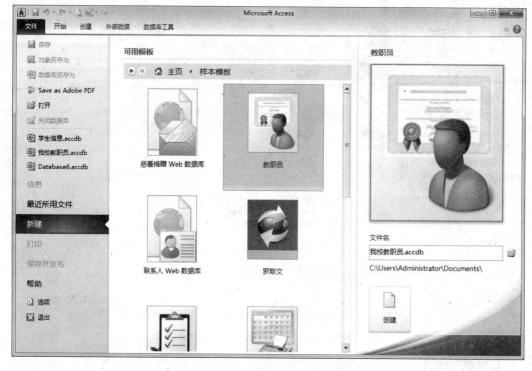

图6.7 创建数据库

步骤3:出现"我校教职员.accdb"窗口时,如图6.8所示,可以单击"新建",在弹出的窗口中输入教职员信息,如图6.9所示。

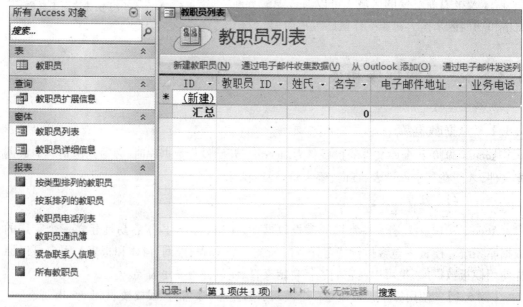

图6.8 我校教职员.accdb窗口

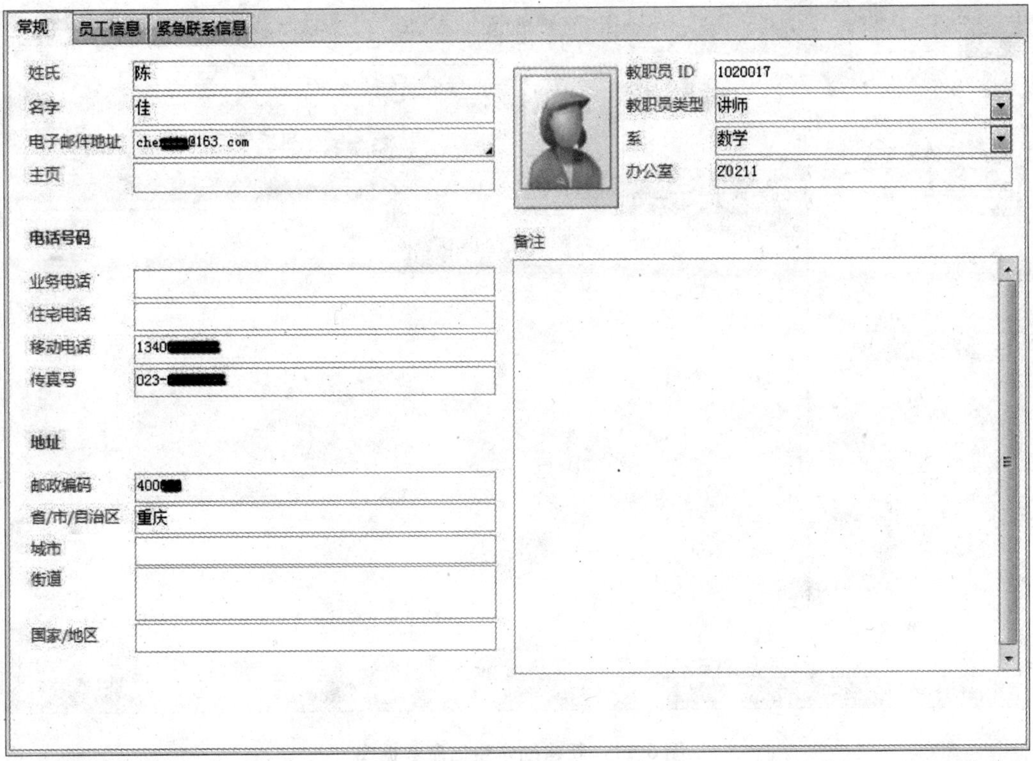

| 常规 | 员工信息 | 紧急联系信息 |

姓氏　陈

名字　佳

电子邮件地址　che____@163.com

主页

教职员 ID　1020017

教职员类型　讲师

系　数学

办公室　Z0211

电话号码

业务电话

住宅电话

移动电话　1340_____

传真号　023-_____

地址

邮政编码　400____

省/市/自治区　重庆

城市

街道

国家/地区

备注

图6.9　新建教职员信息

步骤4：单击上方的【保存并新建】，输入下一个教职员信息。

步骤5：单击下方"记录"处的【第一条】【上一条】【下一条】【尾记录】按钮可以翻看已有信息。单击【新（空白）记录】可以新建教职员信息。还可在"搜索"处输入关键词查找出相关记录。如图6.10所示。

记录：⏮ ◀ 第1项(共1项) ▶ ▶⏭ ⧓无筛选器 搜索

图6.10　记录操作

2．建立空数据库

虽然数据库样本模板可以快速地创建一些常用的数据库系统，但由于受模版的限制，它创建的数据库并不一定能很好地满足我们的实际需要，因此，有必要学习如何创建空数据库，再进一步学习构建数据库的相关技巧。

【例6.2】　建立一个空数据库，命名为"学生信息．accdb"。

步骤1：启动 Access 2010 后，在【文件】选项卡下单击【新建】命令，然后选择【空数据库】。

步骤2：右侧"文件名"处选择路径并设置文件名为"学生信息．accdb"，单击【创建】按钮，如图6.11所示。

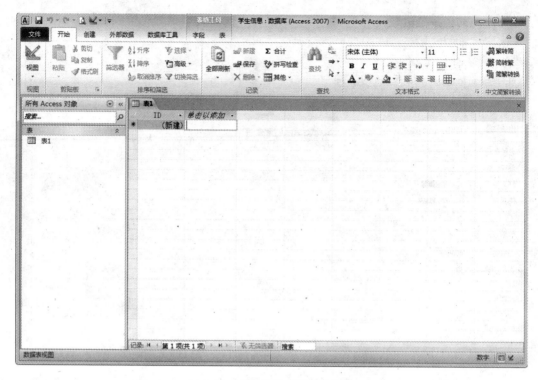

图 6.11　新建的学生信息数据库

6.3.2　表

1. 表的基本概念

表是所有数据库的基本构件,在建立一个数据库之后,可以在该数据库中建立一张或多张表来存放各种数据。

(1)记录

表中的一行数据称为一条记录,与关系模型中的元组相对应。

(2)字段

表中的列称为字段,与关系模型中的属性相对应。

数据类型可以限制和描述字段中输入信息的种类以及取值范围。Access 2010 的常用数据类型有:

• 文本:用来存放不需要计算的数据,可以是文字、符号或不需要计算的数字,如电话号码或学号等。

• 数字:用来存放用于计算的数据,包括字节、整型、长整型、单精度、双精度、同步复制 ID 和小数等 7 种字段大小。

• 日期/时间:用来存放日期和时间数据。

• 备注:用来存放长度不固定的文本数据。

• 货币:专门用来存放货币数值。

• 自动编号:当增加一条新的记录时,该字段会自动产生一个顺序数字或随机数字(自动编号产生的值不能更改)。

- 附件:图片、图像、Office 等外部文件。
- 计算:使用表达式(这使得原本必须通过查询完成的计算任务在数据表中就可以完成)。

(3)主键

主键是能唯一标识记录的字段或字段组合,与关系模型中的关键字相对应。

(4)外键

当多张表通过某些字段相联系时,其中一张表的主键对于另一张表而言就称为外键。

(5)索引

将表中的数据按某(些)字段升序或降序排列,以便加快查找速度。在 Access 2010 中索引分为无重复索引(该字段不允许出现重复值)和有重复索引(该字段可以出现重复值)。

2.建立表

【例6.3】 在【例6.2】建立的"学生信息"数据库中,新建一张"基本信息"表,用于存放表6.2 中的数据。

表6.2 基本信息表

学号	姓名	性别	出生日期	专业
20111003	唐磊	男	1992 年 5 月 18 日	热能
20111009	杨阳	男	1991 年 12 月 10 日	热能
20111021	张倩	女	1989 年 3 月 2 日	热能
20111124	杨永胜	男	1992 年 7 月 17 日	机械
20111129	张翔	男	1992 年 3 月 9 日	机械
20111225	文英	女	1991 年 9 月 27 日	会计
20111228	唐芯	女	1992 年 12 月 5 日	会计
20111320	唐磊	男	1992 年 10 月 9 日	计算机
20111337	丰芸	女	1992 年 7 月 12 日	计算机

步骤1:打开"学生信息.accdb"数据库,在选项卡上单击【创建】,然后单击【表设计】命令,如图 6.12 所示。

步骤2:出现"表1"窗口时,输入光标会停留在"字段名称"内,输入第一个字段名称"学号"。移动鼠标在"数据类型"栏下单击,"数据类型"栏会出现"文本"数据类型,如果数据类型不适当,可以单击右侧的 ▼ 按钮,在下拉列表中选择合适的数据类型。在此,为"学号"选择"文本"数据类型。然后,在下方的"常用"选项卡中,修改"字段大小"为8(因为表6.2 中的学号是固定的 8 位数),如图 6.13 所示。

步骤3:将光标移动到下一行的"字段名称"栏,按照第 2 步的方法设定"姓名""性别""出生日期""专业"字段,其数据类型分别为"文本""文本""日期/时间""文本",字段大小

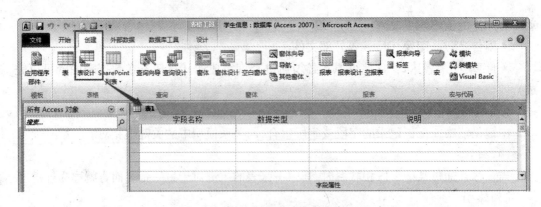

图 6.12　使用设计器创建表

图 6.13　编辑字段

分别为"8""2",默认大小"10"。其中,在设定"出生日期"为"日期/时间"类型后,还要在"常规"选项卡中将"格式"选择为"长日期",如图 6.14 所示。

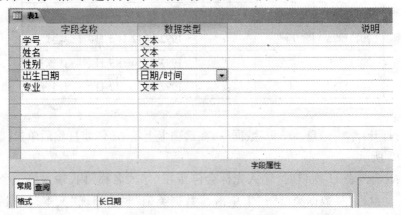

图 6.14　设置字段格式

步骤 4:在设计表时,会出现【设计】这一上下文选项卡。单击【设计】选项卡,选中"学号"所在行,单击选项卡上的【主键】按钮,将"学号"设为主键。

如果需要将多个字段设为主键,则先使用<Ctrl>键配合选中多行,再单击主窗口工具栏上的【主键】按钮。

取消主键只需先选中任意已设为主键的字段,再次单击【主键】按钮即可。

这一操作使"学号"被设为了主索引,可在"常规"选项卡的"索引"栏看到"有(无重复)"被选中。

若要将其他字段设为索引,只需在该字段对应的"常规"选项卡中"索引"栏选择"有(无重复)/有(有重复)",是否允许重复应当依据数据的实际情况决定。若选择了"有(无重复)",则 Access 2010 会在该字段输入重复数据时给予提示,并拒绝输入操作。

取消索引可在"常规"选项卡的"索引"栏选择"无"。此外,也可以单击【设计】选项卡上的【索引】按钮,打开索引窗口进行设置。

步骤5:单击快速访问工具栏上的【保存】按钮,在弹出的"另存为"对话框中为表命名,在"表名称"处输入"基本信息",单击【确定】按钮,如图6.15所示。

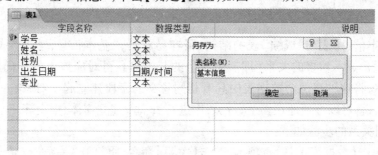

图 6.15 保存表

若没有设定主键,Access 2010 将在保存时弹出尚未定义主键的提示。选择"是"按钮,Access 2010 将会自动建立一个自动编号的"ID"字段作为主键。

步骤6:单击主窗口工具栏上的【视图】按钮,切换到"数据表视图",在对应的字段下输入"20111003""唐磊""男""1992-5-18""热能",如图6.16所示。其中,"出生日期"将会按照设定的"长日期"格式自动显示为"1990年5月18日"。然后,将表6.2的剩余记录依次输入。

图 6.16 输入数据

待输入所有数据后保存即可关闭该表。此时,对象导航窗格的表对象中新增了一个"基本信息"表,如图6.17所示。

若要修改"基本信息"表中的数据,可以右击该表,选择【打开】命令,在图6.16所示的窗口中编辑数据;若要修改表结构(即编辑字段),可以右击该表,选择【设计】命令,在图6.13所示的窗口中编辑字段,完成后单击【保存】按钮。

表结构应当在输入数据之前设计好,若无十分必要,尽

图 6.17 新增的"基本信息"表

量不要修改(可以增加字段)。如果随意修改或删除字段,可能造成无法挽回的数据丢失。

3. 表间关系

按照同样的方法在"学生信息. accdb"数据库中建立"成绩"表,并输入成绩数据。"成绩"表结构如表6.3所示,将"学号"和"课程号"一并设为主键。

表6.3　成绩表结构

字段名称	数据类型	字段大小
学号	文本	8
课程号	文本	6
课程名	文本	30
成绩	数字	整型

根据"基本信息"表与"成绩"表的结构,很容易看出,"基本信息"表与"成绩"表之间因"学号"字段形成一对多的关系(即一个学生的基本信息可对应该生的多门课程成绩)。在实际应用中,将这种在两个数据表中具有相同意义的字段建立起一对一、一对多或多对多的表间关系,就可以方便地在多个数据表中进行查询及建立窗体、报表等。

建立表间关系的步骤如下:

步骤1:单击【数据库工具】选项卡,单击【关系】命令,将打开"关系"布局窗口,并出现【设计】上下文选项卡,这时单击【显示表】命令。

步骤2:在弹出的"显示表"对话框中,选中"基本信息"单击"添加"按钮,再选中"成绩"单击"添加"按钮,得到如图6.18所示的效果。

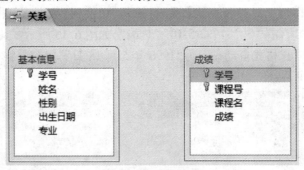

图6.18　表间关系

步骤3:关闭"显示表"对话框,单击【设计】选项卡中的【编辑关系】命令,在弹出的"编辑关系"对话框中单击【新建】按钮。

步骤4:在弹出的"新建"对话框中,"左表名称"栏选择"基本信息"表,"左列名称"栏选择"学号"字段,在"右表名称"栏选择"成绩"表,"右列名称"栏选择"学号"字段,如图6.19所示。

步骤5:单击【确定】按钮,返回"编辑关系"对话框。若有需要,可勾选"实施参照完整性""级联更新相关字段""级联删除相关记录",如图6.20所示,然后单击【创建】按钮。回到"关系"布局窗口,单击【保存】按钮保存"基本信息"与"成绩"两张表之间的关系。

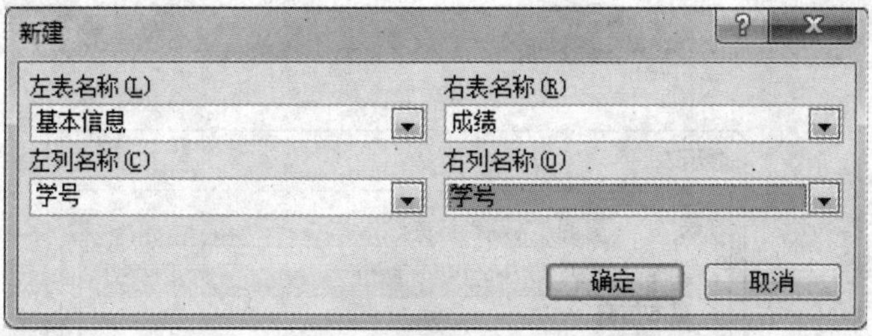

图 6.19 新建关系

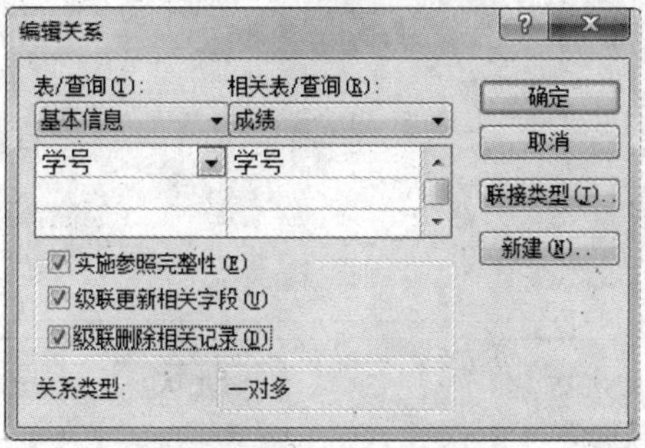

图 6.20 编辑关系

在建立关系之前,最好不要在子表中输入数据。因为如果在相互关联的表中输入的数据有违参照完整性,则不能正常建立表间关系。

6.4 查询

查询就是从表中获取所需要的数据,是数据管理的核心操作,可以完成以下任务:

- 选择表中的特定记录或字段,生成用户要求的动态数据集;
- 对数据进行统计、排序、计算和汇总;
- 设置查询参数,形成交互式的查询方式;
- 利用操作查询对数据表进行追加、更新和删除等操作;
- 查询可作为其他查询、窗体和报表的数据源。

Access 2010 可以创建 5 种类型的查询,即选择查询、参数查询、交叉表查询、操作查询和 SQL 查询。本节将介绍前 4 种查询。

6.4.1 选择查询

选择查询是最常见的查询类型。选择查询是从一个或者多个表中检索出符合条件的数据,并显示查询结果。也可以对记录进行分组,并对分组做总计、计数、平均值以及其他类型的总和计算。

【例6.4】 在"基本信息"表中查出所有男生,并按学号从小到大排列。

步骤 1:在【创建】选项卡中单击【查询设计】按钮,将出现"查询1"设计窗口和"显示表"对话框,如图 6.21 所示。

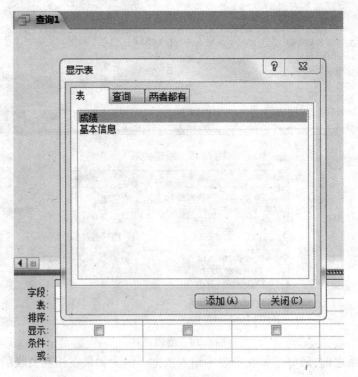

图 6.21　创建查询

步骤 2：在"显示表"窗口中选择一个或多个表（或查询）作为数据源。这里，只需要选择"基本信息"这张表，如图 6.22（a）所示，单击【添加】按钮。若数据源既有表，又有查询，则可以在"两者都有"选项卡中进行选择，如图 6.22（b）所示。

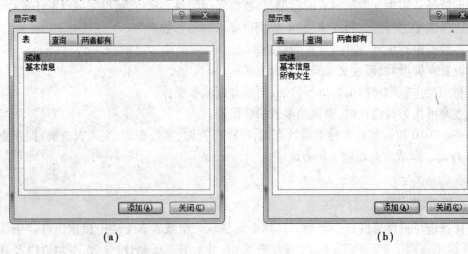

（a）　　　　　　　　　　　　　　　　　　　（b）

图 6.22　显示表窗口

步骤 3：关闭"显示表"对话框，回到"查询 1"设计窗口。可以看到：窗口上半部分用来显示查询所依据的来源表及其字段；窗口下半部分是一个查询网格，在查询网格中可以设定包含的表、字段、查询条件、查询结果排序等。可以将需要在查询结果中显示的字段，例如"学号""姓名""性别""出生日期""专业"从列表框中拖动到查询网格上，如图 6.23 所示。

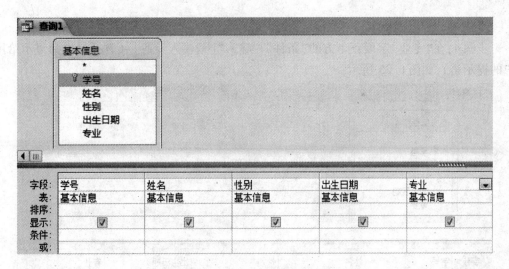

图 6.23　在查询中添加字段

步骤 4:在"性别"字段正下方的"条件"栏输入"男",在"学号"字段正下方的"排序"栏选择"升序",如图 6.24 所示。单击【设计】选项卡中的【视图】按钮,切换到"数据表视图",可查看查询结果。再次单击【视图】按钮即可返回查询设计窗口。

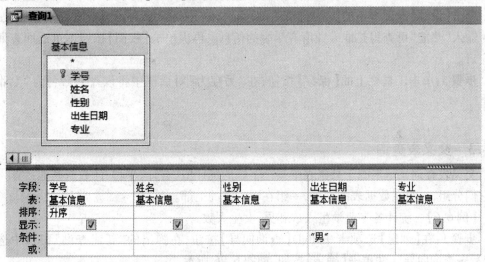

图 6.24　设定查询条件和排序依据

步骤 5:单击【保存】按钮,在"另存为"对话框中将该查询命名为"所有男生"。

可以查看数据库导航窗格的查询对象中新增了一个"所有男生"。在以后的工作中,若要查看"所有男生"的查询结果,可以双击该查询进入"数据表视图"。若要修改查询,可以切换到"设计视图",如图 6.24 所示的窗口中编辑字段,完成后单击【保存】按钮。

6.4.2　参数查询

参数查询是在选择查询中增加可变化的条件,即"参数"。它在执行时显示相关对话框以提示用户输入信息,然后检索出符合输入信息条件的记录。

【例 6.5】　创建一个参数查询,根据用户输入的专业,列出该专业的所有学生。

步骤1—3:与【例6.4】相同。

步骤4:在"专业"字段正下方的"条件"栏输入"[请输入专业]"(方括号内为显示给用户的提示语),如图6.25所示。

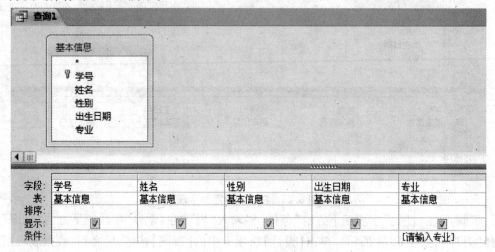

图6.25 设定查询参数

单击【设计】选项卡中的【视图】按钮,切换到"数据表视图"即可运行查询来查看效果,这时输入"热能"可查得热能专业所有学生的信息。再次单击【视图】按钮即可返回查询设计窗口。

步骤5:单击工具栏上的【保存】按钮,在"另存为"对话框中将该查询命名为"专业查询"。

6.4.3 交叉表查询

交叉表查询显示来源于某张表中某一字段的统计值(合计、平均、计数或其他计算),并将它们分组,一组在数据表的左侧,一组在数据表的上部。

【例6.6】 统计各专业学生人数和男、女生人数。

步骤1:在【创建】选项卡中单击【查询向导】按钮,在弹出的"新建查询"窗口中选择"交叉表查询向导",并单击【确定】按钮,如图6.26所示。

步骤2:在"交叉表查询向导"窗口中选择作为数据源的表或查询。这里,选择"基本信息"这张表,如图6.27所示,单击【下一步】按钮(交叉表查询只能选取一张表或一个查询作为数据源)。

步骤3:在接下来的对话框中选择"专业"字段作为"行标题",如图6.28所示,单击【下一步】按钮。

步骤4:在接下来的对话框中选择"性别"字段作为"列标题",如图6.29所示,单击【下一步】按钮。

步骤5:在接下来的对话框中选择"学号"字段作为"行列交叉点",选取"Count"函数来统计学生人数,并勾选"是,包括各行小计(Y)"来生成一列小计数据,如图6.30所示,单击【下一步】按钮。

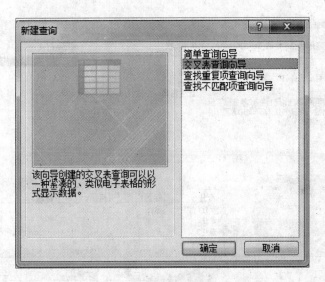

图 6.26　新建交叉表查询

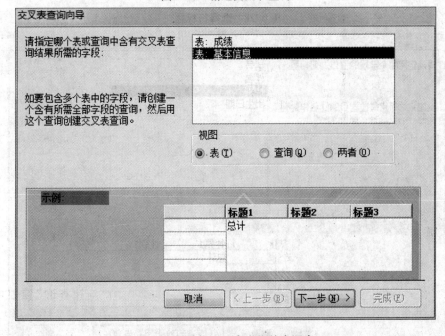

图 6.27　选择交叉表查询的来源表

　　步骤 6：为查询指定名称"学生人数交叉表查询"，单击【完成】按钮，将弹出查询结果，如图 6.31 所示。

6.4.4　操作查询

　　操作查询是增删、复制或修改数据的查询。它包括生成表查询、追加查询、更新查询和删除查询 4 种类型。

　　1. 生成表查询

　　【例 6.7】　将"基本信息"表中的女生信息复制到一张新表"女生信息"中，不需要"专

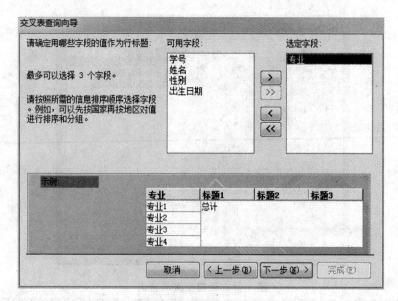

图 6.28　选择行标题

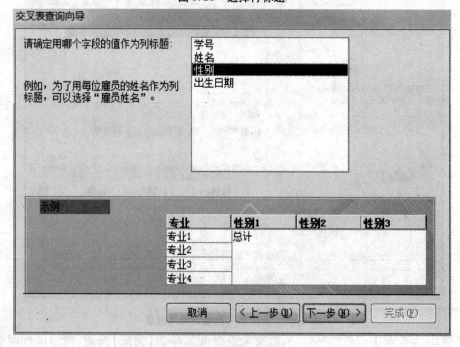

图 6.29　选择列标题

业"字段。

步骤 1—2：与【例 6.4】相同。

步骤 3：关闭"显示表"窗口，单击"设计"选项卡中的【生成表】按钮，将类型设置为生成表查询（默认类型是选择查询）。在弹出的"生成表"对话框中选择"当前数据库"，并输入新表名称"女生信息"，如图 6.32 所示，单击【确定】按钮。

步骤 4：在"查询 1"设计窗口中将"学号""姓名""性别""出生日期"从列表框中拖动到查询网格上，并在"性别"字段正下方的"条件"栏输入"女"。可单击"设计"选项卡中的

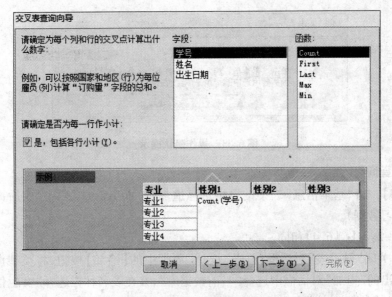

图6.30 选择交叉点和函数

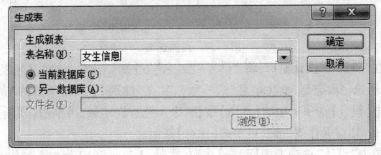

图6.31 交叉表查询结果

图6.32 用查询生成新表

【视图】按钮,来预览查询结果,再单击【视图】按钮,返回查询设计窗口。如需保存该查询,可按【保存】按钮。

步骤5:单击"设计"选项卡中的【运行】按钮,这时,Access 2010 将给予操作确认提示,如图6.33所示,单击【是】按钮执行生成表查询操作。

这时,数据框导航窗格中的表对象里可看到已经新增一张"女生信息"表,打开表即可见我们查询的数据。

对于操作查询而言,仅预览查询或保存而不运行,是不会执行所设定的操作的,即步骤4中切换到"数据表视图"预览查询结果仅仅是为了帮助用户检视设计是否正确,并未使数据发生变化。只有运行该查询后才能起到实际的操作效果,而且它对数据产生的影响是不能撤销的。

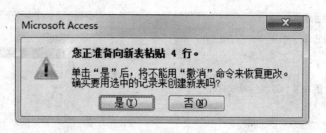

图6.33　操作确认提示

2.追加查询

【例6.8】　将"基本信息"表中的男生信息追加到"女生信息"表中（为后面的删除查询准备好练习数据）。

步骤1—2：与【例6.4】相同。

步骤3：关闭"显示表"对话框，单击"设计"项卡中的【追加】按钮，将类型设置为追加查询。在弹出的"追加"对话框中选择"当前数据库"，并在表名称栏选择"女生信息"，如图6.34所示，单击【确定】按钮。

图6.34　追加查询

步骤4：在"查询1"设计窗口，将"学号""姓名""性别""出生日期"从列表框中拖动到查询网格上（所选字段应与"女生信息"表一致），并在"性别"字段正下方的"条件"栏输入"男"。可单击【设计】选项卡中的【视图】按钮，来预览查询结果，再单击【视图】按钮，返回查询设计窗口。如需保存该查询，可单击【保存】按钮。

步骤5：单击"设计"选项卡中【运行】按钮，这时，Access 2010将给予操作确认提示，单击【是】按钮执行追加查询操作。

关闭查询设计窗口后，打开"女生信息"表，可看到刚才追加的数据。

3.更新查询

【例6.9】　将"基本信息"表中计算机专业的女生的专业改为工商管理。

步骤1—2：与【例6.4】相同。

步骤3：关闭"显示表"窗口，单击"设计"选项卡中【更新】按钮，将类型设置为更新查询。

步骤4：在"查询1"设计窗口，将"性别""专业"从列表框中拖动到查询网格上，并在"性别"字段正下方的"条件"栏输入"女"，"专业"字段正下方的"条件"栏输入"计算机"，"专业"字段正下方的"更新到"栏输入"工商管理"，如图6.35所示。

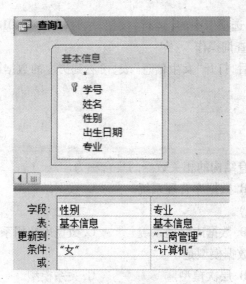

图 6.35　更新查询

步骤 5：单击【设计】选项卡中【运行】按钮，这时，Access 2010 将给予操作确认提示，单击【是】按钮执行更新查询操作。

关闭查询设计窗口后，打开"基本信息"表，可看到更新后的数据。

4．删除查询

【例 6.10】　删除"女生信息"表中的男生信息。

步骤 1：在"创建"选项卡中单击【查询设计】按钮，将出现在"查询 1：选择查询"设计窗口和"显示表"窗口。

步骤 2：在"显示表"窗口中选择"女生信息"作为数据源。

步骤 3：关闭"显示表"窗口，单击"设计"选项卡中【删除】按钮，将类型设置为删除查询。

步骤 4：在"查询 1"设计窗口，将"性别"从列表框中拖动到查询网格上，并在"性别"字段正下方的"条件"栏输入"男"，如图 6.36 所示。

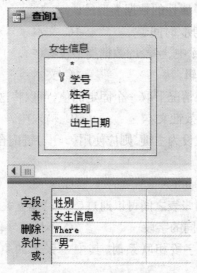

图 6.36　删除查询

步骤5：单击"设计"选项卡中的【运行】按钮，这时，Access 2010 将给予操作确认提示，单击【是】按钮执行删除查询操作。

关闭查询设计窗口后，打开"女生信息"表，可看到男生的数据已被删除。

习题

一、填空题

1. 存储在计算机内有结构的相关数据的集合称为(　　　)。

  A. 数据库　　　　B. 数据库管理系统　　　　C. 数据结构　　　　D. 数据库应用系统

2. DBMS 是指(　　　)。

  A. 数据库系统　　B. 数据库管理系统　　　　C. 数据库应用系统　　D. 数据库服务系统

3. 用二维表表示的数据模型是(　　　)。

  A. 网状模型　　　B. 层次模型　　　　　　　C. 关系模型　　　　　D. 交叉模型

4. 下列数据库的术语和关系模型的术语对应关系正确的是(　　　)。

  A. 记录与元组　　B. 字段与元组　　　　　　C. 字段与关键字　　　D. 实例与关系

5. Access 2010 是一种(　　　)。

  A. 数据库　　　　B. 数据库系统　　　　　　C. 数据库管理软件　　D. 数据库管理员

6. Access 2010 数据库中的表是(　　　)。

  A. 交叉表　　　　B. 线型表　　　　　　　　C. 报表　　　　　　　D. 二维表

7. 在表的设计视图中，不能实现哪一操作？(　　　)

  A. 修改字段名称　B. 增加一条记录　　　　　C. 设置主键　　　　　D. 增加一个字段

8. 数据库中，表的一列叫做(　　　)。

  A. 一条记录　　　B. 一个字段　　　　　　　C. 一个主键　　　　　D. 一个关系

9. 数据库中，表的一行叫做(　　　)。

  A. 一条记录　　　B. 一个字段　　　　　　　C. 一个主键　　　　　D. 一个关系

10. 可以设置"字段大小"属性的数据类型是(　　　)。

  A. 备注　　　　　B. 日期/时间　　　　　　　C. 文本　　　　　　　D. 上述皆可

11. 在 Access 2010 数据库中，字段的数据类型没有(　　　)。

  A. 货币　　　　　B. 逻辑　　　　　　　　　C. 文本　　　　　　　D. 备注

12. 如果一个字段在多数情况下取一个固定的值，可以将这个值设置成字段的(　　　)。

  A. 关键字　　　　B. 有效性文本　　　　　　C. 输入掩码　　　　　D. 默认值

13. 如果需要将多个字段设为主键，则应使用(　　　)键配合选中多行，再单击主窗口工具栏上的主键按钮。

  A. < Ctrl >　　　B. < shift >　　　　　　　C. < Alt >　　　　　　D. < Enter >

14. 同一个数据库中的两张表之间可以通过(　　　)建立关系。

  A. 第一个字段　B. 相同的字段　　　　　　C. 不同的字段　　　　D. 最后一个字段

15. 当多张表通过某些字段相联系时，其中一张表的主键对于另一张表来说称为(　　　)。

A. 关键字　　　B. 掩码　　　　　　　　C. 内键　　　　D. 外键

16. Access 2010 支持的查询类型有(　　　)。

    A. 多表查询、单表查询、参数查询、SQL 查询和操作查询

    B. 选择查询、基本查询、参数查询、SQL 查询和操作查询

    C. 选择查询、参数查询、交叉表查询、操作查询和 SQL 查询

    D. 选择查询、汇总查询、参数查询、SQL 查询和操作查询

17. 在学生基本信息表中查询名为"韩欣"的男同学,条件应设置为(　　　)。

    A. 在条件单元格输入:姓名 = "韩欣"　AND 性别 = "男"

    B. 在姓名对应的条件单元格输入:"韩欣"

    C. 在性别对应的条件单元格输入:"男"

    D. 在性别对应的条件单元格输入:"男",在姓名对应的条件单元格输入:"韩欣"

18. 统计学生成绩平均分时,应将分组字段的总计项选为(　　　)。

    A. 总计　　　B. 平均值　　　　　C. 最大值　　　D. 计数

19. 在 Access 2010 中,(　　　)可以使表中的数据发生变化。

    A. 选择查询　　B. 参数查询　　　　C. 操作查询　　D. 交叉表查询

20. Access 2010 中,(　　　)只能选取一张表或一个查询作为数据源。

    A. 参数查询　　B. 选择查询　　　　C. 操作查询　　D. 交叉表查询

二、多选题

1. 数据库的数据模型一般分为(　　　)。

    A. 关系模型　　B. 选择模型　　　　C. 层次模型　　D. 网状模型

2. 启动 Access 2010 应用程序的方法有(　　　)。

    A. 通过我的文档启动

    B. 通过桌面的 Access 2010 快捷方式启动

    C. 通过"开始"菜单中的 Access 2010 快捷方式启动

    D. 通过 Access 2010 数据库文件启动

3. 在 Access 2010 中,可以通过哪些方法创建表?(　　　)

    A. 使用外部数据导入创建　　　　　B. 通过输入数据创建

    C. 使用表设计器创建　　　　　　　D. 使用生成表查询创建

4. 建立表的结构时,一个字段由(　　　)组成。

    A. 字段名称　　B. 数据类型　　　　C. 字段属性　　D. 说明

5. Access 2010 中,表的字段数据类型可以是(　　　)。

    A. 文本型　　　B. 数字型　　　　　C. 货币型　　　D. 窗口型

6. 在 Access 2010 中表对象有(　　　)视图。

    A. 数据库视图　B. 数据表视图　　　C. 设计视图　　D. 页面视图

7. 关于主键,下列说法正确的是(　　　)。

    A. Access 2010 并不要求在每一个表中都必须包含一个主键

    B. 在输入数据或对数据进行修改时,不能向主键的字段输入相同的值

    C. 在一个表中只能指定一个字段为主键

D. 利用主键可以加快数据的查找速度

8. Access 2010 字段属性中的索引有哪些选项?（　　　）

A. 无　　　　　　B. 无(无重复)　　　C. 有(无重复)　　　D. 有(有重复)

9. Access 2010 常见的操作查询有(　　　)。

A. 选择查询　　　B. 追加查询　　　C. 更新查询　　　D. 删除查询

10. 查询的数据来源可以是(　　　)。

A. 表　　　　　　B. 查询　　　　　C. 窗体　　　　　D. 报表

三、判断题

1. 数据就是能够进行运算的数字。　　　　　　　　　　　　　　　　　（　　）

2. 层次模型不能表示多对多的关系。　　　　　　　　　　　　　　　　（　　）

3. 数据库管理系统(DBMS)包括数据库(DB)和数据库系统(DBS)。　　（　　）

4. 只有单击主窗口的【关闭】按钮,才能退出 Access 2010。　　　　　　（　　）

5. Access 2010 中的数据库对象包括表、查询、窗体、报表、页、宏、模块7种。（　　）

6. 在 Access 2010 数据库中,数据是以二维表的形式存放的。　　　　　（　　）

7. 在 Access 2010 中,数据表可以独立于数据库存放。　　　　　　　　（　　）

8. 在 Access 2010 中,最常用的创建表的方法是使用表设计器。　　　　（　　）

9. 修改字段名时不影响该字段的数据内容,也不会影响其他基于该表创建的数据库对象。　　　　　　　　　　　　　　　　　　　　　　　　　　　　　　　（　　）

10. 在 Access 2010 中,数据记录删除操作是可以撤销的。　　　　　　　（　　）

11. 当索引被设为"有(无重复)"时,在该字段输入重复数据 Access 2010 会给予提示,并拒绝输入操作。　　　　　　　　　　　　　　　　　　　　　　　　　　（　　）

12. 一个查询的数据只能来自于一个表。　　　　　　　　　　　　　　　（　　）

13. 查询时的字段显示名称只能是数据表中的字段名称。　　　　　　　　（　　）

14. 参数查询可以接收用户输入的数据。　　　　　　　　　　　　　　　（　　）

15. 操作查询只能修改已经存在的表。　　　　　　　　　　　　　　　　（　　）

四、填空题

1. 数据模型是用来抽象、表示和处理现实世界中数据信息的工具,3 种重要的模型是_____、_____和_____。

2. 在关系数据库的基本操作中,从关系中抽取满足条件的元组的操作为_____;从关系中抽取指定属性的操作称为_____;将两个关系模式按属性拼接,得到一个更宽的关系模式的操作称为_____。

3. Access 2010 数据库文件的扩展名是_____。

4. 在 Access 2010 数据库中,对象才是实际存放数据的地方。

5. 在 Access 2010 数据库中,表与表之间可以通过具有相同意义的字段建立起_____、_____或_____的表间关系

6. Access 2010 数据库中的表以行和列来组织数据,行称为_____,列称为_____。

7. Access 2010 数据表中,_____能唯一标识记录的字段或字段组合。

8. Access 2010 数据库中,当多张表通过某些字段相联系时,其中一张表的主键对于另一张表而言就称为_____。

9. 是指将表中的数据按某(些)字段升序或降序排列,以便加快查找速度。

10. 存放不需要计算的数据、文字、符号等是可以将该字段类型设置为_____。

11. 是当增加一条新的记录时,该字段会按自动产生一个顺序数字或随机数字。

12. 按照特定查询条件,从一个或多个表中获取数据并显示结果的查询称为_____。

13. 利用对话框提示用户输入参数的查询称为_____。

14. 操作查询包括_____、_____、_____ 和_____ 4 种类型。

15. 将"民族"不是汉族的同学的"备注"字段写上"少数民族",应使用_____ 查询。

第7章

计算机网络应用

知识提要

计算机网络已经不是一个新的名词,它广泛应用于人们的工作、学习、生活、娱乐等方方面面,正在逐渐改变着人们的生活和工作方式,改变着整个世界的产业结构。在信息化社会的今天,计算机网络应用已全方位覆盖于各行各业,掌握一定的计算机网络基础知识,具有计算机网络操作的基本技能成为学习与工作的基本要求。

本章主要介绍计算机网络的基础知识、Internet 网络相关理论知识;Internet Explorer 网络浏览器及计算机网络在工作与学习中的主要应用;网页的设计与制作等基本知识。

教学目标

学习与了解计算机网络基础知识;

Internet 网络相关理论知识;

熟练操作 Internet Explorer 浏览器软件及计算机网络在工作与学习中的主要应用;

了解网页的设计与制作基本知识。

7.1 计算机网络基础知识

7.1.1 计算机网络的概述

计算机自 1946 年发明以来,计算机技术及其应用一直处于高速发展中。20 世纪 60 年代计算机网络开始兴起,20 世纪 90 年代后,随着计算机技术的进一步发展以及通信技术日益发达,计算机的价格已不再昂贵,计算机的技术应用逐渐进入中小型公司、大中学校、机关事业单位、家庭应用,随着微软公司推出的 Windows 视窗操作系统,这为计算机网络的发展创造了条件,以 Internet 为代表的计算机网络技术及其相关应用高速的发展与普及,网络用户成几何级数的增加。计算机网络是现代计算机技术和通信技术结合的产物。

1.计算机网络定义

计算机网络是指将分布在不同地理位置的,具有独立功能的多台计算机及其外部设备,通过利用通信介质和设备互联连接起来,应用功能完善的网络操作系统、网络管理软件及网络通信协议的管理和协调下,实现资源共享和信息传输的计算机系统。

计算机网络的定义包含 4 个方面的内容:

①分布在不同地理位置的、具有独立功能的计算机;

②通过通信介质和设备将计算机从硬件的角度互联连接起来;

③应用网络操作系统、管理软件、通信协议对网络的计算机与设备从软件的角度进行管理与连接,从而可能实现通信;

④计算机网络互联的根本目的在于实现资源共享、信息传输。

2.计算机网络的起源与发展

计算机网络起源于美国国防部高级研究计划局(ARPA),于 1968 年主持研制的用于支持军事研究的计算机实验网 ARPANET。现代计算机网络的许多概念和方法,如分组交换技术都来自 ARPANET。

计算机网络的发展主要有以下几个阶段:

(1)第 1 代:远程终端连接

20 世纪 60 年代早期,面向终端的计算机网络:主机是网络的中心和控制者,终端(键盘和显示器)分布在各处,并与主机相连,用户通过本地的终端使用远程的主机。只提供终端和主机之间的通信,子网之间无法通信。

(2)第 2 代:计算机网络阶段(局域网)

20 世纪 60 年代中期,多个主机互联,实现计算机和计算机之间的通信,包括:通信子网、用户资源子网。终端用户可以访问本地主机和通信子网上所有主机的软硬件资源。电路交换和分组交换。

(3)第 3 代:计算机网络互联阶段(广域网、Internet)

1981年国际标准化组织(ISO)制定:开放体系互联基本参考模型(OSI/RM),实现不同厂家生产的计算机之间实现互联,TCP/IP 网络协议的诞生,为计算机网络互联提供了统一的通信协议,为 Internet、广域网的快速发展创造了条件。

(4)第4代:信息高速公路

信息高速公路(Information Highway)实质上是高速信息电子网络,高速、多业务、大数据量是其最大的特点,它是一个能给用户随时提供大量信息,由通信网络、计算机、数据库以及日用电子产品组成的完备网络体系。开发和实施信息高速公路计划,不仅促进信息科学技术的发展,而且有助于改变人们的生活、工作和交往方式。

构成信息高速公路的核心,是以光缆作为信息传输的主干线,采用支线光纤和多媒体终端。建立信息高速公路就是利用数字化大容量的光纤通信网络,在政府机构、各大学、研究机构、企业以及普通家庭之间建成计算机联网。信息高速公路的建成,将改变人们的生活、工作和相互沟通方式,加快科技交流,提高工作质量和效率,享受影视娱乐、遥控医疗、实施远程教育,举行视频会议,实现网上购物,享受交互式电视等。

3. 计算机网络功能

计算机网络主要具有如下 4 个功能:

(1)数据通信

数据通信是计算机网络的最基本功能,也是实现其他功能的基础。计算机网络主要提供电子邮件、传真、电子数据交换(EDI)、电子公告牌(BBS)、远程登录和浏览等数据通信服务。

(2)资源共享

应用计算机网络的主要目的是共享资源。资源包括接入网络中计算机系统的全部或部分软件资源、硬件资源、数据资源,其中数据资源是计算机网络中最重要的目的。

(3)提高计算机可靠性与可用性

计算机网络中的每台计算机都可通过网络相互成为后备机。一旦其中一台计算机出现故障,同时可以由其他的计算机代为完成,这样就可以避免在单机情况下,一台计算机发生故障引起整个系统瘫痪的现象,从而提高系统的可靠性。而当网络中的某台计算机负担过重时,网络又可以将新的任务交给较空闲的计算机完成,均衡负载,从而提高了每台计算机的可用性。这种功能在大型网站、金融系统、国防军事系统中尤其最重,从而能保证最重要的网络系统的可靠性。

(4)分布式处理

当某台计算机负担过重时,或该计算机正在处理某项工作时,网络可将新任务转交给空闲的计算机来完成,这样处理能均衡各计算机的负载,提高处理问题的实时性;对大型综合性问题,可将问题的各部分交给不同的计算机分头处理,充分利用网络资源,扩大计算机的处理能力,即增强实用性。通过算法将大型的综合性问题交给不同的计算机同时进行处理。用户可以根据需要合理选择网络资源,就近快速地进行处理。

4. 计算机网络应用举例

计算机网络应用非常广泛,在同学们身边无处不在。它被广泛应用于人们的工作、学习、生活、娱乐等方方面面。现列举几个在同学们身边的计算机网络应用的典型例子。

（1）在线售票系统

机票售票系统是应用比较早的系统之一。近一两年，中国铁路客户服务中心网站的列车在线售票系统是应用最广泛的系统之一，也是最典型的计算机网络应用。

（2）学生成绩管理系统

学生成绩管理系统是典型的信息管理系统（MIS），目前在全国高校应用非常广泛，利于学生成绩的全方位管理。它的内容对于学校的决策者和管理者来说都至关重要，它为学校管理者以及学生提供充足的信息和快捷的查询手段。

（3）邮件与即时交流系统

邮件与即时交流系统在现代社会中，是应用最广泛的应用之一，它给办公、学习、生活带来了方便、快捷、高效。如 QQ、飞信、邮件、微信等。

（4）在线办公系统

随着计算机网络的飞速发展应用，现在国家机关、大型企事业单位都逐渐开发应用在线办公系统。

（5）在线购物与团购网站系统

网上购物，就是通过互联网检索商品信息，并通过电子订购单发出购物请求，然后网上付款，商家通过邮购的方式发货，或是通过快递公司送货上门。根据权威调研机构对网上购物人群调查发现，目前国内较具影响力的购物网站有：淘宝网、京东商城、当当网、拍拍网、卓越网、VANCL、麦网、红孩子等。网上购物完全改变了传统的实体经营模式，同时也改变了人们的生活方式。

7.1.2　计算机网络拓扑结构

计算机网络拓扑结构是指网络中各个站点相互连接的形式，如局域网中的文件服务器、工作站和电缆等的连接形式。网络的拓扑结构反映出网中各实体的结构关系，是建设计算机网络的第一步，是实现各种网络协议的基础，它对网络的性能，系统的可靠性与通信费用都有重大影响。

常见的拓扑结构有总线型拓扑、星型拓扑、环型拓扑、树型拓扑、网状拓扑以及它们的混合型。其中环型拓扑、星型拓扑、总线型拓扑是 3 个最基本的拓扑结构。在局域网中，使用最多的是星型拓扑结构，现分别对其进行介绍。

1. 总线型拓扑结构

总线型拓扑是采用单根传输作为共用的传输介质，将网络中所有的计算机通过相应的硬件接口和电缆直接连接到这根共享的总线上。在总线结构中，所有网上计算机都通过相应的硬件接口直接连在总线上，任何一个节点的信息都可以沿着总线向两个方向传输扩散，并且能被总线中任何一个节点所接收，如图 7.1（a）所示。

总线型拓扑结构的优点表现在：所需电缆数量较少；结构简单，无源工作有较高可靠性；易于扩充。缺点表现在：总线传输距离有限，通信范围受到限制；故障诊断和隔离比较困难；分布式协议不能保证信息的及时传送，不具有实时功能，站点必须有介质访问控制功能，从而增加了站点的硬件和软件开销。

总线型拓扑结构适用于计算机数目相对较少的局域网络,通常这种局域网络的传输速率在 100 Mbit/s,网络连接选用同轴电缆。总线型拓扑结构曾流行了一段时间,典型的总线型局域网有以太网。

2. 环型拓扑结构

环型拓扑结构是使用公共电缆组成一个封闭的环,各节点直接连到环上,信息沿着环按一定的方向从一个节点传送到另一个节点。环接口一般由发送器、接收器、控制器、线控制器和线接收器组成。在环型拓扑结构中,有一个控制发送数据权力的"令牌",它在后边按一定的方向单向环绕传送,每经过一个节点都要被接收,判断一次,是发给该节点的则接收,否则就将数据送回到环中继续往下传,如图 7.1(b)所示。

环型拓扑结构的优点表现在:电缆长度短,只需要将各节点逐次相连;可使用光纤。光纤的传输速率很高,十分适合于环形拓扑的单方面传输;所有站点都能公平访问网络的其他部分,网络性能稳定。缺点表现在:节点故障会引起全网故障,是因为数据传输需要通过环上的每一个节点,如某一节点故障,则引起全网故障;节点的加入和撤出过程复杂;介质访问控制协议采用令牌传递的方式,在负载很轻时信道利用率相对较低。

环型拓扑结构是 3 种基本拓扑结构中最少见的一种。最著名的环形拓扑结构网络是令牌环网(Token Ring)。

3. 树型拓扑结构

树型拓扑:一种类似于总线拓扑的局域网拓扑。树型拓扑结构是网络节点呈树状排列,整体看来就像一棵朝上的树,因而得名。树型网络可以包含分支,每个分支又可包含多个节点。在树型拓扑中,从一个站发出的传输信息要传播到物理介质的全长,并被所有其他站点接收,如图 7.1(c)所示。

树型拓扑从总线拓扑演变而来,形状像一棵倒置的树,顶端是树根,树根以下带分支,每个分支还可再带子分支。它是总线型结构的扩展,是在总线网上加上分支形成的,其传输介质可有多条分支,但不形成闭合回路。树型网是一种分层网,其结构可以对称,联系固定,具有一定容错能力,一般一个分支和结点的故障不影响另一分支结点的工作,任何一个结点送出的信息都可以传遍整个传输介质,也是广播式网络。一般树型网上的链路相对具有一定的专用性,无须对原网做任何改动就可以扩充工作站。它是一种层次结构,节点按层次连接,信息交换主要在上下节点之间进行,相邻节点或同层节点之间一般不进行数据交换。把整个电缆连接成树型,树枝分层每个分至点都有一台计算机,数据依次往下传优点是布局灵活但是故障检测较为复杂,PC 环不会影响全局。

4. 星型拓扑结构

星型拓扑结构是一种以中央节点为中心,把若干外围节点连接起来的辐射式互联结构,各节点与中央结点通过点与点方式连接,中央结点执行集中式通信控制策略,因此中央节点相当复杂,负担也重,如图 7.1(d)所示。

星型拓扑结构适用于局域网,特别是近年来连接的局域网大都采用这种连接方式。这种连接方式以双绞线或同轴电缆作连接线路。在中心放一台中心计算机,每个臂的端点放置一台 PC,所有的数据包及报文通过中心计算机来通信,除了中心机外每台 PC 仅有一条连接,这种结构需要大量的电缆,星型拓扑可以看成一层的树型结构,不需要多层 PC 的访问。星型拓扑结构在网络布线中较为常见。

5. 网状拓扑结构

网状拓扑结构主要指各节点通过传输线互联连接起来,并且每一个节点至少与其他两个节点相连。网状拓扑结构具有较高的可靠性,但其结构复杂,实现起来费用较高,不易管理和维护,不常用于局域网,如图 7.1(e)所示。

6. 混合型拓扑结构

混合型拓扑结构就是由两种或两种以上的拓扑结构同时使用,而在实际的组网过程中,一般都是由两种或两种以上的拓扑结构同时使用。

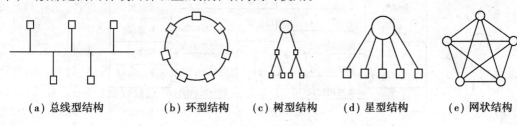

(a)总线型结构　　(b)环型结构　　(c)树型结构　　(d)星型结构　　(e)网状结构

图 7.1　计算机网络拓扑结构

7.1.3　计算机网络体系结构简介

网络通信协信协议是一种约定,用以确保交流各方清晰地表达和信息交流。

1. 网络协议的概念

数据交换、资源共享是计算机网络的最终目的。要保证有条不紊地进行数据交换,合理地共享资源,各个独立的计算机系统之间必须达成某种默契,严格遵守事先约定好的一整套通信规程,包括严格规定要交换的数据格式、控制信息的格式和控制功能以及通信过程中事件执行的顺序等。这些通信规程我们称为网络协议(Protocol)。

网络协议主要由以下 3 个要素组成:

- 语法,即用户数据与控制信息的结构或格式。
- 语义,即需要发出何种控制信息,以及完成的动作与做出的响应。
- 时序,是对事件实现顺序的详细说明。

对于结构复杂的网络协议来说,最好的组织方式是层次结构,计算机网络的协议就是分层的,层与层之间相对独立,各层完成特定的功能,每一层都为上一层提供某种服务,最高层为用户提供诸如文件传输、电子邮件、打印等网络服务。

2. 网络体系结构

计算机网络的协议是按照层次结构模型来组织的,我们将网络层次结构模型与计算机网络各层协议的集合称为网络的体系结构或参考模型。世界上第一个网络体系结构是IBM 公司于 1974 年提出的"系统网络体系结构(SNA)"。此后,DEC 公司又提出了"数字网络体系结构(DNA)",Honeywell 公司提出了"分布式系统体系结构(DSA)"。这些网络体系结构的共同之处在于它们都采用了分层技术,但层次的划分、功能的分配与采用的技术术语均不相同,结果导致了不同网络之间难以互连。1977 年,国际标准化组织提出了开放系统互连参考模型(OSI,Open System Interconnection)的概念,1984 年 10 月正式发布了整套 OSI 国际标准。

(1)OSI 参考模型

OSI 参考模型将网络的功能划分为 7 个层次:物理层、数据链路层、网络层、传输层、会话层、表示层和应用层,如图 7.2 所示。

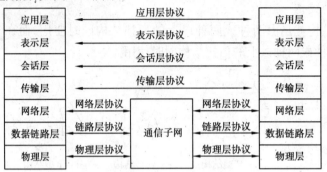

图 7.2　OSI 参考模型

①物理层:物理层位于 OSI 参考模型的最底层,它直接面向实际承担数据传输的物理媒体(即通信通道),物理层的传输单位为比特(bit),即一个二进制位("0"或"1")。实际的比特传输必须依赖于传输设备和物理媒体,但是,物理层不是指具体的物理设备,也不是指信号传输的物理媒体,而是指在物理媒体之上为上一层(数据链路层)提供一个传输原始比特流的物理连接。它虽然处于最底层,却是整个开放系统的基础。

②数据链路层:负责在各个相邻节点间的线路上无差错地传送以帧(Frame)为单位的数据。每一帧包括一定数量的数据和一些必要的控制信息。其功能是对物理层传输的比特流进行校验,并采用检错重发等技术,使本来可能出错的数据链路变成不出错的数据链路,从而对上层提供无差错的数据传输。换句话说,就是网络层及以上各层不再需要考虑传输中出错的问题,就可以认定下面是一条不出错的数据传输信道,把数据交给数据链路层,它就能完整无误地把数据传给相邻节点的数据链路层。

③网络层:计算机网络中进行通信的两台计算机之间可能要经过多个节点和链路,也可能要经过多个通信子网。网络层数据的传送单位是分组或包(Packet),它的任务就是要选择合适的路由,使发送端的传输层传下来的分组能够按照目的地址发送到接收端,使传输层及以上各层设计时不再需要考虑传输路由。

④传输层:在发送端和接收端之间建立一条不会出错的路由,对上层提供可靠的报文传输服务。与数据链路层提供的相邻节点间比特流的无差错传输不同,传输层保证的是发送端和接收端之间的无差错传输,主要控制的是包的丢失、错序、重复等问题。

⑤会话层:会话层虽然不参与具体的数据传输,但它却对数据传输进行管理。会话层建立在两个互相通信的应用进程之间,组织并协调其交互。例如,在半双工通信中,确定在某段时间谁有权发送,谁有权接收;或当发生意外时(如已建立的连接突然断了),确定在重

新恢复会话时应从何处开始,而不必重传全部数据。

⑥表示层:表示层主要为上层用户解决用户信息的语法表示问题,其主要功能是完成数据转换、数据压缩和数据加密。表示层将欲交换的资料从适合于某一用户的抽象语法变换为适合于 OSI 系统内部使用的传送语法。有了这样的表示层,用户就可以把精力集中在他们所要交谈的问题本身,而不必更多地考虑对方的某些特性。

⑦应用层:是 7 层 OSI 模型的第 7 层。应用层直接和应用程序接口并提供常见的网络应用服务。应用层也向表示层发出请求。

应用层是开放系统的最高层,是直接为应用进程提供服务的。其作用是在实现多个系统应用进程相互通信的同时,完成一系列业务处理所需的服务。其服务元素分为两类:公共应用服务元素 CASE 和特定应用服务元素 SASE。CASE 提供最基本的服务,它成为应用层中任何用户和任何服务元素的用户,主要为应用进程通信,分布系统实现提供基本的控制机制;特定服务 SASE 则要满足一些特定服务,如文卷传送,访问管理,作业传送,银行事务,订单输入等。

(2)TCP/IP 参考模型

TCP/IP 协议是 1974 年由 Vinton Cerf 和 Robert Kahn 开发的。随着 Internet 的飞速发展,TCP/IP 协议现已成为事实上的国际标准。TCP/IP 协议实际上是一组协议,是一个完整的体系结构。如图 7.3 所示。

TCP/IP 参考模型	TCP/IP 各层协议集
应 用 层	Telnet, FTP, SMTP, DNS, RIP 及其他应用协议
传 输 层	TCP, UDP
网 际 层	IP, ARP, RARP, ICMP
网络接口层	各种通信网络接口

图 7.3 TCP/IP 参考模型

(3)OSI 参考模型与 TCP/IP 参考模型的比较

TCP(传输控制协议)/IP(网际协议)参考模型中没有数据链路层和物理层,只有网络与数据链路层的接口,可以使用各种现有的链路层、物理层协议。目前用户连接 Internet 最常用的数据链路层协议是 SLIP(Serial Line Interface Protocol)和 PPP(Point to Point Protocol)。

TCP/IP 模型的网际层对应于 OSI 模型的网络层,包括 IP、ICMP(网际控制报文协议)、IGMP(网际组报文协议)以及 ARP(地址解析协议),这些协议处理信息的路由以及主机地址解析。

TCP/IP 模型的传输层对应于 OSI 模型的传输层,包括 TCP 和 UDP(用户数据报协议),这些协议负责提供流控制、错误校验和排序服务,完成源到目标间的传输任务。

TCP/IP 模型的应用层对应于 OSI 模型的应用层、表示层和会话层,它包括了所有的高层协议,并且不断有新的协议加入,如图 7.4 所示。

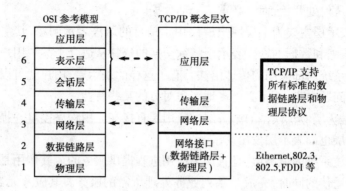

图 7.4　OSI 参考模型与 TCP/IP 参考模型的比较

常用的应用层协议有:
- 超文本传输协议 HTTP,用来传递制作的网页文件。
- 文件传输协议 FTP,用于实现互联网中交互式文件传输功能。
- 电子邮件协议 SMTP,用于实现互联网中电子邮件传送功能。
- 网络终端协议 TELNET,用于实现互联网中远程登录功能。
- 域名服务 DNS,用于实现网络设备名字到 IP 地址的映射服务。
- 路由信息协议 RIP,用于网络设备之间交换路由信息。
- 简单网络管理协议 SNMP,用来收集和交换网络管理信息。
- 网络文件系统 NFS,用于网络中不同主机间的文件共享。

7.1.4　计算机网络的硬件组成

　　计算机网络拓扑结构是指网络中各计算机的连接方式,而各计算机又是通过什么样的硬件设备来组成的呢? 这就需要对计算机网络常用网硬件的学习与了解。

　　计算机网络系统由硬件、软件和规程 3 部分内容组成。硬件包括主体设备、连接设备和传输介质 3 大部分。软件包括网络操作系统和应用软件。网络中的各种协议也以软件形式表现出来。

　　1. 网络的主体设备

　　计算机网络中的主体设备称为主机(Host),一般可分为中心站(又称为服务器)和工作站(客户机)两类。

　　服务器是为网络提供共享资源的基本设备,在其上运行网络操作系统,是网络控制的核心。其工作速度、磁盘及内存容量的指标要求都较高,携带的外部设备多且大都为高级设备。

　　工作站是网络用户入网操作的节点,有自己的操作系统。用户既可以通过运行工作站上的网络软件共享网络上的公共资源,也可以不进入网络,单独工作。用作工作站的客户机一般配置要求不是很高,大多采用个人微机并携带相应的外部设备,如打印机、扫描仪、鼠标等。

2.网络的连接设备

（1）网卡

网卡（Network Card）是计算机与外界局域网的连接是通过主机箱内插入一块网络接口板（或者是在笔记本电脑中插入一块 PCMCIA 卡）。网络接口板又称为通信适配器或网络适配器（Network Adapter）或网络接口卡（NIC，Network Interface Card），但是现在更多的人愿意使用更为简单的名称"网卡"，如图 7.5（a）所示。现在也有 USB 接口的即插即用型无线网卡，如图 7.5（b）所示。

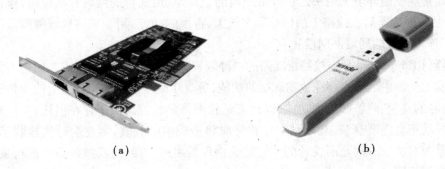

（a）   （b）

图7.5　网络适配器（网卡）

网卡的功能是工作在链路层的网络组件，是局域网中连接计算机和传输介质的接口，不仅能实现与局域网传输介质之间的物理连接和电信号匹配，还涉及帧的发送与接收、帧的封装与拆封、介质问控制、数据的编码与解码以及数据缓存的功能等。

（2）集线器

集线器（Hub），"Hub"是中心的意思。集线器的主要功能是对接收到的信号进行再生整形放大，以扩大网络的传输距离，同时把所有节点集中在以它为中心的节点上。它工作于 OSI（开放系统互联参考模型）参考模型第 1 层，即"物理层"。集线器与网卡、网线等传输介质一样，属于局域网中的基础设备，其外观如图 7.6 所示。

图7.6

集线器（HUB）属于数据通信系统中的基础设备，具有流量监控功能。它和双绞线等传输介质一样，是一种不需任何软件支持或只需很少管理软件管理的硬件设备。它被广泛应用于各种场合。集线器工作在局域网（LAN）环境，被称为物理层设备。集线器内部采用了电器互联，当维护 LAN 的环境是逻辑总线或环型结构时，完全可以用集线器建立一个物理上的星型或树型网络结构。

集线器有多种：按带宽的不同可分为 10 Mbit/s、100 Mbit/s 和 10/100 Mbit/s；按照工作方式的不同,可分为智能型和非智能型;按配置形式的不同,可分为固定式、模块式和堆叠式;按端口数的不同,可分为 4 口、8 口、12 口、16 口、24 口和 32 口,按对输入信号的处理方式上,可以分为无源 HUB、有源 HUB、智能 HUB 和其他 HUB 等。

(3) 中继器

中继器(RP repeater)是工作在物理层上的连接设备,适用于完全相同的两类网络的互联。其主要功能是通过对数据信号的重新发送或者转发,来扩大网络传输的距离。中继器是对信号进行再生和还原的网络设备:OSI 模型的物理层设备。

中继器是局域网环境下用来延长网络距离的最简单、最廉价的网络互联设备,操作在 OSI 的物理层,中继器对在线路上的信号具有放大、再生的功能,用于扩展局域网网段的长度(仅用于连接相同的局域网网段)。

中继器(RP repeater)是连接网络线路的一种装置,常用于两个网络节点之间物理信号的双向转发工作。中继器主要完成物理层的功能,负责在两个节点的物理层上按位传递信息,完成信号的复制、调整和放大功能,以此来延长网络的长度。由于存在损耗,在线路上传输的信号功率会逐渐衰减,衰减到一定程度时将造成信号失真,因此会导致接收错误。中继器就是为解决这一问题而设计的。它完成物理线路的连接,对衰减的信号进行放大,保持与原数据相同。

(4) 网桥

网桥(Bridge)是网络中的一种重要设备,它通过连接相互独立的网段从而扩大网络的最大传输距离。它工作于数据链路层,不但能扩展网络的距离或范围,而且可提高网络的性能、可靠性和安全性。网桥可以是专门硬件设备,也可以由计算机加装的网桥软件来实现,这时计算机上会安装多个网络适配器(网卡)。

网桥作为网段与网段之间的连接设备,它实现数据包从一个网段到另一个网段的选择性的发送,即只让需要通过的数据包通过而不必通过的数据包过滤掉,来平衡各网段之间的负载,从而实现网络间数据传输的稳定和高效。

(5) 路由器

路由器(Router)属于网间连接设备,是连接因特网中各局域网、广域网的设备。它会根据信道的情况自动选择和设定路由,以最佳路径,按前后顺序发送信号的设备。路由器是互联网络的枢纽。

目前路由器已经广泛应用于各行各业,各种不同档次的产品已成为实现各种骨干网内部连接、骨干网间互联和骨干网与互联网互联互通业务的主力军。路由器和交换机之间的主要区别就是交换机信息交换发生在 OSI 参考模型第 2 层(数据链路层),而路由器信息发生在第 3 层,即网络层。这一区别决定了路由和交换在移动信息的过程中需使用不同的控制信息,所以两者实现各自功能的方式是不同的。

路由器根据使用主要分为两类:一类是接入网络型的家庭和小型企业可以连接到互联网服务提供商,如图 7.7(a)所示;二类是企业级路由器。企业网中的路由器连接一个校园或企业内成千上万的计算机,如图 7.7(b)所示。

路由器比网桥功能更强,因为网桥工作于数据链路层而路由器工作于网络层,网桥仅考虑了在不同网段数据包的传输,而路由器则在路由选择、拥塞控制、容错性及网络管理方

 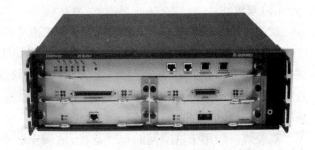

<table>
<tr><td>（a）家用路由器</td><td>（b）企业级路由器</td></tr>
</table>

图7.7 路由器

面做了更多的工作。

（6）交换机

交换机（Switch）意为"开关"是一种用于电（光）信号转发的网络设备。它可以为接入交换机的任意两个网络节点提供独享的电信号通路。最常见的交换机是以太网交换机。其他常见的还有电话语音交换机、光纤交换机等。

交换机的主要功能包括物理编址、错误校验、帧序列以及流控制等。目前有些交换机还具有对虚拟局域网（VLAN）的支持、对链路汇聚的支持，有的甚至具有防火墙功能。交换机有多个端口，每个端口都具有桥接功能，可以连接一个局域网或一台高性能服务器或工作站。实际上，交换机有时被称为多端口网桥。

交换机的外观与 Hub 相似。从应用领域来分，交换机可分为局域网交换机和广域网交换机；从应用规模来分，交换机可分为企业级交换机、部门级交换机和工作组级交换机。

（7）网关

网关（Gateway）又称网间连接器、协议转换器，是软件和硬件的结合产品。网关在网络层上以实现网络互联，是最复杂的网络互联设备，仅用于两个高层协议不同的网络互联。网关既可以用于广域网互联，也可以用于局域网互联。网关是一种充当转换重任的计算机系统或设备。在使用不同的通信协议、数据格式或语言，甚至体系结构完全不同的两种系统之间，网关是一个翻译器。与网桥只是简单地传达信息不同，网关对收到的信息要重新打包，以适应目的系统的需求。同时，网关也可以提供过滤和安全功能。大多数网关运行在 OSI 第 7 层协议的应用层。

3. 网络的传输介质

网络传输介质是网络中发送方与接收方之间的物理通路，它对网络的数据通信具有一定的影响。常用的传输介质有：有线传输介质，包括双绞线、同轴电缆、光纤；无线转输介质，如无线电波、微波、红外线、激光等。

有线传输介质是指在两个通信设备之间实现的物理连接部分，它能将信号从一方传输到另一方。有线传输介质主要有双绞线、同轴电缆和光纤。双绞线和同轴电缆传输电信号，光纤传输光信号。

(1)双绞线

双绞线简称 TP,将一对以上的双绞线封装在一个绝缘外套中,为了降低信号的干扰程度,电缆中的每一对双绞线一般是由两根绝缘铜导线相互扭绕而成,也因此把它称为双绞线。双绞线分为分为非屏蔽双绞线(UTP)和屏蔽双绞线(STP),适合于短距离通信。非屏蔽双绞线价格便宜,传输速度偏低,抗干扰能力较差。屏蔽双绞线抗干扰能力较好,具有更高的传输速度,但价格相对较贵。

双绞线一般用于星型网的布线连接,两端安装有 RJ-45 头(水晶头),如图 7.8 所示。连接网卡与集线器,最大网线长度为 100 m,如果要加大网络的范围,在两段双绞线之间可安装中继器,最多可安装 4 个中继器,如安装 4 个中继器连 5 个网段,最大传输范围可达 500 m。

图 7.8 双绞线 RJ-45 头(水晶头)

双绞线需用 RJ-45 或 RJ-11 连接头插接。RJ-45 常用于网线,RJ-11 常用于电话线。STP 分为 3 类和 5 类两种,STP 的内部与 UTP 相同,外包铝箔,抗干扰能力强、传输速率高但价格昂贵。常用的 UTP 分为 3 类、4 类、5 类和超 5 类 4 种。

• 3 类:传输速率支持 10 Mbit/s,外层保护胶皮较薄,皮上注有"cat3"。

• 4 类:网络中不常用。

• 5 类(超 5 类):传输速率支持 100 Mbit/s 或 10 Mbit/s,外层保护胶皮较厚,皮上注有"cat5"。

超 5 类双绞线在传送信号时比普通 5 类双绞线的衰减更小,抗干扰能力更强,在 100 M 网络中,受干扰程度只有普通 5 类线的 1/4,这类已较少应用。

(2)同轴电缆

同轴电缆由绕在同一轴线上的两个导体组成。具有抗干扰能力强,连接简单等特点,信息传输速度可达每秒几百兆位,是中、高档局域网的首选传输介质。同轴电缆:由一根空心的外圆柱导体和一根位于中心轴线的内导线组成,内导线和圆柱导体及外界之间用绝缘材料隔开,如图 7.9 所示的同轴电缆。同轴电缆需用带 BNC 头的 T 形连接器连接。

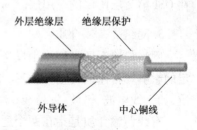

图 7.9 同轴电缆

同轴电缆按直径的不同,可分为粗缆和细缆两种。

• 粗缆:传输距离长,性能好但成本高、网络安装、维护困难,一般用于大型局域网的干线,连接时两端需终接器。粗缆与外部收发器相连。发器与网卡之间用 AUI 电缆相连。卡必须有 AUI 接口(15 针 D 型接口):每段 500 m,100 个用户,4 个中继器可达 2 500 m,收发器之间最小 2.5 m,收发器电缆最大 50 m。

●细缆:与 BNC 网卡相连,两端装 50 Ω 的终端电阻。用 T 形头,T 形头之间最小 0.5 m。细缆网络每段干线长度最大为 185 m,每段干线最多接入 30 个用户。如采用 4 个中继器连接 5 个网段,网络最大距离可达 925 m。细缆安装较容易,造价较低,但日常维护不方便,一旦一个用户出故障,便会影响其他用户的正常工作。

(3)光纤

光纤又称为光缆或光导纤维,由光导纤维纤芯、玻璃网层和能吸收光线的外壳组成,如图 7.10 所示。它是由一组光导纤维组成的用来传播光束的、细小而柔韧的传输介质。应用光学原理,由光发送机产生光束,将电信号变为光信号,再把光信号导入光纤,在另一端由光接收机接收光纤上传来的光信号,并把它变为电信号,经解码后再处理。与其他传输介质相比,光纤的电磁绝缘性能好、信号衰小、频带宽、传输速度快、传输距离大。主要用于要求传输距离较长、布线条件特殊的主干网连接。光纤具有不受外界电磁场的影响,无限制的带宽等特点,可以实现每秒几十兆位的数据传送,尺寸小、质量轻,数据可传送几百千米,但价格昂贵。

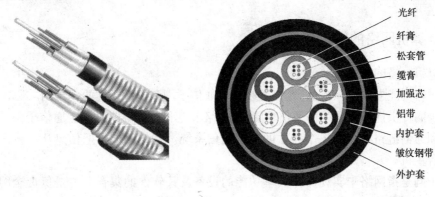

光纤
纤膏
松套管
缆膏
加强芯
铝带
内护套
皱纹钢带
外护套

图 7.10 光纤

光纤分为单模光纤和多模光纤:单模光纤是由激光作光源,仅有一条光通路,传输距离长,20～120 km;多模光纤是由二极管发光,低速短距离,2 km 以内。光纤需用 ST 型头连接器连接。

(4)无线电波

无线电波是指在自由空间(包括空气和真空)传播的射频频段的电磁波。无线电技术是通过无线电波传播声音或其他信号的技术。无线电技术的原理在于,导体中电流强弱的改变会产生无线电波。利用这一现象,通过调制可将信息加载于无线电波之上。当电波通过空间传播到达收信端,电波引起的电磁场变化又会在导体中产生电流。通过解调将信息从电流变化中提取出来,就达到了信息传递的目的。

(5)微波

微波是指频率为 300 MHz～300 GHz 的电磁波,是无线电波中一个有限频带的简称,即波长在 1 m(不含 1 m)～1 mm 的电磁波,是分米波、厘米波、毫米波和亚毫米波的统称。微波频率比一般的无线电波频率高,通常也称为"超高频电磁波"。微波作为一种电磁波也具有波粒二象性。微波的基本性质通常呈现为穿透、反射、吸收 3 个特性。对于玻璃、塑料和瓷器,微波几乎是穿越而不被吸收。对于水和食物等就会吸收微波而使自身发热。而对金属类东西,则会反射微波。

(6)红外线

红外线是太阳光线中众多不可见光线中的一种,由德国科学家霍胥尔于 1800 年发现,又称为红外热辐射。太阳光谱中,红光的外侧必定存在看不见的光线,这就是红外线。太阳光谱上红外线的波长大于可见光线,波长为 0.75 ~ 1 000 μm。红外线可分为 3 部分,即近红外线,波长为 0.75 ~ 1.50 μm;中红外线,波长为 1.50 ~ 6.0 μm;远红外线,波长为 6.0 ~ 1 000 μm。

(7)卫星通信

卫星通信以空间轨道中运行的人造卫星作为中继站,地球站作为终端站,实现两个或者多个地球站之间的长距离大容量的区域性通信及至全球通信。卫星通信具有传输距离远、覆盖区域大、灵活、可靠、不受地理环境条件限制等独特优点。以覆盖面积来讲,一颗通信卫星可覆盖地球面积的三分之一多;若在地球赤道上等距离放上 3 颗卫星,就可以覆盖整个地球。

7.1.5　计算机网络的组成和分类

1.计算机网络的组成

①从逻辑功能上看,可以把计算机网络分成通信子网和资源子网两个子网。

通信子网提供计算机网络的通信功能,由网络节点和通信链路组成。通信子网是由节点处理机和通信链路组成的一个独立的数据通信系统。它的功能是把信息从一台主机传输到另一台主机。

资源子网是指网络中实现资源共享功能的设备及其软件的集合。主要负责全网的信息处理数据处理业务,向网络用户提供各种网络资源和网络服务。为网络用户提供网络服务和资源共享功能等。它主要包括网络中所有的主计算机、I/O 设备和终端,各种网络协议、网络软件和数据库等。

②从硬件角度上讲,计算机网络是由网络硬件和网络软件两部分组成。

● 网络硬件:主要包括网络的拓扑结构、网络服务器、网络工作站、传输介质和网络设备。

● 网络软件:网络操作系统、通信软件、通信协议等。

目前的网络操作系统有 UNIX、Netware 类、Windows 类、Linux。

● UNIX:多用户操作系统,是可以管理微型机,小型机和大、中型机的网络操作系统。目前常用的 UNIX 系统版本主要有:Unix SUR4.0、HP-UX 11.0,SUN 的 Solaris 8.0。UNIX 本是针对小型机主机环境开发的操作系统,是一种集中式分时多用户体系结构。因其体系结构不够合理,UNIX 的市场占有率呈下降趋势。

● Netware 类:美国 NOVELL 公司的网络操作系统,目前已不广泛应用。

● Windows 类:是由全球最大的软件开发商——Microsoft(微软)公司开发的。微软的网络操作系统一般只是用在中、低档服务器中,常见 Windows NT 4.0 Serve、Windows 2000 Server/Advance Server,以及最新的 Windows 2003 Server/ Advance Server 等。

● Linux:这是一种新型的网络操作系统,它的最大的特点就是源代码开放,可以免费得到许多应用程序。目前也有中文版本的 Linux,如 REDHAT(红帽子),红旗 Linux 等。在国内得到了用户充分的肯定,主要体现在它的安全性和稳定性方面,它与 UNIX 有许多类似之处。但目前这类操作系统目前使仍主要应用于中、高档服务器中。

2. 计算机网络的分类

计算机网络的分类标准较多,用户可以按地理范围、拓扑结构、数据传输介质、通信协议、带宽速率等分类。根据网络覆盖的地理范围可分为局域网(LAN,Local Area Netware)、城域网(MAN,Metropolitan Area Netware)、广域网(WAN,Wide Area Netware)、国际互联网(Internet)等 4 类;按网络的拓扑结构可分为总线型、星型、树型、环型、网状型等网络;按传输介质可分为有线网、无线网,其中有线网又分为同轴电缆网、双绞线网、光纤网等网络;按通信协议来分,如局域网中的以太网采用 CSMA/CD 协议,令牌环网采用令牌环协议;广域网中的分组交换网采用 X.25 协议,Internet 网则采用 TCP/IP 协议。根据传输速率可分为低速网、中速网和高速网。根据网络的带宽可分为基带网(窄带网)和宽带网。一般说来,高速网是宽带网,低速网是窄带网。现在重点讨论局域网、城域网、广域网、国际互联网。

(1)局域网(LAN,Local Area Netware)

局部范围内的网络,在有限的范围内将数台计算机进行连接,实现数据通信,它为企事业单位现代化、无纸化办公创造了条件。常见的校园网、企业内网就是典型的局域网。局域网具有以下几个方面的特点:

①距离短,参加组成的计算机一般在 10 km 内。现在对此已无明显的界限划分。

②信道的带宽大,数据的传输速率高,一般为 1~1 000 Mbit/s(比特/每秒)。

③数据传输可靠,误码率低。

④局域网大多采用总线型、星型及环型拓扑结构。结构简单,实现容易。

⑤网络的控制一般趋向分布式,从而减少对某一节点的依赖性。

⑥归一个单一的组织拥有和使用,不受公共网络管理的约束。

(2)城域网(MAN,Metropolitan Area Netware)

城域网介于局域网和广域网之间的高速网络,城域网的网络覆盖范围通常为一个城市或地区,距离从几十千米到上百千米,通常包含有若干个彼此互联的局域网,传输介质主要用光纤。城域网通常由不同的系统硬件、软件和通信传输介质构成,从而使不同类型的局域网能够有效地共享资源。城域网的特点是传输介质相对复杂、数据传输距离相对局域网要长、信号容易受到外界因素的干扰、组网较为复杂、成本较高。

(3)广域网(WAN,Wide Area Netware)

广域网是指能够将众多的城域网、局域网连接起来,实现计算机远距离连接的超大规模计算机网络。其传输速率低于局域网,常常借用公共通信网来实现,因此广域网的数据传输率较低,错误率也较高。广域网的联网范围极大,通常从几百千米到几万千米,其范围可以是市、地区、省、国家,乃至整个世界。

(4)国际互联网(Internet)

互联网又因其英文单词"Internet"的谐音,又称为"因特网"。从地理范围来说,它可以是全球计算机的互联,这种网络的最大的特点就是不定性,整个网络的计算机每时每刻随着人们网络的接入在不断地变化。它的优点也是非常明显的,就是信息量大、传播广,无论你身处何地,只要联上互联网你就可以对任何可以联网用户发出你的信函和广告。因为这种网络的复杂性,所以这种网络实现的技术也是非常复杂的。

对于按地理范围来分,需要说明的一点就是这里的网络划分并没有严格意义上的地理范围的区分,只能是一个定性的概念。上面讲了网络的几种分类,其实在现实生活中真正用得最多是局域网。因为它可大可小,无论在单位还是在家庭实现起来都比较容易,应用也是最广泛的一种网络,所以下面有必要对局域网及局域网中的接入设备作进一步的认识。

关于按网络覆盖范围的划分,不同教材有不同的分类,有的只有前3种:局域网、城域网、广域网,它将互联网认为是最大的广域网。本教材分为4类,还有的教材将分为4类的基础之上还将无线网划为了一类,共5类划分。

7.2 Internet 基础与应用

互联网(Internet)又称因特网,即广域网、城域网、局域网及单机按照一定的通信协议组成的国际计算机网络。人们利用互联网可以与远在千里之外的朋友相互发送邮件、共同完成一项工作、共同娱乐。同时,互联网还是物联网的重要组成部分,根据中国物联网校企联盟的定义,物联网是当下几乎所有技术与计算机互联网技术的结合,让信息更快更准地收集、传递、处理并执行。

7.2.1 Internet 的产生与发展

计算机网络起源于美国国防部高级研究计划局(ARPA)于1968年主持研制的用于支持军事研究的计算机实验网 ARPANET。ARPANET 建网的目的在给美国军方工作的研究人员提供一种技术,可以过计算机交换信息。美国国家科学基金(NSF),为了满足各大学及政府机构为促进其研究工作的迫切要求,1985年在全美国建立了6个超级计算机中心,并希望通过计算机网络把各大学与研究机构的计算机与这些巨型计算机连接起来,他们决定利用 ARPANET 发展出来的叫做 TCP/IP 的通信协议自己出资建立名叫 Nfsnet 的广域网。由于美国国家科学资金的鼓励和资助,许多大学、政府资助的研究机构,甚至私营的研究机构纷纷把自己局域网并入 NFSNET。这样使 NSFNET 在1986年建成后取代 ARPANET 成为 Internet 的主干网。进入20世纪90年代后,该网络商业用户数量日益增加,并逐渐从研究教育网络向商业网络过渡。据 IHS iSuppli 公司的宽带与数字连接家庭市场报告,2012年全球宽带用户总数已到6.729亿个。

7.2.2　Internet 在中国

1994 年中国 Internet 只有一个国际出口,300 多个入网用户,到 1996 年已发展到有 7 条国际出口线,2 万多个入网用户,当时中国和国际 Internet 网络互联的主要网络有:由中国科学院负责运作的中国科研网(CASNET),由清华大学负责运作的中国教育网(CERNET),由信息产业部、电力部、铁道部支持,吉通公司负责运作的金桥网(GBNET),以及由邮电部组建的中国网(Chinanet),其中 Chinanet 是我国的第一个商业网。

中国 Internet 的发展历史分为 3 个阶段。

第 1 阶段从 1986—1994 年,这个阶段主要是通过中科院高能所网络线路,实现了与欧洲及北美地区的 E-Mall 通信。中国科技界最早使用 Internet 是从 l986 年开始的。国内一些科研单位,通过长途电话拨号到欧洲的一些国家,进行联机数据库检索。不久,利用这些国家与 Internet 的连接,进行 E-Mail 通信。1989 年,中国的 CHINAPAC(X.25)公用数据网基本开通。CHINAPAC 虽然规模不大,但与法国、德国等的公用数据网络(X.25)有国际连接(X.75)。1990 年开始,国内的北京市计算机应用研究所、中科院高能物理研究所、信息产业部华北计算所、信息产业部石家庄第 54 研究所等科研单位,先后将自己的计算机以 X.28 或 X.25 与 CHINAPAC 相连接。1993 年 3 月,中国科学院(CAS)高能物理研究所(IHEP)为了支持国外科学家使用北京正负电子对撞机做高能物理实验,开通了一条 64 kbit/s 国际数据信道,连接北京西郊的中科院高能所和美国斯坦福线性加速器中心(SLAC),运行 DECNET 协议,还不能提供完全的 Internet 功能,但经 SLAC 机器的转接,可以实现与 Internet 通信。用户利用局域网或拨号线路登录到中科院高能物理所的 VAXll/780(BEPC2)上使用国际网络。有了 64 kbit/s 的专线信道,通信能力比国际拨号线路和 X.25 信道高出数十倍,通信费用降低数十倍。极大地促进了 Internet 在中国的应用。

第 2 阶段从 1994—1995 年,这一阶段是教育科研网发展阶段。北京中关村地区及清华、北大组成 NCFC 网,于 1994 年 4 月开通了国际 Internet 的 64 kbit/s 专线连接,同时还设中国最高域名(CN)服务器。这时中国才算真正加入了国际 MTERNET 行列。此后又建成了中国教育和科研网(CERNET)。

中国科学院计算机网络信息中心(CNIC,CAS)于 1994 年 4 月完成。该中心自 1990 年开始,主持了一项"中国国家计算与网络设施"(NCFC),是世界银行贷款和国家计委共同投资的项目。项目内容为在中关村地区建设一个超级计算中心,供这一地区的科研用户进行科学计算。为了便于使用超级计算机,将中科院中关村地区的三十多个研究所及北大、清华两所高校,全部用光缆互联在一起。其中网络部分于 1993 年全部完成,并于 1994 年 3 月开通了一条 64 kbit/s 的国际线路,连到美国。4 月份路由器开通,正式接入了 Internet。NCFC 后来发展成中国科技网(CSTNET)。

CERNET 是中国国家计委批准立项、国家教委主持建设和管理的全国性教育和科研网络,目的是要把全国大部分高等学校连接起来,推动这些学校校园网的建设和信息资源的交流,并与现有的国际学术计算机网互连。

第 3 阶段是 1995 年以后,该阶段开始了商业应用阶段。1995 年 5 月邮电部开通了中国公用 Internet 网即 CHINANET。1996 年 9 月电子工业部 CHINAGBN 开通,各地 ISP 也纷纷开办,到 1996 年底仅北京就有了 30 多家。目前,经国家批准的可直接与 Internet 互联的网络(称为互联网络)有 4 个:CSTNET,CHINANET,CERNET 及 GBNET。

"互联网 +"是创新 2.0 下的互联网发展的新业态,是知识社会创新 2.0 推动下的互联网形态演进及其催生的经济社会发展新形态。"互联网 +"是互联网思维的进一步实践成果,推动经济形态不断地发生演变,从而带动社会经济实体的生命力,为改革、创新、发展提供广阔的网络平台。

通俗来说,"互联网 +"就是"互联网 + 各个传统行业",但这并不是简单的两者相加,而是利用信息通信技术以及互联网平台,让互联网与传统行业进行深度融合,创造新的发展生态。它代表一种新的社会形态,即充分发挥互联网在社会资源配置中的优化和集成作用,将互联网的创新成果深度融合于经济、社会各领域之中,提升全社会的创新力和生产力,形成更广泛的以互联网为基础设施和实现工具的经济发展新形态。

7.2.3 Internet 常用服务

Internet 之所以具有极强的吸引力,来源于其强大的服务功能。目前遍布全世界的因特网服务提供商 ISP(Internet Service Provider)为用户提供的各种服务已数不胜数。

1. 电子邮件(E-Mail)

电子邮件(Electronic Mail,简称 E-Mail,标志:@,昵称为"伊妹儿")又称电子信箱、电子邮政,它是一种用电子手段提供信息交换的通信方式,是 Internet 应用最广的服务,通过网络的电子邮件系统,用户可以用非常低廉的价格,以非常快速的方式(几秒钟之内可以发送到世界上任何你指定的目的地),与世界上任何一个角落的网络用户联系,这些电子邮件可以是文字、图像、声音等各种方式。同时,用户可以得到大量免费的新闻、专题邮件,并实现轻松的信息搜索。

电子邮件与传统通信方式相比,电子邮件具有以下明显的优点:

①传播速度快,在分秒之间就可以将邮件传递给对方。

②成本低廉,使国际长途电话或传真望尘莫及。

③非常便捷、比较安全,不论接收方是否在场、是否开机,电子邮件都会自动送到接收者的电子邮箱。

④有广泛的交流对象,同一邮件可以同时方便地群发给多个接收者。

⑤无论何时何地收发双方只要知道对方的电子邮件地址(不论实际办公或居住所在地址有何变化),都可以迅速通信联系。

⑥信息多样化,可以将文字、图像、语音等多种信息集中在一封邮件中传送。

使用电子邮件的首要条件是拥有一个电子邮箱,即拥有一个电子邮件地址。格式表达为:用户名@邮件接收服务器域名。目前在网上还有许多提供免费电子邮箱的(ICP,Internet Content Provider),用户可以通过访问他们的网站申请一个或多个免费的个人电子邮箱。

2. 文件传输(FTP)

文件传输(File Transfer)通过一条网络连接从远地站点(Remote Site)向本地主机(Local Host)复制文件,或将本地主机文件上传到远程站点。文件传输服务提供了任意两台

Internet 上的计算机相互之间传输文件的机制,是广大用户获得丰富的 Internet 信息资源的重要手段之一。不管两台计算机相距多远,只要都连入了 Internet,并且都得到 TCP/IP 高层协议中的文件传输协议(FTP,File Transfer Protocol)的支持,就可以将一台计算机上的文件传输到另一台计算机上。采用 FTP 传输文件时,可以传输文本文件、各种二进制文件和压缩文件等,并且在传输过程中不需要对这些文件进行复杂的转换,因而具有相当高的传输效率。

FTP 它用于 Internet 上的控制文件的双向传输。同时,它也是一个应用程序(Application)。用户可以通过它把自己的 PC 机与世界各地所有运行 FTP 协议的服务器相连,访问服务器上的大量程序和信息。FTP 的主要作用,就是让用户连接上一个远程计算机(这些计算机上运行着 FTP 服务器程序)察看远程计算机有哪些文件,然后把文件从远程计算机上拷到本地计算机,或把本地计算机的文件送到远程计算机去。

Internet 是一个资源宝库,保存有许多共享软件、学习资料、影像资料、图片与动画等,一般都允许用户使用 FTP 等下载软件将它们下载下来。由于仅仅使用 FTP 服务时,用户在文件下载到本地计算机之前无法了解文件的具体内容,因而目前人们越来越倾向于直接使用 WWW 浏览器去搜索所需要的文件,然后利用浏览器所支持的 FTP 功能下载感兴趣的文件。

3. 远程登录(Telnet)

远程登录是最早的 Internet 应用之一,而文件传输则是 Internet 上第二个开发出来的应用。文件传输是依靠 FTP 实现的,它的基本思想是客户机利用类似于远程登录的方法登录到 FTP 服务器,然后利用该机文件系统的命令进行操作。事实上,Internet 中很多资源都是放在 FTP 服务器中的,如一些试用版软件、完全免费试用的自由软件等,我们都可以采用 FTP 的方式大批量的获取。因此,FTP 服务与万维网服务在 Internet 应用领域中都占据了重要的地位。

使用 Telnet 的条件是用户本身的计算机和对方的主机都支持 Telnet 命令,并且用户在对方的主机上拥有自己的账户。用户进行远程登录时,首先应在 Telnet 中给出对方计算机的主机名或 IP 地址,然后根据对方系统的询问,正确键入自己的用户名与密码。有时还需要根据要求,回答自己所使用的仿真终端的类型。目前,Internet 上有许多信息服务机构提供开放式的远程登录服务,登录到这样的主机上时,就不再需要事先设置用户账户,使用公开的用户名就可以进入对方系统。

4. WWW 浏览

WWW 是中文称为"万维网",是 World Wide Web 的缩写,亦作"环球网""3W",常简称为 Web,是一个资料空间。Web 分为 Web 客户端和 Web 服务器程序。WWW 可以让 Web 客户端访问浏览 Web 服务器上的页面。WWW 提供丰富的文本和图形、音频、视频等多媒体信息,并将这些内容集合在一起,并提供导航功能,使得用户可以方便地在各个页面之间进行浏览。由于 WWW 内容丰富,浏览方便,目前已经成为互联网最重要的服务。

20 世纪 40 年代以来人们就梦想能拥有一个世界性的信息库。在这个数据库中数据不仅能被全球的人们存取,而且应该能轻松地链接其他地方的信息,以便用户可以方便快捷地获得重要的信息。它引发了第 5 次信息革命。

随着科学技术的迅猛发展,人们的这个梦想已经变成了现实。目前正在使用的最流行的系统称为"环球信息网"。这就是 WWW 服务,WWW 是一个以 Internet 为基础的计算机网络,它允许用户在一台计算机通过 Internet 存取另一台计算机上的信息。从技术角度上说,环球信息网是 Internet 上那些支持 WWW 协议和超文本传输协议(HTTP,Hyper Text Transport Protocol)的客户机与服务器的集合,透过它可以存取世界各地的超媒体文件,内容包括文字、图形、声音、动画、资料库以及各式各样的软件。

事实上,Internet 提供的服务不可胜数。例如:电子商务、电子政务、电子刊物、网络学校、金融服务、远程会议、远程医疗、网络游戏、VOD 视频点播、ICQ 网络寻呼等。

7.2.4　IP 地址与域名

(1)IP 地址

IP 是英文 Internet Protocol 的缩写,意思是"网络之间互联的协议",也就是为计算机网络相互联接进行通信而设计的协议。在 Internet 中,它是能使连接到网上的所有计算机网络实现相互通信的一套规则,规定了计算机在 Internet 上进行通信时应当遵守的规则。任何厂家生产的计算机系统,只要遵守 IP 协议就可以与 Internet 互联互通。正是因为有了 IP 协议,Internet 才得以迅速发展成为世界上最大的、开放的计算机通信网络。因此,IP 协议也可以叫做"因特网协议"。

IP 地址是指 Internet 协议地址(Internet Protocol Address,又译为网际协议地址),缩写为 IP 地址(IP Address),在 Internet 上,一种给主机编址的方式。常见的 IP 地址,分为 IPv4 与 IPv6 两大类。

IPv4 地址是一个 32 位的二进制数,通常被分割为 4 个"8 位二进制数"(也就是 4 个字节)。IP 地址通常用"点分十进制"表示成(a. b. c. d)的形式,其中,a,b,c,d 都是 0 ~ 255 的十进制整数。例:点分十进 IP 地址(192. 168. 0. 1),实际上是 32 位二进制数 11000000. 10101000. 00000000. 00000001)。IP 地址编址方案:IP 地址编址方案将 IP 地址空间划分为 A,B,C,D,E 5 类,其中 A,B,C 是基本类,D,E 类作为保留使用。

- A 类:第一个十进制数的值在 1 ~ 126,一般用于大型网络。
- B 类:第一个十进制数的值在 128 ~ 191,一般用于中型网络或网络设备(如路由器等)。
- C 类:第一个十进制数的值在 192 ~ 233,一般用于小型网络。

在 Internet 中,一个主机可以有一个或多个 IP 地址,但不能把同一个 IP 地址分配给多个主机,否则将无法通信。

(2)IPv6 地址

IPv6 地址:由于互联网的蓬勃发展,IP 地址的需求量愈来愈大,如今各项资料显示全球 IPv4 位址在 2011 年 2 月 3 日地址已分配完毕。

地址空间的不足必将妨碍互联网的进一步发展。为了扩大地址空间,通过 IPv6 重新定义地址空间。IPv6 是 Internet Protocol Version 6 的缩写。IPv6 是 IETF(互联网工程任务组,Internet Engineering Task Force)设计的用于替代现行版本 IP 协议(IPv4)的新一代 IP 协议。IPv6 采用 128 位地址长度。在 IPv6 的设计过程中除了一劳永逸地解决了地址短缺问题以外,还考虑了在 IPv4 中解决不好的其他问题。

IPv6 与 IPv4 相比有以下特点和优点：

①更大的地址空间。IPv4 中规定 IP 地址长度为 32，即有 $2^{32}-1$ 个地址；而 IPv6 中 IP 地址的长度为 128，即有 $2^{128}-1$ 个地址。夸张点说：如果 IPv6 被广泛应用以后，全世界的每一粒沙子都会有相对应的一个 IP 地址。

②更小的路由表。IPv6 的地址分配一开始就遵循聚类（Aggregation）的原则，这使得路由器能在路由表中用一条记录（Entry）表示一片子网，大大减小了路由器中路由表的长度，提高了路由器转发数据包的速度。

③增强的组播（Multicast）支持以及对流的支持（Flow-control）。这使得网络上的多媒体应用有了长足发展的机会，为服务质量（QOS，Quality of Servrce）控制提供了良好的网络平台。

④加入了对自动配置（Auto-configuration）的支持，使得网络（尤其是局域网）的管理更加方便和快捷。

⑤更高的安全性。在使用 IPv6 网络中，用户可以对网络层的数据进行加密并对 IP 报文进行校验，这极大地增强了网络安全。

2. 域名系统

（1）域名定义

域名（Domain Name），是由一串用点分隔的名字组成的 Internet 上某一台计算机或计算机组的名称，用于在数据传输时标志计算机的电子方位（有时也指地理位置，地理上的域名，指代有行政自主权的一个地方区域）。

IP 地址是 Internet 主机的作为路由寻址用的数字型标志，人不容易记忆。因而产生了域名（Domain Name）这一种字符型标志。域名是一个 IP 地址上的"面具"。一个域名的目的是便于记忆和沟通的一组服务器的地址（网站，电子邮件，FTP 等）。

Internet 上 IP 地址是唯一的，一个 IP 地址对应着唯一的一台主机。给定一个域名地址只能找到一个唯一对应的 IP 地址。由于一台计算机可以提供多个服务，例如既可作 www 服务器又可作邮件服务器，IP 地址还是唯一，但可根据计算机提供的多个服务给予不同域名。所以一个 IP 地址可对应多个域名。这样，人们就可以使用域名来方便地进行相互访问。在 Internet 上有许多专用的域名服务器（DNS，Domain Name Server），能自动完成 IP 地址与其域名间的相互翻译工作。

（2）域名系统

域名系统（Domain Name System 缩写 DNS，Domain Name 被译为域名）是 Internet 的一项核心服务，它作为可以将域名和 IP 地址相互映射的一个分布式数据库，能够使人更方便地访问互联网，而不用去记住能够被机器直接读取的 IP 数串。Internet 域名系统是一个树型结构。

（3）域名构成

DNS 规定，域名中的标号都由英文字母和数字组成，每一个标号不超过 63 个字符，也不区分大小写字母。域名标号中除连字符（-）外不能使用其他的标点符号。级别最低的域名写在最左边，而级别最高的域名写在最右边。由多个标号组成的完整域名总共不超过 255 个字符。

一些国家也纷纷开发使用采用本民族语言构成的域名,如德语,法语等。中国也开始使用中文域名,但可以预计的是,在中国国内今后相当长的时期内,以英语为基础的域名(即英文域名)仍然是主流。

域名的一般格式为:主机名. 单位名. 单位性质代码. 国家代码。例如重庆大学网站的域名为"cqu. edu. cn",其中最高域名为 cn 表示中国,次高域名为 deu 表示教育,域名为 cqu 表示重庆大学单位名。域名中的单位名在申请注册时确定。我国的域名注册由中国互联网络信息中心 CNNIC 统一管理。

(4)域名类型

域名的基本类型根据级别分主要有项级域名、二级域名、三级域名等。

● 项级域名:适用范围主要有两类:一是国际域名,也称国际顶级域名。这也是使用最早也最广泛的域名。例如表示工商企业的. com,表示网络提供商的. net,表示非营利组织的. org 等。二是国内域名,又称为国内顶级域名,即按照国家的不同分配不同后缀,这些域名即为该国的国内顶级域名。例如中国是 cn,美国是 us,日本是 jp 等。在实际使用和功能上,国际域名与国内域名没有任何区别,都是 Internet 上的具有唯一性的标识,都是顶级域名。

通用国际顶域名见表7.1,常用国家和地区顶级域名见表7.2。

表7.1　常见通用国际顶域名

域名	含义	域名	含义
com	商业机构	firm	公司企业机构
edu	教育机构	store	销售公司或企业
gov	政府部门	Web	万维网机构
int	国际机构	arts	文化娱乐活动机构
mil	军事机构	rec	娱乐消遣机构
net	网络机构	info	信息服务机构
org	非营利性组织	name	适用于个人注册

注:①虽然 COM 代表商业机构,但个人也可以注册 COM 域名。换句话说,不是所有的 COM 域名都是商业机构。

②以上仅列举了一些常用的,随着网络应用,顶级域名也会增加。

表7.2　常用国家和地区顶级域名表

域名	含义	域名	含义	域名	含义	域名	含义
cn	中国	it	意大利	at	奥地利	jp	日本
hk	中国香港	nl	荷兰	ca	加拿大	no	挪威
tw	中国台湾	ru	俄罗斯	dk	丹麦	se	瑞典
au	澳大利亚	es	西班牙	fr	法国	f l	芬兰
de	德国	ch	瑞士	in	印度	us	美国
ie	爱尔兰	uk	英国	il	以色列	kr	韩国

一个完整的域名由两个或两个以上部分组成,各部分之间用英文的句号".来分隔,最后一个"."的右边部分称为顶级域名(TLD,也称为一级域名),一级域名"."的左边部分称为二级域名(SLD),二级域名的左边部分称为三级域名,以此类推,每一级的域名控制它下一级域名的分配。三级域名是形如"bbs. youa. baidu. com"的域名,可以当做是二级域名的子域名,特征为域名包含三个"."。一般来说,三级域名都是免费的。

中国在国际互联网络信息中心(Inter NIC)正式注册并运行的顶级域名是 cn,这也是中国的一级域名。在顶级域名之下,中国的二级域名又分为类别域名和行政区域名两类。类别域名共6个,包括用于科研机构的 ac;用于工商金融企业的 com;用于教育机构的 edu;用 din 于政府部门的 gov;用于互联网络信息中心和运行中心的 net;用于非营利组织的 org。而行政区域名有34个,分别对应于中国各省、自治区和直辖市。

(5)域名解析

域名解析(DNS,domain name resolution),注册了域名之后如何才能看到自己的网站内容,用一个专业术语就叫"域名解析"。域名和网址不是同一概念,域名注册好之后,只说明注册人对这个域名拥有了使用权。如果不进行域名解析,那么这个域名就不能发挥它的作用,经过解析的域名可以用来作为电子邮箱的后缀,也可以用来作为网址访问自己的网站,因此域名投入使用的必备环节是"域名解析"。域名是为了方便记忆而专门建立的一套地址转换系统,要访问一台 Internet 上的服务器,最终还必须通过 IP 地址来实现,域名解析就是将域名重新转换为 IP 地址的过程。一个域名只能对应一个 IP 地址,而多个域名可以同时被解析到一个 IP 地址。域名解析需要由专门的域名解析服务器(DNS)来完成。人们习惯记忆域名,但计算机间互相之间只认 IP 地址,域名与 IP 地址之间的转换工作称为域名解析,域名解析需要由专门的域名解析服务器来完成,整个过程是自动进行的。

7.2.5　网络协议

网络协议的定义:为计算机网络中进行数据交换而建立的规则、标准或约定的集合。网络中,两个相互通信的实体处在不同的地理位置,其上的两个进程相互通信,需要通过交换信息来协调它们的动作达到同步,而信息的交换必须按照预先共同约定好的规则进行。如汽车在公路上行驶,都需要遵守交通规则。

网络协议是网络上所有设备(网络服务器、计算机及交换机、路由器、防火墙等)之间通信规则的集合,它规定了通信时信息必须采用的格式和这些格式的意义。大多数网络都采用分层的体系结构,每一层都建立在它的下层之上,向它的上一层提供一定的服务,而把如何实现这一服务的细节对上一层加以屏蔽。一台设备上的第 n 层与另一台设备上的第 n 层进行通信的规则就是第 n 层协议。在网络的各层中存在着许多协议,接收方和发送方同层的协议必须一致,否则一方将无法识别另一方发出的信息。网络协议使网络上各种设备能够相互交换信息。常见的协议有:TCP/IP 协议、HTTP 协议、FTP 协议、SMTP 协议、POP 协议、IPX/SPX 协议、NetBEUI 协议等。

1. TCP/IP 协议

TCP/IP 协议是 Transmission Control Protocol/Internet Protocol 的简写,中译名为传输控

制协议/因特网互联协议,又名网络通信协议,是 Internet 最基本的协议、Internet 国际互联网络的基础,由网络层的 IP 协议和传输层的 TCP 协议组成。TCP/IP 定义了电子设备如何连入 Internet,以及数据如何在它们之间传输的标准。协议采用了 4 层的层级结构,每一层都呼叫它的下一层所提供的协议来完成自己的需求。通俗而言,TCP 负责发现传输的问题,一有问题就发出信号,要求重新传输,直到所有数据安全正确地传输到目的地。而 IP 是给 Internet 的每一台计算机规定一个地址。

2. HTTP 协议

HTTP 协议即超文本传送协议(Hyper Text Transfer Protocol),是 Internet 上应用最为广泛的一种网络协议,是一种详细规定了浏览器和万维网服务器之间互相通信的规则,通过 Internet 传送万维网文档的数据传送协议。设计 HTTP 最初的目的是为了提供一种发布和接收 HTML(Hyper Text Markup Language)页面的方法。通过 HTTP 或者 HTTPS 协议请求的资源由统一资源定位符(URL,Uniform Resource Locator)来标识,URL 是对可以从 Internet 上得到的资源的位置和访问方法的一种简洁的表示,是 Internet 上标准资源的地址。Internet 上的每个文件都有一个唯一的 URL,它包含的信息指出文件的位置以及浏览器应该怎么处理它如。

3. FTP 协议

FTP 协议是指文件传输协议(File Transfer Protocol),是用于在网络上进行文件传输的一套标准协议。它属于网络传输协议的应用层。

简单地说,FTP 就是完成两台计算机之间的拷贝,从远程计算机拷贝文件至自己的计算机上,称之为"下载(download)"文件。若将文件从自己计算机中拷贝至远程计算机上,则称之为"上载(upload)"文件。在 TCP/IP 协议中,FTP 标准命令 TCP 端口号为 21,Port 方式数据端口为 20。

4. SMTP 协议

SMTP(Simple Mail Transfer Protocol)即简单邮件传输协议,是一种提供可靠且有效电子邮件传输的协议。SMTP 是建立在 FTP 文件传输服务上的一种邮件服务,主要用于传输系统之间的邮件信息并提供与来信有关的通知。

SMTP 目前已是事实上的在 Internet 传输 E-Mail 的标准,是一个相对简单的基于文本的协议。在其之上指定了一条消息的一个或多个接收者(在大多数情况下被确定是存在的),然后消息文本就可传输。

5. POP 协议

POP 的全称是 Post Office Protocol,即邮局协议,用于电子邮件的接收,它使用 TCP 的 110 端口。现在常用的是第三版 ,所以简称为 POP3。POP3 仍采用 Client/Server 工作模式,Client 被称为客户端,一般我们日常使用的计算机都是作为客户端,而 Server(服务器)则是网管人员进行管理的。举个形象的例子,Server(服务器)是许多小信箱的集合,就像我们所居住楼房的信箱结构,而客户端就好比是一个人拿着钥匙去信箱开锁取信一样的道理。

现在常用的是第三个版本,即 POP3 ,它规定怎样将个人计算机连接到 Internet 的邮件服务器和下载电子邮件的电子协议。它是 Internet 电子邮件的第一个离线协议标准,POP3 允许用户从服务器上把邮件存储到本地主机(即自己的计算机)上,同时删除保存在邮件服务器上的邮件,而 POP3 服务器则是遵循 POP3 协议的接收邮件服务器,用来接收电子邮件的。

7.3 计算机网络的应用

7.3.1 计算机网络应用概述

Internet 是人类历史上第一个全球性的图书馆,是知识的宝库,信息的海洋。Internet 为全世界提供了一个巨大的并且在迅速增长的信息资源,用户可从中获得各方面的信息,如自然、政治、历史、科技、教育、卫生、娱乐、政府决策、金融、商业和气象等。其中主要的服务资源包括:电子邮件、远程文件传输、远程登录、万维网(WWW,World Wide Web)、电子公告牌 BBS、新闻组(Usenet)、即时通信、软件下载等应用。

计算机网络的应用主要是通过一些网络应用软件与网页浏览器来实现的。网络应用软件是指能够为网络用户提供各种服务的软件,它用于提供或获取网络上的共享资源。例如,聊天软件、传输软件、远程登录软件、电子邮件等。

网页浏览器是个显示网页服务器或档案系统内的文件,并让用户与这些文件互动的一种软件,网页浏览器是最经常使用到的客户端程序。它用来显示在万维网或局部局域网路等内的文字、影像及其他资讯。这些文字或影像,可以是连接其他网址的超链接,用户可迅速及轻易地浏览各种资讯。网页一般是 HTML 的格式。有些网页是需使用特定的浏览器才能正确显示。个人计算机上常见的网页浏览器包括微软的 Internet Explorer,Opera,Mozilla 的 Firefox,Maxthon 和 Safari。现在许多网络服务公司推出自己的网页浏览器,如 360 安全浏览器、百度浏览器、谷歌浏览器、搜狗高速浏览器、世界之窗浏览器、腾讯 QQ 浏览器 、Firefox 火狐浏览器等。

7.3.2 Internet Explorer 8 应用

Internet Explorer,一般简称 IE,是微软公司推出的一款网页浏览器。本书以 IE 8.0 为例讲解浏览器的基本应用。

1. 启动 Internet Explorer 8

IE 8 的启动与一般的应用程序启动方法是一样的,主要有如下几种方法:

①双击桌面上的 Internet Explorer 8 图标。

②单击快速启动栏的 Internet Explorer 8 按钮。

③选择【开始】→【程序】→【Internet Explorer】。

2. Internet Explorer 8 的界面

IE 8 和以前的 IE 版本相比,界面上有所改进。没有之前的大片按钮,网址和搜索栏放在了第二行,使用标签式设计,方便用户使用。

IE 8 在 Windows 7 上的运行界面如图 7.11 所示。

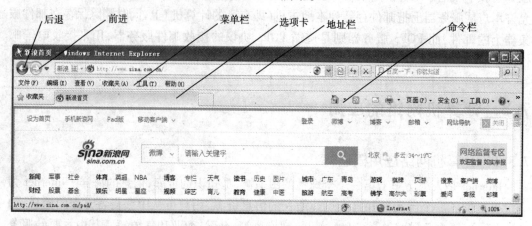

图 7.11　Internet Explorer 8 的界面

- 后退按钮 ⊙:单击【后退】按钮可以返回到刚离开的网页,就相关于 Word 中的撤销操作。

- 前进按钮 ⊙:如果已访问多个网页,并单击过【后退】按钮,单击【前进】按钮,可以返回之前访问过的网页,就相当于 Word 中的恢复操作。

- 下三解按钮 ▼:在【前进】按钮的右侧,单击此按钮可以从向下列表中进行选择以返回以前访问过的页面。

- 【主页】按钮 ⌂:单击主页按钮可以启动主页。主页是指在首次启动 Internet Explorer 时显示的页面。一般为最常访问的网页。

- 【刷新】按钮 ↻:单击此按钮可以更新当前页,快捷键为 F5。

- 【停止】按钮 ×:如果网页正在打开,可以单击此按钮或按 Esc 键中止打开。

- 【打印】按钮 🖶:可以直接打印当前网页。

- 【添加到收藏夹】按钮 ⌖:可以将正在浏览的网页地址添加到收藏夹。

- 【收藏夹】按钮:将当前浏览的网页添加到收藏夹,也可以将网页中的链接网页直接添加到收藏夹。

3. 设置 Internet Explorer 8 的主页

主页是指在首次启动 Internet Explorer 时显示的页面。

例:用以下两种方法将重庆大学网站首页设置(网址:http://www.cqu.edu.cn)为 IE 的主页:

方法一:通过主页按钮设置。

①打开 Internet Explorer,在地址栏处输入 http://www.cqu.edu.cn,转至重庆大学网站首页。

②单击"主页"按钮右侧的箭头,然后单击"添加或更改主页"。

③在"添加或更改主页"对话框中,请执行下列 3 项操作之一:

a.若要将当前网页作为唯一主页,单击"使用此网页作为唯一主页"。

b. 若要启动主页选项卡集或将当前网页添加到主页选项卡集,单击"将此网页添加到主页选项卡"。

c. 若要使用当前打开的网页替换现有的主页或主页选项卡集,单击"使用当前选项卡集作为主页"。此选项仅当在 Internet Explorer 中打开多个选项卡时可用。

④单击【是】按钮,保存所做的更改。

方法二:通过"Internet 选项"设置。

①打开 Internet Explorer,在地址中处输入 http://www.cqu.edu.cn,转至重庆大学网站首页。

②单击【工具】按钮,然后单击"Internet 选项",如图 7.12 所示。

③单击"常规"选项卡。

④单击"使用当前页",用 Internet Explorer 时使用的主页替换当前的主页。

⑤单击【确定】按钮,保存所做的更改。

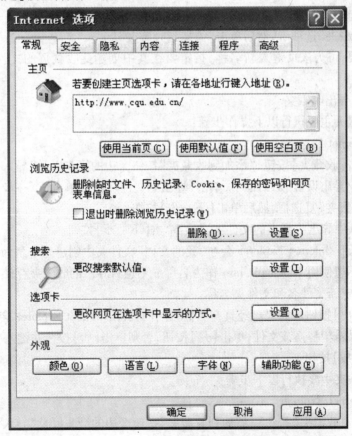

图 7.12 "Internet 选项"设置主页

4. 收藏夹的应用

Internet Explorer 收藏夹是将经常访问的网站的链接集合在一起。通过将网站添加到收藏夹列表,只需单击该网站的名称即可转到该网站,而不必键入其地址。如果您正在查看网站并要将其添加到收藏夹列表,单击【收藏夹】按钮,然后单击"添加到收藏夹"。如果需要,可为该页键入新名称,指定要在其中创建此收藏页的文件夹,然后单击【添加】按钮。也可以按<Ctrl+D>快捷键保存收藏夹。常见有如下两种操作:

(1)将网页添加到收藏夹栏

①收藏夹栏通常显示在 Internet Explorer 窗口的顶部,该位置便于存储经常使用的网页链接。

②如果收藏夹栏尚未显示,请将其打开。为实现此操作,单击【工具】按钮,指向"工具栏",然后单击"收藏夹栏"。

③导航到希望添加到收藏夹栏的网页,然后执行下列操作之一:

a. 单击【添加到收藏夹栏】按钮。

b. 将网页图标从地址栏拖到收藏夹栏。

c. 将网页上的链接拖到收藏夹栏。

(2)将网页添加到收藏页列表

①在 Internet Explorer 中,转到要添加到"收藏夹"列表的网页。

②单击"收藏夹"选项卡,然后单击"添加到收藏夹"。

③如果需要,可为该页键入新名称,指定要在其中创建此收藏页的文件夹,然后单击【添加】按钮。

(3)导入或导出收藏夹

①导出收藏夹主要执行以下操作步骤:

a. 打开 Internet Explorer。

b. 依次单击【收藏夹】按钮、"添加到收藏夹"按钮旁边的箭头以及"导入和导出"。

c. 在"导入/导出设置"对话框中,单击"导出到文件",然后单击【下一步】按钮。

d. 勾选"收藏夹"复选框,然后单击【下一步】按钮。

e. 选择要从中导出收藏夹的文件夹,然后单击【下一步】按钮。

f. 默认情况下,Internet Explorer 会在"我的文档"文件夹中创建一个名为 bookmark. htm 的文件。如果不想使用 bookmark. htm 作为名称或不想将导出的收藏夹存储在"我的文档"文件夹中,可指定新文件名和文件夹名称。

g. 单击【导出】按钮。如果已经具有名称相同的文件,Internet Explorer 会询问您是否替换该文件。如果希望替换该文件,单击【是】按钮,否则单击【否】按钮并键入新文件名。

h. 单击【完成】按钮。

②导入收藏夹主要执行以下步骤:

a. 打开 Internet Explorer。

b. 依次单击"收藏夹"按钮、"添加到收藏夹"按钮旁边的箭头以及"导入和导出"。

c. 在"导入/导出设置"对话框中,单击"从文件导入",然后单击【下一步】按钮。

d. 勾选"收藏夹"复选框,然后单击【下一步】按钮。

e. 默认情况下,Internet Explorer 会从"我的文档"文件夹中名为 bookmark. htm 的文件导入,单击"浏览"并选择一个文件,或键入要导入的文件位置和文件名,或单击【下一步】按钮接受默认设置。

f. 选择希望将导入的收藏夹置于其中的文件夹,然后单击【导入】按钮。

g. 单击"完成"按钮。

5. 在 Internet Explorer 8 中打印与保存网页

（1）预览与打印网页

打印网页时，Internet Explorer 自动将其缩放到适合纸张边距。这有时会导致页面尺寸缩小，Internet Explorer 还将稍微缩小页面尺寸。可以使用"打印预览"来查看要打印网页的外观及调整页面方向、缩放和边距。

预览页面在打印时的步骤：

①打开 Internet Explorer 并转到要打印的页面。

②单击【打印】按钮 🖶· 右侧的箭头，然后单击"打印预览"。

③按 <Ese> 键退出"打印预览"，不进行打印。

更改页面在屏幕和打印页面上的显示方式，如表 7.3 描述同时影响屏幕上显示的内容和打印页面上的外观的"打印预览"选项。更多特定于打印机的任务（如打印页面范围或选择纸张大小）是在"打印"对话框中设置的，而不是在"打印预览"中设置的。

表 7.3　"打印预览"选项

单　击	功　能
纵　向	垂直(纵向)打印页面
横　向	水平(横向)打印页面
页面设置	更改纸张、页眉和页脚、方向和页面的页边距
打开或关闭页眉或页脚	决定是否打印页面顶部或底部的其他信息(如日期、网站地址或页码)
更改打印尺寸	拉伸或压缩页面大小以填充打印页面。此功能替换 Internet Explorer 早期版本的缩放功能
调整边距	拖动水平或垂直标记以调整将要打印页面的位置
打印文档	使用当前设置打印页面

（2）页眉和页脚的设置

使用页眉和页脚，可以在打印的网页顶部和底部添加附加信息。如添加日期或时间、页码、窗口标题或网页地址之类的信息。可以将这些项目包含在页眉或页脚（或这两者）的左侧、中间或右侧。

若要自定义您打印的页面的页眉或页脚，执行以下操作：

①打开 Internet Explorer 并转到要打印的页面。

②单击浏览器主窗口中的【打印】按钮 🖶· 右侧的箭头，然后单击"页面设置"。

③在"页面设置"对话框中，单击"页眉和页脚"下的列表，然后单击要打印的项目。

表 7.4 描述了如何在打印网页的页眉或页脚中显示不同类型的信息。与以前版本的 Internet Explorer 不同的是，您不需要使用特殊代码来构建页眉或页脚。只需要从"页面设置"对话框中的"页眉"或"页脚"列表中选择一个选项即可。

表7.4　打印网页的页眉或页脚中显示不同类型的信息

打印内容	在列表中单击此选项
无	空　白
窗口标题	标　题
网页地址（URL）	URL
短格式日期（由"控制面板"中的"区域和语言选项"指定）	短格式日期
长格式日期（由"控制面板"中的"区域和语言选项"指定）	长格式日期
时间（由"控制面板"中的"区域和语言选项"指定）	时　间
24 小时格式的时间	24 小时格式的时间
当前页码	页　码
总页数	总页数
页码/总页数	页码/总页数

（3）打印网页的基本步骤

①在 Internet Explorer 中，转到要打印的网页。

②单击"打印"按钮 🖶 右侧的箭头，然后单击【打印】按钮。

③指定所需的打印选项，然后单击【打印】按钮。

（4）在计算机上保存网页的基本步骤

①在 Internet Explorer 中，单击【网页】按钮，然后单击【另存为】按钮。

②导航到要用于保存网页的文件夹。

③在"文件名"框中，键入网页的名称。

④在"保存类型"框中，执行下列操作之一：

a. 如果要保存显示该网页所需的全部文件，包括图形、框架和样式表，请选择"网页，全部"。该选项将按原始格式保存所有文件。

b. 如果要将显示该网页所需的全部信息保存到一个文件中，单击"Web 档案，单个文件"。该选项将保存当前网页的快照。只有安装了 Outlook Express 5 或更高版本时，才能使用该选项。

c. 如果只保存当前的 HTML 页，单击"网页，仅 HTML"。该选项将保存网页信息，但它不保存图形、声音或其他文件。

d. 如果只保存当前网页的文本，单击"文本文件"。该选项将以文本格式保存网页信息。

（5）保存网页中的图片

①在 Internet Explorer 中，浏览到要保存其中图片的网页。

②右键单击该图片。

③单击"将图片另存为"。

④在"保存图片"对话框中，浏览到希望保存此文件的文件夹，然后单击【保存】按钮。

7.3.3 电子邮件的应用

电子邮件可以是文字、图像、声音等多种形式。同时,用户可以得到大量免费的新闻、专题邮件,并实现轻松的信息搜索。

1. 电子邮件特点

电子邮件是整个网络间以至所有其他网络系统中直接面向人与人之间信息交流的系统,它的数据发送方和接收方都是人,所以极大地满足了大量存在的人与人之间的通信需求。

电子邮件的特点简单来说,即传播速度快,非常便捷。特点主要表现在:传播速度快,非常便捷;成本低廉;有广泛的交流对象;信息多样化;比较安全。

2. 原理

(1)电子邮件的发送和接收

电子邮件在 Internet 上发送和接收的原理可以很形象地用我们日常生活中邮寄包裹来形容:当我们要寄一个包裹时,首先要找到任何一个有这项业务的邮局,在填写完收件人姓名、地址等之后包裹就寄出而到了收件人所在地的邮局,那么对方取包裹的时候就必须去这个邮局才能取出。同样的,当我们发送电子邮件时,这封邮件是由邮件发送服务器(任何一个都可以)发出,并根据收信人的地址判断对方的邮件接收服务器而将这封信发送到该服务器上,收信人要收取邮件也只能访问这个服务器才能完成。

(2)电子邮件地址的构成

电子邮件地址的格式由三部分组成。第一部分"USER"代表用户信箱的账号,对于同一个邮件接收服务器来说,这个账号必须是唯一的;第二部分"@"是分隔符;第三部分是用户信箱的邮件接收服务器域名,用以标志其所在的位置。如 QQ 邮箱格式:QQ 账号@qq.com,其中 QQ 账号也可以申请注册为英文账号,更易于记忆与应用。

3. 电子邮件协议

常见的电子邮件协议有以下几种:SMTP(简单邮件传输协议)、POP3(邮局协议)、IMAP(Internet 邮件访问协议)。这几种协议都是由 TCP/IP 协议族定义的。

* SMTP(Simple Mail Transfer Protocol):SMTP 主要负责底层的邮件系统如何将邮件从一台机器传至另外一台机器。

* POP(Post Office Protocol):版本为 POP3,POP3 是把邮件从电子邮箱中传输到本地计算机的协议。

* IMAP(Internet Message Access Protocol):版本为 IMAP4,是 POP3 的一种替代协议,提供了邮件检索和邮件处理的新功能,这样用户可以完全不必下载邮件正文就可以看到邮件的标题摘要,从邮件客户端软件就可以对服务器上的邮件和文件夹目录等进行操作。IMAP 协议增强了电子邮件的灵活性,同时也减少了垃圾邮件对本地系统的直接危害,同时相对节省了用户查看电子邮件的时间。除此之外,IMAP 协议可以记忆用户在脱机状态下对邮件的操作(例如移动邮件、删除邮件等)在下一次打开网络连接的时候会自动执行。

4. 电子邮件的收发

电子邮件的收发一般需要三个方面的条件：一是有发送人与收件人的邮件账号；二是邮件收发的客户端软件；三是有网络（有线或无线均可）。

邮件账号主要有收费邮箱与免费邮箱两种，其中收费邮箱主要是包括网络内容服务商（Internet Content Provider）简写为 ICP 所提供的收费账号，以及一些大型企事业单位自建邮件服务器所分配的邮件账号，并可以利用专门的邮件收发软件来完成邮件的收发，如 Foxmail，Outlook 等，Microsoft Office Outlook 它是 Microsoft office 套装软件的组件之一，它对 Windows 自带的 Outlook express 的功能进行了扩充。Outlook 的功能很多，可以用它来收发电子邮件、管理联系人信息、记日记、安排日程、分配任务。目前最新版为 Outlook 2014。

随着信息社会的到来，Internet 的普及应用，现在约有 90% 的客户都应用免费邮箱来完成邮件的收发。如网易的 163、126 邮箱，中国移动的 139 邮箱，腾讯的 QQ 邮箱等。这类免费邮箱一般是通过网页方式（即 Web 方式）收发邮件。

下面以 QQ 免费邮箱为例说明。

QQ 免费邮箱发送界面如图 7.13 所示。

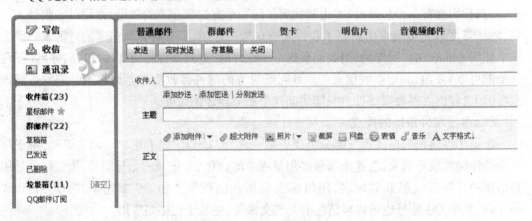

图 7.13　QQ 邮箱发送界面

● 收件人：在此处填写收件人的邮箱账号，QQ 邮箱支持同时填写多个账号，需用分号"；"来分隔，同时向多人发送邮件。同时还可以单击"添加""抄送"等填入账号向更多的用户发送邮件。

● 主题：填写信件的主题内容，可以让收件人知道信息的主要内容。

● 添加附件：如有附件可以单击并"添加"按钮，这也是信息社会的今天邮件最主要的用途之一，可以 Word 文件、Eceel 表格、图片、声音、图像、图纸等发送给对方，如学生的求职简历的发送等。注意添加"附件"按钮前有回形针形状的图标，表明是附件。如在接收邮件时，邮件中也有回形针形状的图标表示有附件文件，对于陌生人的附件文件一般不要下载、打开，有可能是病毒邮件。

● 邮件正文：发送邮件的主要文字内容，即向收件人表达的主要内容。

7.3.4　计算机网络资源下载

计算机网络主要功能是资源共享与数据通信。其中电子邮件、电子数据交换、电子公告牌(BBS)、远程登录和浏览、网络聊天、网络语音通话等是典型的数据通信服务;而资源共享主要表现在:入网用户均能享受网络中各个计算机系统的全部或部分软件、硬件和数据资源,这也是计算机网络应用为最本质的功能。

如何利用计算机网络资源来为现在的学习与将来的工作服务呢? 我们一般需要将这些资源下载到本地计算机才便于应用。下面就网络资源下载的相关知识做简要的介绍。

1. 网络资源下载

下载广义上说,凡是在屏幕上看到的不属于本地计算机上的内容,皆是通过"下载"得来。狭义上说,人们只认为那些自定义了下载文件的本地磁盘存储位置的操作才是"下载"。"下载"的反义词是"上传"。如各种网络文档资料、工程图纸、图形、图像视屏、音乐文件等。

2. 常见的网络下载方法

(1)HTTP 下载

HTTP 和 FTP 是两种网络传输协议的缩写,它们是计算机之间交换数据的方式,也是两种最经典的文件下载方式。FTP 专门用来下载,而 HTTP 的主要工作是用来浏览网页,不过也能用来下载。这两种下载方式的原理并不复杂,就是用户按照一定的规则(协议)和提供文件的服务器取得联系并将文件搬到自己的计算机中来。FTP 下载方式最古老,在没有WWW 的日子里,FTP 就已经广为使用了。HTTP 出现的较晚,但如今也应用的相当广泛。这两种使用的下载方式、下载工具几乎是一模一样的。在进行 FTP 或者 HTTP 下载之前你必须获得有效的资源链接或者服务器地址。

(2)下载工具

下载工具是一种可以更快地从网上下载文本、图像、视频、音频、动画等信息资源的软件。用下载工具下载文件之所以快是因为它们采用了"多点连接(分段下载)"技术,充分利用了网络上的多余带宽;采用"断点续传"技术,随时接续上次中止部位继续下载,有效避免了重复劳动。

目前常见的下载工具如:Flashget(网际快车)、Netants(网络蚂蚁)、Thunder(迅雷)、Bit-Comet(BT)、emule(电驴)、QQ 旋风。最近数年迅雷下载占有较大的市场份额。

3. 常见的网络下载方法

(1)使用浏览器下载

使用浏览器下载是许多上网初学者常使用的方式,它操作简单、方便。在浏览过程中,点击想下载的链接(一般是 .zip,.exe 之类),浏览器就会自动启动下载,只要给下载的文件找个存放路径即可正式下载了。若要保存图片,右击该图片,选择"图片另存为"即可。

这种方式的下载虽然简单,但也有它的弱点,那就是不能限制速度、不支持断点续传、对于拨号上网的朋友来说下载速度也太慢。

（2）使用专业软件下载

选择一款专业的下载软件是目前最有效下载方法,例如:迅雷、电驴、快车等。它使用文件分切技术,就是把一个文件分成若干份同时进行下载,这样下载软件时就会感觉到比浏览器下载的快多了,更重要的是,当下载出现故障断开后,下次下载仍旧可以接着上次断开的地方下载。

（3）通过邮件下载

通过邮件下载方式可能是最省事的了,你只要向 Internet 上的 FTPMail 电子邮件网关服务器发送下载请求,服务器将你所需的文件邮寄到你所指定的信箱中,这样就可以像平时收信那样来获得所需的文件了。我们可以采用专业的邮件下载工具,如 Mr cool、电邮卡车 E-mail Truck 等,只要给它一个文件下载地址和信箱,剩下的就可由它总代理了。

此方式也有很多不足之处,一是由于邮件下载是有排序性的,只有将把在你之前的下载请求全部完成后,才能轮到你,这就会影响到文件的时效性;二就是使用 E-mail 传送文件时需要重新编码,所以收到的文件要比直接下载的大一些。

（4）其他方法

• FTP 方式:FTP(Filetransferprotocol) 也是一种很常用的网络下载方式。它的标准地址形式就像"ftp://218.79.9.100/down/freezip23. zip"。FTP 方式具有限制下载人数、屏蔽指定 IP 地址、控制用户下载速度等优点。所以,FTP 更显示出易控性和操作灵活性,比较适合于大文件的传输(如影片、音乐等)。

• RTSP 和 MMS 方式:它们分别是由 Real Networks 和微软所开发的两种不同的流媒体传输协议。对于采用这两种方式的影视或音乐资源,原则上只能用 Real player 或 Media player 在线收看或收听。但是为了能够更流畅地欣赏流媒体,网上的各种流媒体下载工具也应运而生,像 StreamBox VCR 和 NetTransport(影音传送带)就是两款比较常用的流媒体下载工具。

• ED2K 方式:这是一种 P2P 软件的专门下载方式,地址一般是由文件名、文件大小和文件 ID 号码 3 个部分组成。这种地址一定要通过 Emule 或 Edonkey 等 P2P 软件才能进行下载。

• BT 方式:BT 是一种 Internet 上新兴的 P2P 传输协议,是一个有广大开发者群体的开放式传输协议。使用 BT 软件通过相应的 BT 种子下载你想要的资源。BT 软件之间的数传输是双向的(你下载数据的同时数据也上传出去给别人),BT 已经被很多个人和企业用来在 Internet 上发布各种资源,其好处是不需要资源发布者拥有高性能服务器就能迅速、有效地把发布的资源传向其他的 BT 客户软件使用者,而且大多数的 BT 软件都是免费的。只要有该资源的 BT 种子,就可以使用 BT 下载软件进行下载。

7.4　网页设计与制作基础

7.4.1　网页、网站基础知识

计算机网络应用的主要功能是通过用户浏览网站来实现的,而网站又是相关相关网页的集合。什么是网页？什么是网站？本节对其相关知识做一些基础性的介绍。

1. 网页

（1）网页的含义

网页是指网站中的任何一页面，它是构成网站的基本元素，是承载各种网站应用的平台，网站就是由网页组成的。如果只有域名和虚拟主机而没有制作任何网页的话，客户仍旧无法访问网站。

网页是一个文件，存放在世界某个角落的某一部计算机中，而这部计算机必须是与Internet相连的。网页经由网址（URL）来识别与存取，是万维网中的一"页"，通常是 HTML（超文本标记语言，是标准通用标记语言下的一个应用）格式（文件扩展名为 html、htm、asp、aspx、php、jsp 等）。网页要使用网页浏览器来阅读。

（2）网页构成

超文本标记语言中的"超文本"是指页面内可以包含图片、链接，甚至音乐、程序等非文字元素。超文本标记语言的结构包括"头"部分（Head）和"主体"部分（Body），其中"头"部提供关于网页的信息，"主体"部分提供网页的具体内容。

文字与图片是构成一个网页的两个最基本的元素。可以简单地理解为：文字是网页的内容。图片是网页的美观。除此之外，网页的元素还包括动画、音乐、程序等。

在网页上单击鼠标右键，选择菜单中的"查看源文件"，就可以通过记事本看到网页的实际内容。可以看到，网页实际上只是一个纯文本文件。它通过各式各样的标记对页面上的文字、图片、表格、声音等元素进行描述（例如字体、颜色、大小），而浏览器则对这些标记进行解释并生成页面，于是就得到所看到的画面。

（3）网页的分类

网页分为静态网页与动态网页。

• 静态网页：其内容是预先确定的，并存储在 Web 服务器或者本地计算机/服务器之上。

静态网页的基本特点有：制作速度快，成本低；模板一旦确定下来，不容易修改，更新比较费时费事；常用于制作一些固定板式的页面；通常用于文本和图像组成，子页面的内容介绍；对服务器性能要求较低，但对存储压力相对较大。

• 动态网页：是取决于由用户提供的参数，并根据存储在数据库中的网站上的数据中创建的页面。

两者的区别：通俗地讲，静态页是照片，每个人看都是一样的，而动态页则是镜子，不同的人（不同的参数）看都不相同。

（4）网页制作常用工具软件

①Amaya 用于编辑 HTML、CSS、数学标记语言、可缩放矢量图形的工具。

②Dreamweaver 用于编辑 HTML，ASP，JSP，PHP 的辅助工具。

③Frontpage 跟 DreamWeaver 一样，还有微软出的 VisualStudio 及 ExpressionStudioWeb，Frontpage 现已升级变更为 Microsoft SharePoint Designer。

④FLASH 网页需要画面流动（动画）时的首选择。

⑤Photoshop 图像处理软件，一般网页都需要有图片的相搭配，Photoshop 是一款很强大的工具。

⑥Fireworks 跟 Photoshop 一样都是图像处理软件，但 Fireworks 偏向与对网页的处理。Fireworks 主要用于制作动态图片格式。

⑦StylePix 跟 Photoshop 一样都是图像处理软件，可以处理光栅及矢量图形。

⑧Adobe 公司推出的 CS 系列，软件之间兼容性较好。可以用此系列对网站的美工特效进行进一步的修饰美化和优化。

2. 网站

（1）网站的含义

网站（Website）是指在因特网上，根据一定的规则，使用 HTML 等工具制作的用于展示特定内容的相关网页的集合。

简单地说，网站是一种通信工具，企事业单位、公司、个人可以通过网站来发布自己想要公开的资讯，或者利用网站来提供相关的网络服务。网站是相关网页的集合，人们可以通过网页浏览器来访问网站，获取自己需要的资讯或者享受网络服务。

（2）基本组成

在早期，域名、空间服务器与程序是网站的基本组成部分。随着科技的不断进步，网站的组成也日趋复杂，目前多数网站由域名、空间服务器、DNS 域名解析、网站程序、数据库等组成。

（3）常用分类

- 根据编程语言分类：例如 ASP 网站、PHP 网站、JSP 网站、ASP. net 网站等。
- 根据用途分类：例如门户网站（综合网站）、行业网站、娱乐网站等。
- 根据功能分类：例如单一网站（企业网站）、多功能网站（网络商城）等。
- 根据持有者分类：例如个人网站、商业网站、政府网站、教育网站等。
- 根据商业目的分类：营利型网站（行业网站、论坛）、非营利型网站（企业网站、政府网站、教育网站）。

7.4.2 Adobe Dreamweaver CS6 基础

Adobe Dreamweaver CS6 是世界顶级软件厂商 Adobe 推出的一套拥有可视化编辑界面，用于制作并编辑网站和移动应用程序的网页设计软件。由于它支持代码、拆分、设计、实时视图等多种方式来创作、编写和修改网页，对于初级人员，可以无需编写任何代码就能快速创建 web 页面。

Dreamweaver 简称"DW"，中文名称"梦想编织者"，是美国 Macromedia 公司开发的集网页制作和管理网站于一身的所见即所得网页编辑器。它使用所见即所得的接口，亦有 HTML编辑的功能。它现在有 Mac 和 Windows 系统的版本。随 Macromedia 被 Adobe 收购后，Adobe 也开始计划开发 Linux 版本的 Dreamweaver 了。

1. Adobe Dreamweaver CS6 界面介绍

(1)欢迎屏幕

软件的启动与一般的软件启动方法一样的。启动 Dreamweaver CS6 后进入欢迎屏幕，如图7.14所示。欢迎屏幕用于打开最近使用过的文档或创建新文档，还可以从"欢迎"屏幕中，通过产品介绍或教程了解有关 Dreamweaver 的更多信息。当然也可以设置不显示欢迎屏幕，在此对话框的左下角有一不再显示的选项，勾选后不再显示，并注意提示如何再次设置显示。

- 打开：可以打开相关的网页文件或站点，并可以编辑。

- 新建：可以新建多种文件类型，一般最常用的是新建 HTML 网页文件和 Dreamweaver 站点。

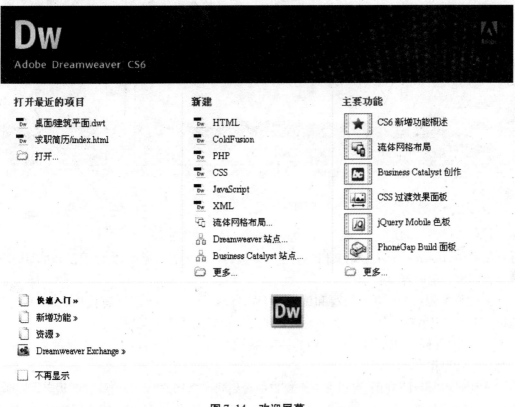

图7.14 欢迎屏幕

(2)Adobe Dreamweaver CS6 工作界面

现在以新建 HTML 文件的窗口为例介绍 Adobe Dreamweaver CS6 的工作界面，如图7.15所示。Adobe Dreamweaver CS6 工作界面主要由文档编辑窗口，菜单栏、插入栏、工具栏、状态栏、属性面板、浮动面板等组成。

①文档编辑窗口。

在文档编辑窗口显示当前打开或正在编辑的文档。并且若要切换到某个文档，可以单击它的选项卡。根据需要可以选择下列任一视图。

- 设计视图：一个用于可视化页面布局、可视化编辑和快速应用程序开发的设计环境。

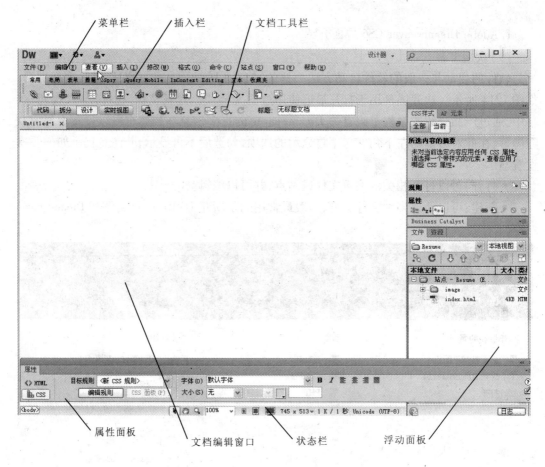

菜单栏　　插入栏　　文档工具栏

属性面板　　文档编辑窗口　　状态栏　　浮动面板

图 7.15　Dreamweaver CS6 工作界面

在此视图中,Dreamweaver 显示文档的完全可编辑的可视化表示形式,类似于在浏览器中查看页面时看到的内容。

●代码视图:一个用于编写和编辑 HTML、JavaScript、服务器语言代码(如 PHP 或 ColdFusion 标记语言(CFML))以及任何其他类型代码的手工编码环境。

●拆分"代码"视图:"代码"视图的一种拆分版本,可以通过滚动方式同时对文档的不同部分进行操作。

●代码和"设计"视图:可以在一个窗口中看到同一文档的"代码"视图和"设计"视图。

●"实时"视图:类似于"设计"视图,"实时"视图更逼真地显示文档在浏览器中的表示形式,并能够像在浏览器中那样与文档进行交互。"实时"视图不可编辑。可以在"代码"视图中进行编辑,然后刷新"实时"视图来查看所做的更改。

●实时"代码"视图:仅当在"实时"视图中查看文档时可用。"实时代码"视图显示浏览器用于执行该页面的实际代码,当在"实时"视图中与该页面进行交互时,它可以动态变化。"实时代码"视图不可编辑。

当"文档"窗口处于最大化状态(默认值)时,"文档"窗口顶部会显示选项卡,其中显示所有打开的文档的文件名。如果文档还未保存已做的更改,则 Dreamweaver 会在文件名后显示一个星号。

Dreamweaver 还会在文档的选项卡下(如果在单独窗口中查看文档,则在文档标题栏下)显示"相关文件"工具栏。相关文档指与当前文件关联的文档,例如 CSS 文件或 JavaScript 文件。若要在"文档"窗口中打开这些相关文件之一,请在"相关文件"工具栏中单击其文件名。

②文档工具栏概述。

使用"文档"工具栏包含的按钮,可以在文档的不同视图之间快速切换。工具栏中还包含一些与查看文档、在本地和远程站点间传输文档有关的常用命令和选项。如图 7.16 显示了展开的"文档"工具栏。

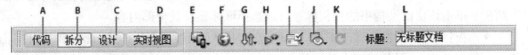

图 7.16 文档工具栏

A—显示代码视图;B—显示代码和设计视图;C—显示设计视图;D—实时视图;

E—多屏幕;F—在浏览器中预览/调试;G—文件管理;H—W3C 验证;I—检查浏览器兼容性;

J—可视化助理;K—刷新设计视图;L—文档标题

以下选项将显示在"文档"工具栏中:

- 显示"代码"视图:仅在"文档"窗口中显示"代码"视图。

- 显示"代码"视图和"设计"视图:将"文档"窗口拆分为"代码"视图和"设计"视图。如果选择这种组合视图,则"视图选项"菜单中的"顶部的设计视图"选项变为可用。

- 显示"设计"视图:仅在"文档"窗口中显示"设计"视图。

- "实时"视图:显示不可编辑的、交互式的、基于浏览器的文档视图。

- 多屏幕:查看页面,就如同页面在不同尺寸的屏幕中显示。

- 在浏览器中预览/调试:允许在浏览器中预览或调试文档。从弹出菜单中选择一个浏览器。

- 文件管理:显示"文件管理"弹出菜单。

- W3C 验证:用于验证当前文档或选定的标签。

- 检查浏览器兼容性:用于检查 CSS 是否对于各种浏览器均兼容。

- 可视化助理:可以使用各种可视化助理来设计页面。

- 刷新"设计"视图:在"代码"视图中对文档进行更改后刷新该文档的"设计"视图。在执行某些操作(如保存文件或单击此按钮)之后,在"代码"视图中所做的更改才会自动显示在"设计"视图中。

- 文档标题:允许为文档输入一个标题,它将显示在浏览器的标题栏中。如果文档已经有了一个标题,则该标题将显示在该区域中。

③标准工具栏。

"标准"工具栏包含执行"文件"和"编辑"菜单中常见操作的按钮:"新建""打开""在 Bridge 中浏览""保存""全部保存""打印代码""剪切""复制""粘贴""撤销"和"重做"。可像使用等效的菜单命令一样使用这些按钮。这些操作与 Windows,Office 等软件操作方法基本是一样的。

④其他工具栏。

● 编码工具栏：仅在"代码"视图中显示，包含可用于执行多项标准编码操作的按钮。

● "样式呈现"工具栏：若要显示"标准"工具栏，选择【查看】|【工具栏】|【样式呈现】。使用工具栏包含的按钮可以查看设计在不同媒体类型中的外观（如果使用依赖于媒体的样式表）。它还包含一个允许您启用或禁用层叠式样式表（CSS）样式的按钮。

● "属性"检查器：用于查看和更改所选对象或文本的各种属性。每个对象具有不同的属性。默认情况下，在"编码器"工作区布局中，属性检查器是不展开的。

● 标签选择器：位于"文档"窗口底部的状态栏中。显示环绕当前选定内容的标签的层次结构。单击该层次结构中的任何标签可以选择该标签及其全部内容。

● 面板：帮助您监控和修改工作。示例包括"插入"面板、"CSS 样式"面板和"文件"面板。若要展开某个面板，请双击其选项卡。

● 插入面板：包含用于将图像、表格和媒体元素等各种类型的对象插入到文档中的按钮。每个对象都是一段 HTML 代码，允许在插入它时设置不同的属性。例如，可以通过单击"插入"面板中的"表格"按钮来插入一个表格。如果愿意，可以使用"插入"菜单来插入对象，而不用通过使用"插入"面板。

● "文件"面板：无论它们是 Dreamweaver 站点的一部分还是位于远程服务器，都可以将它们用于管理文件和文件夹。使用"文件"面板，还可以访问本地磁盘上的所有文件。

2. Dreamweaver 基础

（1）Dreamweaver CS6 的文件操作

在 Dreamweaver CS6 中，用户不仅可以创建基本的 HTML 页面和动态的 ASP，JSP 页面，还可以创建模板页、CSS 样式表、XSLT、库项目、JavaScript、XML 以及多种专业水准的页面设计。

● 新建文档：在 Dreamweaver CS6 中新建文档的具体操作步骤如下：
①依次选择【文件】|【新建】菜单命令，打开"新建文档"对话框。
②在"空白页"选项卡内的"页面类型"列表框中选择所要创建的文档类型，然后在"布局"列表框中选择想要创建的样式，然后单击【创建】按钮即可。

● 保存文档：在 Dreamweaver CS6 中保存文档的方法大致和其他应用程序相同。如果要将设计好的文档保存为模板，则依次选择【文件】|【另存为模板】菜单命令，进行相应的设置后，单击【保存】按钮即可将模板保存在所选择的站点内。

● 打开现有文档：Dreamweaver CS6 可以打开 HTML 文件或任何支持的动态文档类型。依次选择【文件】|【打开】菜单命令，在"打开"对话框中选择想要打开的文件，然后单击【打开】按钮即可。

有些保存为 HTML 格式的文件类型，诸如 Microsoft Word 文档，则需将其导入 Dreamweaver CS6 中，而不是打开该文档。导入后需使用 Dreamweaver 的相关命令清除无用的标签。

（2）设置页面属性

对于页面的基本属性，例如标题、背景颜色和图像、文本及链接的颜色、边距等，在"页面属性"对话框中均可以设置。

依次选择【修改】|【页面属性】菜单命令,打开"页面属性"对话框,如图 7.17 所示。

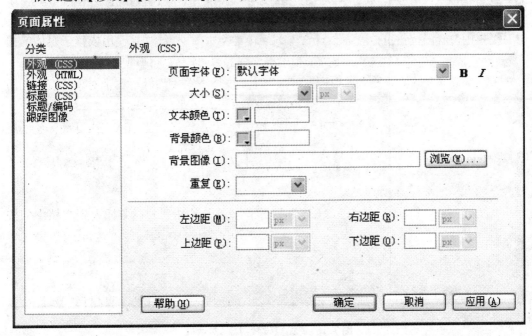

图7.17 文档工具栏

(3)站点的建立与管理

Dreamweaver 站点是指在 Dreamweaver 制作设计网页的过程中所使用的术语,是定义一个站点名称、存放文件的文件夹,并可以方便远程管理维护网站的功能。

对于制作维护一个网站,首先需要在本地磁盘上制作修改网站的文件,然后把这个网站制作修改的文件上传到 Internet 的 Web 服务器上,从而实现网站文件的更新。放置在本地磁盘上的网站被称为本地站点,位于 Internet Web 服务器里的网站被称为远程站点。Dreamweaver 提供了对本地站点和远程站点强大的管理功能。

使用 Dreamweaver 站点管理,需要理解以下 3 种站点的定义:

● 本地信息:即是本地工作目录,也称为"本地站点"。

● 远程信息:是远程站点存储文件的位置,也称为"远程站点"。一般是指向使用运行系统正在运行的站点。

● 测试服务器:即用来测试站点的服务器,等在测试服务器中测试通过了,然后发布到远程站点上。

①新建站点。

在使用 Dreamweaver 制作网页前,最好先定义一个站点,这是为了更好地利用站点对文件进行管理,尽可能地减少错误,如路径出错、链接出错等。

使用向导建立站点,Dreamweaver 是最佳的站点创建和管理工具,使用它可以创建完整的站点。创建本地站点的具体操作,可选择【站点】|【新建站点】菜单命令,弹出的"站点设置对象"对话框,如图 7.18 所示。

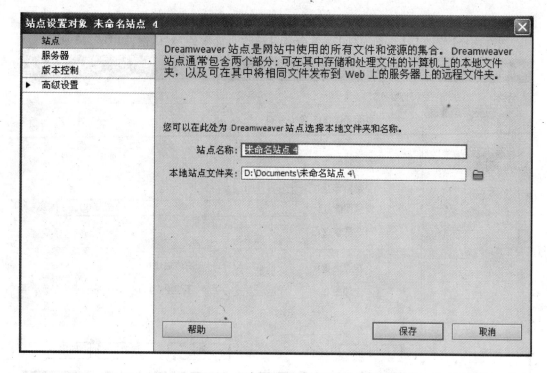

图 7.18　"站点设置对象"对话框

若要设置站点是本地站点,只需指定用于存储所有站点文件的本地文件夹。此本地文件夹可以位于本地计算机上,也可以位于网络服务器上。

在计算机上标识或创建要用于存储站点文件的本地文件夹。此文件夹可以位于计算机上的任何位置。将会在 Dreamweaver 中将此文件夹指定为本地站点。

在 Dreamweaver 中,选择【站点】|【新建站点】。

在"站点设置"对话框中,确保选择了"站点"类别,默认情况下它应处于选中状态。

在"站点名称"文本框中,输入站点的名称。此名称显示在"文件"面板和"管理站点"对话框中;它不显示在浏览器中。

在"本地站点文件夹"文本框中,指定在计算机上要用于存储站点文件的本地版本的文件夹。可以单击该文本框右侧的文件夹图标以浏览到相应的文件夹。

单击"保存"关闭"站点设置"对话框后,就可以开始在 Dreamweaver 中处理本地站点文件。

②管理站点。

要对已经建立的站点进行进一步设置,可完善站点设置。选择菜单中【站点】|【管理站点】命令,弹出"管理站点"对话框,在对话框中选择站点,并对站点进行管理。

7.4.3　网页设计应用举例—求职简历的制作

网页设计的基本操作,如文本录入与格式化、图片的插入、表格应用等常用编辑,可以通过设计视图来完成。而这些操作在设计视图界面下,与 Office 等常用办公软件操作相似,在此就不做详细的讲解。现以学生毕业时最常用的求职简历表的网页制作为例来讲解

基本操作方法,操作步骤如下:

1. 文件准备

先在本地磁盘(如 E:)创建"求职简历"新文件夹,以及子文件 image,并将简历所用到的图片。如毕业学校的校名标志、校徽、个人证件照等,复制到子文件 image 中。

2. 站点文件的建立

启动 Dreamweaver CS6,选择【站点】|【新建站点】菜单命令。在弹出的"站点设置对象"对话框中,在站点名称中输入"resume",设置本地站长文件夹为"E:\求职简历\",单击【保存】按钮,如图 7.19 所示。

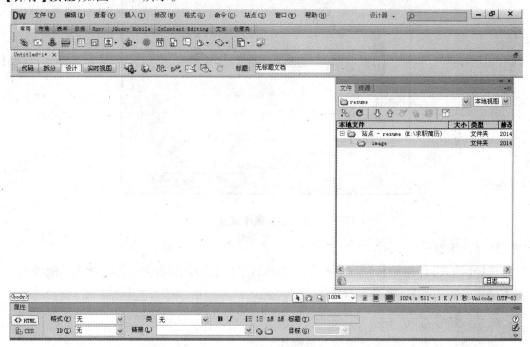

图 7.19　站点的建立

3. 网页的新建与保存

在"文件"菜单中单击"新建",在弹出的"新建文档"对话框中,选择"空白页"选项,在"页面类型"列表框中选择 HTML 选项,在布局列表框中选择"无"选项,单击【创建】按钮。

在文档工具栏中选"设计"视图,并设置页面标题为"求职简历",如图 7.20 所示。并以文件名 index.htnl 保存网页文件到站点的根目录中。

图 7.20　文档工具栏设置与选择

4. 个人简历表制作

选择【插入】|【表格】"菜单命令,见如图 7.21 所示进行设置,单击【确定】按钮。参照

如图7.20进行表格的文本录入与编辑,操作方法与Word中的表格编辑方法基本相似。对文本、段落等设置主要是通过"属性"面板来操作完成。当"I"型光标处于单元格中,"属性"面板主要设置文本、段落等格式,而当鼠标点击表格线时,显示表格属性。

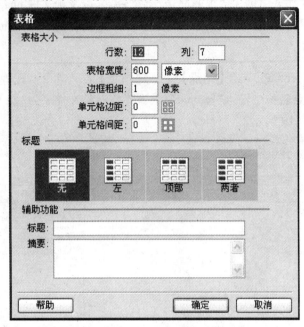

图7.21　表格建立

5. 插入图像

选择【插入】|【图像】菜单命令,在网页的适当位置插入证件照,并在"属性"面板对图像大小做一定的调节,如图7.22所示。

6. 插入超链接

超级链接简单来讲,就是指按内容链接。

超级链接在本质上属于一个网页的一部分,它是一种允许同其他网页或站点之间进行连接的元素。各个网页链接在一起后,才能真正构成一个网站。所谓的超链接是指从一个网页指向一个目标的连接关系,这个目标可以是另一个网页,也可以是相同网页上的不同位置,还可以是一个图片,一个电子邮件地址,一个文件,甚至是一个应用程序。当浏览者单击已经链接的文字或图片后,链接目标将显示在浏览器上,并且根据目标的类型来打开或运行。

例如:可以将学院的图像标志链接到学院的网站上,如图7.23所示。还可以将资格证书、获奖情况处分别链接对应的证书文件上,便于浏览与查看证书。

7. 表格与网页背景色的设置

表格主要是根据单元格的内容,设置背景色,如姓名、性别、出生年月、获奖情况、实习情况等单元格,以方便于与具体的内容区分。网页背景色的设置,可以通过页面属性对话框来完成,如图7.24所示。

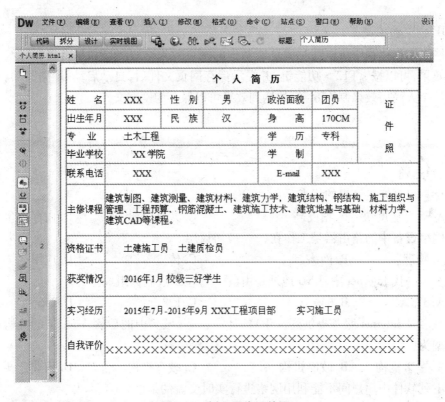

图 7.22　插入图像证件照

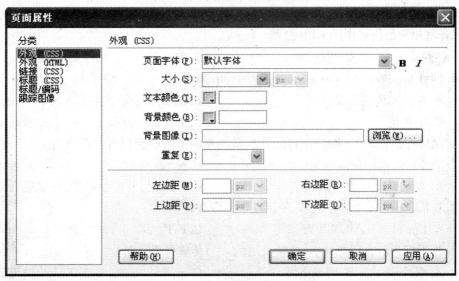

图 7.23　学院标志图的超链接

图 7.24　网页背景色的设置

8. IE 浏览器中浏览

在网页制作过程中可以随时浏览所制作的网页效果,如背景色、超链接、图像、声音等对象的效果,可以按 <F12> 功能键,并提示保存网页文件后,自动启动 IE 浏览器,可以浏览制作的个人简历效果制作效果,如达到效果可以保存为网页文件。

习题

一、单选题

1. 计算机网络最突出的优点是(　　　)。
  A. 运算速度快 B. 精度高   C. 共享资源   D. 内存容量大

2. 网络设备中的路由器是工作在(　　　)协议层。
  A. 物理   B. 网络   C. 传输   D. 应用

3. 在下一代 Internet 中,IPv6 地址是由(　　　)位二进制数组成。
  A. 32   B. 64   C. 128   D. 256

4. 域名是 Internet 服务提供商(ISP)的计算机名,域名中的后缀 .com 表示机构所属类型为(　　　)。
  A. 军事机构 B. 政府机构   C. 教育机构   D. 商业公司

5. 下列软件中用户间不能利用网络进行实时交流的是(　　　)。
  A. QQ   B. 微博   C. 微信   D. WinRAR

6. 电子邮件客户端软件设置发送邮件服务器的协议是(　　　)。
  A. SMTP   B. FTP   C. HTTP   D. POP3

7. 一个网站的起始网页一般被称为(　　　)。
  A. 文档   B. 网址   C. 网站   D. 主页

8. 在计算机网络中,表征数据传输可靠性的指标是(　　　)。
  A. 传输率   B. 误码率   C. 失真率   D. 频带利用率

9. 计算机网络设备中的 HUB 是指(　　　)。
  A. 网关   B. 集线器   C. 路由器   D. 网桥

10. 网址 http://www.sina.com.cn/ 中的 http 表示(　　　)。
  A. 超文本传输协议   B. 超文本标记语言
  C. IP 地址   D. TCP/IP 协议

11. 国际标准化组织(ISO)制订的开放系统互联参考模型(OS I/RM)有 7 个层次。下列 4 个层次中最高的是(　　　)。
  A. 表示层   B. 网络层   C. 会话层   D. 物理层

12. 目前,Internet 上用户最多、使用最广的服务是(　　　)。
  A. E-mail   B. WWW   C. FTP   D. Telnet

13. 骨干网为所有用户共享,通常采用(　　　)传输骨干数据。
  A. 双绞线   B. 同轴电缆   C. 光纤   D. 无线信道

14. 计算机网络就是把分散布置的多台计算机及专用外部设备用通信线路互连,并配以相应的(　　　　)所构成的系统。

　　A. 应用软件　　B. 网络软件　　　　　　C. 专用打印机　　　　D. 专用存储系统

15. 计算机网络系统中的每台计算机都是(　　　　)。

　　A. 相互控制的　　B. 相互制约的　　　　　C. 各自独立的　　　　D. 毫无联系的

16. 和广域网相比,局域网(　　　　)。

　　A. 有效性好但可靠性差　　　　　　　　　B. 有效性差但可靠性好

　　C. 有效性好可靠性也好　　　　　　　　　D. 只能采用基带传输

17. 下列哪项(　　　　)不是网络能实现的功能。

　　A. 数据通信　　B. 资源共享　　　　　　C. 负荷均匀　　　　　D. 控制其他工作站

18. 计算机网络协议是为保证通信而指定的一组(　　　　)

　　A. 用户操作规范　　　　　　　　　　　　B. 硬件电气规范

　　C. 规则或约　　　　　　　　　　　　　　D. 程序设计语法

19. Internet 上的每台计算机用户都有一个独有的(　　　　)。

　　A. E-mail　　　　B. 协议　　　　　　C. TCP/IP　　　　　D. IP 地址

20. 以下各项是主机域名的正确写法是(　　　　)

　　A. PUBLIC. WH. HB. CN

　　B. 10011100. 10100111. 01100100. 00001100

　　C. 210. 31. 225. 52

　　D. helijuan@ eyou. Com

21. 局域网与广域网、广域网与广域网的互联是通过(　　　　)实现的。

　　A. HUB　　　　　B. 网桥　　　　　　C. 路由器　　　　　D. 交换机

22. 一座办公大楼内各个办公室中的微机进行联网,这个网络属于(　　　　)。

　　A. LAN　　　　　B. MAN　　　　　　C. WAN　　　　　　D. Internet

23. 以下正确的电子邮箱地址是(　　　　)。

　　A. LXY. 163. COM　　　　　　　　　　B. LXY. 163. NET. COM

　　C. LXY@ .163. COM　　　　　　　　　　D. LXY@ 163. COM

24. 为了防御网络监听,最常用的方法是通过(　　　　)传输。

　　A. 物理(非网络)　　　　　　　　　　　B. 信息加密

　　C. 无线网　　　　　　　　　　　　　　D. 有线网

二、判断题

1. Wi-Fi(Wireless Fidelity)技术可以将个人计算机、手持设备(如 PDA、手机)等终端以无线方式互相连接。　　　　　　　　　　　　　　　　　　　　　(　　　)

2. 在一个局域网内,连接网络的常见设备是交换机和集线器。　　　　　(　　　)

3. 连接两个独立的局域网使之成为一个统一管理的较大局域网可使用中继器来实现。　　　　　　　　　　　　　　　　　　　　　　　　　　　　　　　(　　　)

4. 用户向对方发送电子邮件时,是直接发送到接收者的计算机中进行存储的。(　　　)

5. 电子商务配合先进的物流系统,给人们带来网络购物的全新感受。　　(　　　)

6. 我国的互联网域名体系中,可以使用汉字作为域名。　　　　　　　　(　　　)

7. 公民在互联网上可任意发布信息,并对所发布的信息不负任何责任。　　（　　）

8. 发送电子邮件时,一次发送操作只能发送给一个接收者。　　　　　　　（　　）

9. 用户向对方发送电子邮件时,是直接发送到接收者的计算机中进行存储的。（　　）

10. 计算机病毒可以通过电子邮件传播。　　　　　　　　　　　　　　　　（　　）

11. 公民在互联网上可任意发布信息,并对所发布的信息不负任何责任。　　（　　）

12. 云计算是一种基于互联网的计算模式,通过这种模式,共享的软硬件资源和信息可以按需求提供给计算机和其他设备。　　　　　　　　　　　　　　　　（　　）

13. 目前,光纤是网络连接最快的传输介质。　　　　　　　　　　　　　　（　　）

14. 在 Internet 中,DNS 服务的目的是将域名解析成 IP 地址。　　　　　　（　　）

15. WWW(万维网)是一种浏览器。　　　　　　　　　　　　　　　　　（　　）

三、填空题

1. 通过有线传输的介质主要有同轴电缆、_____和光纤等。

2. 目前使用的 Internet 中,TCP/IP 共有_____层协议。

3. 计算机网络分为通信子网和_____。

4. 计算机网络从地理范围上可分为局域网、城域网和_____三类。

5. IPv4 地址用_____个字节表示。

6. 邮件的发送不是从发件人直接到接收人,而是先要发送到_____。

7. World Wide Web 的缩写是_____。

8. 网络按其分布的地理范围可分为 LAN、WAN、MAN。校园网属于_____。

9. 网页的一种 HTML 文件,其中 HTML 的中文意思是_____。

10. Internet(因特网)上使用最基本的协议是_____。

11. 从域名 tsinghua.edu.cn 可知,它的使用单位很可能是_____机构。

12. 在计算机网络中,通常把提供并管理共享资源的计算机称为_____。

13. 计算机网络传输速度单位是_____。

14. 计算机网络是计算机技术与_____技术相结合的产物。

15. 在 Internet 协议中,"FTP"代表的含义是_____。

第8章

信息安全与信息素养

知识提要

本章主要介绍了信息技术、信息系统、信息安全的基本概念,分析了影响计算机信息系统安全的因素,并介绍了现在常用的信息安全技术。同时,还介绍了计算机病毒及其预防、信息素养与知识产权保护等内容。

教学目标

掌握信息技术、信息系统、信息系统的安全、计算机病毒和知识产权保护的基本概念;

了解影响计算机信息系统安全的因素;

了解常用信息安全技术;

了解计算机病毒的传播及预防方法;

了解信息素养的基本概念。

8.1 信息技术与信息系统

随着时代的发展,信息技术和信息系统的概念被赋予了更广泛的意义,它们在社会发展和经济发展中的重要地位不断提升,人们对它们的依赖也越来越明显,与信息技术和信息系统相关的研究也越来越多。

8.1.1 信息技术概述

1. 现代信息论的诞生

现代信息论作为真正意义上的一门学科,是从 1924 年奈奎斯特解释了信号带宽和信息率之间的关系以及 1928 年哈脱莱引入了非统计《等概率事件》信息量概念的工作开始的。直到 1948 年美国数学家香农发表了"通信理论中的数学原理"和"在噪声中的通信"两篇著名论文,讨论了信源和信道特性,提出了概率信息的概念、信息熵的数学公式,指出了用降低传输速率来换取高保真通信的可能性等几个重要结论,系统地概述了通信的基本问题,由此奠定了现代信息论的基础。

20 世纪 50 年代控制论奠基人维纳和卡尔曼推出的维纳滤波理论和卡尔曼滤波理论以及 20 世纪 70 年代凯纳思等人提出的信息过程理论是现代信息论的重大发展。

1961 年,香农发表的论文"双路通信信道"开拓了多用户理论的研究,该理论随着卫星通信、计算机通信网络的迅速发展取得了许多突破性的进展。

随后 50 多年来,信息理论与技术无论在基本理论方面还是在实际应用方面都取得了巨大的进展。在香农理论基础上给出的最佳噪声通信系统模型,近年来正在成为现实,这就是伪噪声编码通信系统的迅速发展和实际应用。在噪声中对信号过滤与检测基础上发展起来的信号检测理论和在抗干扰编码基础上发展起来的编码理论已成为近代信息论的两个重要分支。

简尼斯提出的最大熵原理和库尔拜克提出的最小鉴别信息原理,为功率谱估计等应用提供了理论依据。还相继展开了模糊信息、相对信息、主管信息、智能信息处理以及自动化信息控制等大量崭新的课题研究,使信息理论的面貌为之一新,并将大大促进信息科学的发展。

现在,信息理论与技术不仅直接应用于通信、计算机和自动控制等领域,而且还广泛渗透到生物学、医学、语言学、社会学和经济学等领域。特别是通信技术与微电子、光电子、计算机技术等方向的结合,使现代通信技术的发展充满生机和活力。

2. 数据与信息

数据是用符号表示的客观事实、概念和事件,其形式通常有 3 种:数值型数据——用于定量记录的符号,如重量、成绩、年龄等;字符型数据——用于定性记录的符号,如姓名、专业、住址等;特殊型数据,如声音、图像、视频等。到目前为止,在现代计算机中这些数据都以二进制的形式进行存储。

信息是指存在于客观世界的一种事物形象,它以文本、声音、图像等数据作为载体,是数据中所体现的有用的、有意义的内容。信息论奠基人香农描述信息是"用来消除不确定性的东西",控制论奠基人维纳认为信息是区别于物质和能量的第三类资源。

信息和数据既相互联系又相互区别,数据是信息的载体,信息是数据所表现出的具体内容,数据是具体的符号,信息是抽象的含义。如果数据不具有知识性和有用性则不能称其为信息。只有当数据经过加工处理具有知识性并对人类活动产生决策作用后才形成信息。

信息是客观事物运动状态和存在方式的反映,具有时效性、可传递性、共享性、客观性、可再现性、可加工性、可存储性等特点。

①信息的时效性。信息往往反映事物在某一时刻的状态,它具有一定的时间性和效用性,超过某一时间段,信息就会失去效用。

②信息的可传递性。可传递性是信息的本质特征。当信源发出信息后,利用通信信道,可将信息传递给信宿。利用信道传递信息的过程就称为信息的可传递性。

③信息的共享性。信息与物质和能量的一个重要区别就是共享性。物质交流中,一方得到的正是另一方所失去的;信息交流中,一方得到新的信息,而另一方并无所失,双方或多方可共享信息资源。它也体现了信息资源的重要性。

④信息的客观性。信息是客观世界中事物变化和状态变化的反映,而事物及其状态的变化是不以人们意志的转移而转移的,它是客观存在的,因此信息也具有客观性。正是由于信息具有客观性才使得它具有普遍价值。

⑤信息的可再现性。信息的可再现性包括两方面的含义:一是信息作为客观事物的一种反映,它为人们所接受、认识的过程,也是客观事物的再现过程;二是信息的内容可以物化在不同的载体上,传递过程中经由载体的变化而再现相同的内容。

⑥信息的可加工性。客观世界存在的信息是大量的、多种多样的,人们对信息的需求往往具有一定的选择性。为了更好地开发和利用信息,需要对大量的信息用科学的方法进行筛选、分类、整理、概括和归纳,使其精炼浓缩,排除无用信息,选取自己需要的信息。信息还具有可变换性,它可以从一种状态变换为另一种状态,如物质信息可转换为语言、文字、数据和图像等形式,也可以转换为计算机语言、电信号等。信息可以通过一定的手段进行处理,如扩充、压缩、分解、综合、抽取、排序、决策、创造等。

⑦信息的可存储性。信息可以用不同的方式存储在不同的介质上。人类发明的文字、摄影、录音、录像、各式各样的存储器等都可以进行信息存储。

3. 信息技术的定义

信息技术因其使用的目的、范围和层次的不同而有着不同的表述。从广义上讲,凡是能够扩展和延长人的信息器官(包括感觉器官、传导神经网络、思维器官、效应器官)功能的技术都称为信息技术。狭义上讲信息技术就是指利用计算机实现信息的获取、加工、存储、检索、传播等功能的技术总称。

最基本、最重要的信息技术包括传感器技术、通信技术、智能技术、控制技术等。传感器技术实际上代替的是人的感觉器官,它可以将物理信号转换为电信号,这个过程实现了信息的获取。通信技术则是传导神经网络的代替,用于信息的传递。智能技术包括计算机技术、人工智能技术,它对应于人类的思维器官,用于信息的加工与再生。控制技术则是根据输入的指令信息来对外部事物做出响应,对应于人类的效应器官。

8.1.2 信息系统概述

1. 什么是信息系统

信息系统(IS,Information Systems)是与信息加工、信息传递、信息存储以及信息利用等有关的系统。它被定义为由计算机硬件、软件、网络通信设备、信息资源、信息用户和规章制度组成的用于处理信息流的人机一体化系统。任何一类信息系统都是由信源、信道和信宿(通信终端)三者构成。先前的信息系统并不涉及计算机等现代技术,但是随着现代通信与计算机技术的发展,使信息系统的处理能力得到很大的提高。现在各种信息系统已经离不开现代通信与计算机技术,现在所说的信息系统一般均指人、机共存的系统。信息系统一般包括事物处理系统、管理信息系统、决策支持系统、专家系统和办公自动化系统。

2. 常见的信息系统

(1)事物处理系统

事物处理系统(TPS,Transaction Processing System)是一个帮助企业或部门处理基本业务、记录和更新所需详细数据的系统。它支持批处理数据、联机实时处理数据以及联机延迟处理数据。

(2)管理信息系统

管理信息系统(MIS,Management Information System)是从 20 世纪 60 年代发展起来的,20 世纪 80 年代后期在许多企业中掀开热潮。管理信息系统是一个由人、计算机及其他外围设备等组成的能进行信息的收集、传递、存贮、加工、维护和使用的系统。从最早的传统MIS 系统,到 C/S 模式与改进的 C/S 模式,发展到现在较为流行的 B/S 模式,功能包括资产管理、经营管理、行政管理、生产管理和系统维护等,成为现代企业管理的有力工具。

(3)决策支持系统

决策支持系统(DSS,Decision Support System)是一种帮助决策者利用数据、模型和知识去解决半结构化或非结构化问题的交互式计算机系统。它最早用于财务管理,现在已应用于各种类型的企业管理中。决策支持系统能替代局部或专用管理信息系统的大部分功能,是一个较为专业化和高层次化的信息系统。

(4)专家系统

专家系统(ES,Expert System)产生于 20 世纪 60 年代中期,是人工智能领域的一个重要分支。它被定义为一个具有大量专门知识的计算机智能信息系统,可以运用知识和推理技术模拟人类专家来解决各类复杂问题。

(5)办公自动化系统

办公自动化系统(OAS,Office Automation System)是一种利用计算机和网络技术,使企业员工方便快捷地共享部门信息,高效的协同工作,最终实现信息全方位的采集和处理,为企业的决策和管理提供保障的系统。它通常包含以下几个方面的功能:实现办公流程的自动化、建立信息交流平台、文档管理的自动化、知识管理平台、辅助办公、实现分布式办公。

8.2 计算机信息系统的安全

在信息化时代,由于互联网的开放性,信息安全问题将更加突出。随着网络使用者和网上应用的增加,网络和连接在网络上的信息系统已经开始面临各种复杂的、严峻的安全威胁。为了维护信息化社会的有序运作,必须重视信息安全。

8.2.1 信息系统安全概述

信息系统安全技术包含信息安全技术、计算机安全技术、网络安全技术。它们是不可分割的整体。信息的采集、加工、存储离不开计算机,而信息的共享、传输、发布又依赖于网络系统。因此保证信息系统的安全就是要保证信息安全、计算机安全、网络安全。

信息安全是指信息在采集、传递、存储以及应用等过程中的完整性、机密性、可用性、可控性和不可否认性。信息安全不单纯是技术问题,它涉及技术、管理、制度、法律、历史、文化、道德等诸多方面。

计算机安全所涉及的方面非常广泛,对于单用户计算机来说,计算机的工作环境、物理安全、计算机的安全操作以及病毒的预防都是保证计算机安全的重要因素。

网络安全问题从本质上讲是网络上的信息安全,是指网络系统的硬件、软件及其系统中的数据受到保护,不受偶然的或者恶意的原因遭到破坏、更改、泄露,系统连续可靠正常地运行,网络服务不中断。

网络安全具体包括网络物理安全、网络运行安全、网络信息安全、网络安全保证等方面的内容。网络物理安全包括环境安全、设备安全和存储介质安全。网络运行安全是指所采取的各种安全检测、网络监测、安全审计、风险分析、网络病毒防范、备份及容错、应急计划和应急响应等方法和措施。

8.2.2 影响计算机信息系统安全的因素

1. 信息系统自身安全的脆弱性

（1）操作系统的安全脆弱性

操作系统是控制和管理计算机系统软硬件资源的软件集合。它具有开放性,任何人都可以调用操作系统的接口。无论是 Windows,UNIX 还是 MAC OS 操作系统,在设计、管理、硬件设备和使用方面都存在一定的安全问题。

• 设计安全隐患:设计问题是指操作系统在设计过程中不可避免地出现这样或那样的缺陷,称之为漏洞。这些漏洞成了操作系统的安全隐患,入侵者想尽办法渗透到操作系统内部寻找系统漏洞伺机进行破坏,因此应及时为操作系统打上补丁。

• 管理安全隐患:操作系统通常提供了多种管理模式,但普通用户很少维护系统,忽略了由此产生的安全问题。简单的管理和维护很容易使系统受到攻击,特别是具有较低权限的用户很容易利用管理上的弱点获取高级权限,从而控制操作系统,并设置陷阱和有害程序等,为以后攻击行为提供方便。

● 硬件设备安全隐患：硬件资源管理是操作系统管理的一个重要任务。当某个硬件资源发生故障时，操作系统会及时采取应急措施，启动故障处理程序，并记录系统状态信息、保护现场，以便故障排除后恢复正常工作。若是某些关键部件发生故障，则会导致系统停止工作。应急措施容易被有恶意的人员利用，为操作系统安全带来风险。

● 使用安全隐患：应用程序因有意或无意非法调用操作系统功能而导致系统故障是难免的。有些恶意程序还会对系统发起恶意攻击，或通过误导操作，或通过有缺陷调用等引发攻击。

(2)计算机网络的安全脆弱性

计算机网络是由计算机、通信设备、通信链路组成的实现信息传递和资源共享的系统。它自身在物理安全、网络平台安全、应用安全、管理安全等方面存在隐患。

● 物理安全隐患：网络的物理安全风险是多种多样的。例如，火灾、水灾、地震等自然因素对网络系统的损坏。物理设备如计算机、路由器、交换机、电源，都有可能出现暂时性故障或永久性故障。

● 网络平台的安全隐患：网络结构的安全涉及网络拓扑结构、网络路由状况及网络的环境等。每天黑客都在试图闯入 Internet 节点，这些节点如果不保持警惕，可能对黑客的闯入毫无察觉，甚至会成为黑客侵入其他站点的跳板。

● 应用的安全隐患：应用系统的安全跟具体的应用有关，它涉及很多方面。应用系统不断发展且应用类型也在不断增加，其结果是安全漏洞也随之增加，且隐藏得更深。

● 管理的安全隐患：管理是网络安全中最重要的部分。责权不明、管理混乱、安全管理制度不健全及缺乏可操作性等都可能引起管理安全的风险。

(3)计算机的安全脆弱性

计算机系统由硬件系统和软件系统组成，它也存在硬件物理隐患、软件漏洞、使用安全等问题。计算机本身是一台精密的电子仪器，由若干电子元件构成，对外部环境要求较高，易受到自然灾害的影响，造成计算机局部无法正常工作，严重的甚至完全报废。计算机软件系统也可能由于编程人员的误操作或能力缺陷等原因造成软件漏洞，产生安全隐患。同时，不当使用计算机也会导致信息系统的安全故障。

2. 信息系统面临的安全威胁

信息系统面临的威胁主要有自然威胁和人为威胁两类。

(1)自然威胁

自然威胁包括自然灾害、恶劣的工作环境、物理损坏、设备故障等方面。

自然灾害如火灾、水灾、地震、闪电、火山喷发等，会破坏计算机信息的存储、传输和使用，甚至会对信息系统造成毁灭性的损害。

信息系统中使用的如计算机、通信设备等都是复杂精密的电子设备，对环境要求高。如果它所处的环境比较恶劣，则容易发生故障。轻则造成设备不正常工作或使用寿命缩短，重则设备严重损坏，无法工作。例如，温度、湿度、振动、粉尘对计算机有较大影响。

物理损害是指信息系统中的设备物理结构的损坏，如外力造成的破损等。

设备故障包括设备硬件的偶然失常、设备使用寿命到期导致的永久性故障和电源故障等。

（2）人为威胁

人为威胁又分为无意威胁和有意威胁两种。

无意威胁主要是由操作人员的操作失误和能力缺陷造成的。操作人员的不小心或对操作的错误理解都可能导致误操作，一旦发生复原不了的误操作，就有可能产生严重后果。能力缺陷表现为编程经验不足、检查漏项、水平有限、维护不力等。

有意威胁是指通过攻击系统暴露的要害或弱点，使信息系统的完整性、保密性和可用性受到损害，造成不可估量的重大经济损失。有意威胁来自于有目的的恶意攻击，这种攻击可以分为主动攻击和被动攻击。主动攻击，攻击者不仅仅会窃听网络上的数据，而且试图修改这些数据，例如删除、篡改、增加、重放等。主动攻击者将对数据的机密性、完整性、认证性等构成威胁。被动攻击，攻击者只是窃听网络上的数据，对数据不做任何修改。被动攻击者对数据的机密性构成威胁。

3. 信息系统受到的主要攻击

信息系统受到的攻击主要包含以下几种。

- 冒充：冒充正常用户，欺骗网络和系统服务的提供者，从而达到获得非法权限和敏感数据的目的。

- 重演：利用复制合法用户所发出的数据（或部分数据）并重发，以欺骗接收者，进而达到非授权入侵的目的。

- 篡改：改变真实消息的部分内容或将消息延迟或重新排序，导致未授权的操作。

- 拒绝服务攻击：组织或机构因为有意或无意的外界因素或疏漏，导致无法完成应用的网络服务项目（如电子邮件系统或联机功能），称为"拒绝服务"问题。

- 内部攻击：利用其所拥有的权利或越权对系统进行破坏活动。

- 外部攻击：通过物理信号监听、无线截获、冒充系统管理人员或授权用户或系统的组成部分、设置旁路躲避鉴别和访问控制机制等各种手段入侵系统。

- 陷阱门：以某种方式侵入系统后安装陷阱门，更改系统功能属性和相关参数，使入侵者在授权情况下对系统进行各种非法操作。

- 特洛伊木马：不但拥有授权功能，而且还拥有非授权功能，一旦建立这样的体系，整个系统便被占领。

8.2.3 常用信息安全技术

1. 数据加密和数字签名技术

数字加密和数字签名技术都属于密码学的研究领域。数据加密技术是指对数据进行加密后在网络上传输的技术，它是一种最基本的网络安全技术，也是一种主动的安全防御策略。数据加密系统包含加密和解密两个过程，原始的数据称为明文，明文经过加密后的数据称为密文，即使密文在传输或存储过程中被窃取。如果对方不能正确解密也无法得到真实的原始数据，这就保证了数据只能为预期的接收者使用或读出，而不能为其他任何实体使用或读出。防止了私密文件被人查看，防止了机密文件被人泄露或篡改。

计算机网络应用特别是电子商务应用的飞速发展，对数据完整性以及身份鉴定技术提出了新的要求,数字签名就是为了适应这种需要从密码学中派生出来的新技术和新应用。数字签名是指用户用自己的私钥对原始数据的哈希摘要进行加密后得到的数据。信息接收者使用信息发送者的公钥对附在原始信息后的数字签名进行解密来获得哈希摘要,并与原始数据产生的哈希摘要对照,从而判断原始信息是否被篡改。

2. 防火墙技术

防火墙是设置在被保护网络和外部网络之间的一道屏障,按照特定的规则,通过监测、限制传输数据的通过,来保护内部网络免受外部网络的攻击,实际上是一种访问控制技术。防火墙可以是专门的硬件设备,也可以是运行在一台或多台计算机上的服务软件。防火墙技术现已成为最基本的网络安全技术。

按照防火墙采用的技术可以将防火墙分为包过滤、应用级网关、代理服务器三大类型。

（1）数据包过滤型防火墙

包过滤技术是在网络层中对数据包实施有选择的通过。选择依据是系统内事先设定的过滤逻辑,它被称为访问控制表。检查数据流中每个数据包的信息,根据数据包的源地址、目的地址、源端口号、目的端口号及数据包头部中的各种标志位等因素来确定是否允许数据包通过。

包过滤防火墙逻辑简单、价格便宜、易于安装和使用、对用户透明,是应用非常广泛的防火墙,但包过滤技术不能在应用层级别上进行过滤,存在防卫方式比较单一的缺点。

（2）应用级网关型防火墙

应用级网关是在网络应用层上建立协议过滤和转发功能的网络设备,针对不同应用采用不同的数据过滤逻辑来允许不同种类的通信。它易于记录并控制所有的进出通信,并对Internet 的访问做到内容级的过滤,控制灵活而全面,安全性高。但存在维护困难、速度较慢的缺点。

（3）代理服务器型防火墙

代理服务器作用于应用层,也称为链路网关或 TCP 通道。它将所有跨越防火墙的网络通信链路分为两段,负责内部网络向外部网络申请服务时的中转任务。外部计算机的网络链路只能到达代理服务器,而内部网络则只接受代理提出的服务请求,拒绝外部网络其他接点的直接请求,从而起到了将内部网络与外部网络隔离的目的。代理服务器实际上就是运行在防火墙主机上的专门的应用程序或服务器程序。

3. 入侵检测技术

入侵检测是通过监视各种操作,分析、审计各种数据和现象来实时检测入侵行为的过程。它是一种积极的、动态的安全防御技术,用于入侵检测的所有软硬件系统称为入侵检测系统。这个系统可以通过网络和计算机动态的搜集大量关键信息资料,并能及时分析和判断整个系统环境的目前状态,一旦发现有违反安全策略的行为或系统存在被攻击的痕迹等,立即启动有关安全机制予以应对。

入侵检测技术是动态安全防御的核心技术之一,它与静态安全防御技术（如防火墙）相互配合可构成坚固的网络安全防御体系,包括安全审计、监视、进攻识别和响应在内的各种安全管理功能得到加强,可以抵御多种网络攻击。

8.3　计算机病毒与预防

8.3.1　计算机病毒的定义与发展

1. 计算机病毒的定义

计算机病毒(Computer Virus)是破坏计算机软硬件功能或计算机数据的一组计算机指令或程序代码。它不同于医学领域中的病毒,却因为与医学病毒同样的损坏性和传播特性而被命名为计算机病毒。通常计算机病毒是一段短小精悍的代码,能够自行复制,使得其在宿主上迅速发展壮大。计算机病毒从出现到现在,种类繁多,对计算机造成的伤害也不尽相同,轻则造成计算机运行缓慢,重则导致计算机瘫痪。制造病毒的原因也不同,有的是为破坏软硬件,有的是为盗取钱财和数据,有的是黑客,以炫耀为目的。

我国在1994年颁布的《中华人民共和国计算机信息系统安全保护条例》中,将计算机病毒定义为:"指编制或者在计算机程序中插入的破坏计算机功能或者破坏数据,影响计算机使用并且能够自我复制的一组计算机指令或者程序代码"。

2. 计算机病毒的发展历史

早在1949年,计算机之父冯·诺依曼在《复杂自动装置的理论及组织的进行》一文里就勾勒出了病毒程序的蓝图——"能够实际复制自身的自动机"。

1977年在美国的贝尔实验室,三位年轻人编写的"磁芯大战"游戏被认为是计算机病毒的雏形,它已经具有了计算机病毒一个最重要的特征,即自我繁殖的能力。

直到1984年,弗雷德·科恩在论文《电脑病毒——理论与实验》中首次提出了计算机病毒的概念,"计算机病毒是一段程序,它通过修改其他程序再把自身拷贝嵌入而实现对其他程序的感染"。

1986年第一个真正意义上的病毒"C-BRAIN"诞生,它由巴基斯坦的一对兄弟编写,为了打击盗版软件的使用者。这个病毒开创了计算机病毒发展的新局面,从此之后计算机病毒开始在全世界范围内流行开来,不断有新的病毒涌现。

从1986—1989年的病毒是第1代病毒称之为传统病毒。到1987年就开始出现各种病毒,如"大麻""黑色星期五"等。1988年美国研究生罗特·莫里斯制作了一个蠕虫病毒,利用互联网使得6 000多台计算机受到感染。1989年"米开朗琪罗"病毒激发后会格式化硬盘数据,在当时造成了极大损失。

1989—1991年,第2代病毒称为混合型病毒。计算机病毒技术在此阶段日趋成熟。病毒不再是单一的引导型病毒或文件型病毒,出现攻击目标混合的病毒。在这一阶段,还出现了许多病毒的变种,使病毒的生命力更顽强,破坏性更大。

1992—1995年,第3代病毒称为多态性病毒。这类病毒程序大部分是可变的,在同一病毒的多个样本中,病毒代码大多不同。

20世界90年代中后期,第4代病毒。这一时期的病毒大多利用互联网作为主要传播途径,从而传播速度更快,影响更广泛。宏病毒、Windows病毒、Internet病毒都在这一阶段开始发展。例如 CIH 就是这一阶段诞生的危害性大、影响范围广的 Windows 病毒,也是因特网病毒。

21 世纪至今,第 5 代病毒。这一阶段的病毒在技术、传播和表现形式上都发生了很多变化,病毒的数量不断增多、病毒程序的编程技巧不断提高、与杀毒软件的对抗性不断加强,在网络上的传播速度也大大提升,以往需要几个月才能传播开的病毒,现在只要几个小时就能遍布全球。

8.3.2 计算机病毒的特点

虽然计算机病毒的种类繁多,破坏效果也各不相同,但它们大多具有以下的特点:

1. 非授权性

计算机病毒的非授权性也称为非法性。正常情况下,合法程序运行的过程应该是用户调用程序,系统把控制权交个该程序,为其分配所需的系统资源,程序执行。程序执行完成后释放系统资源,把控制权还给系统。这个过程对用户是可见的、透明的。计算机病毒则会将自己隐藏在合法的程序中,当用户运行合法程序时,病毒伺机窃取到系统的控制权,获得系统资源,抢先运行,常驻内存,修改中断。这个过程都是未经用户允许的,在用户不知情的情况下运行的,大多都是违背用户意愿和利益的。

2. 传染性

计算机病毒的传染性是指病毒代码自我复制,并嵌入其他程序使之受到病毒感染的特性。这一段人为编制的恶意代码侵入计算机系统后,便开始搜寻其他可以传染的程序或存储介质,通过自我复制并嵌入正常代码或存储介质中,达到迅速繁殖,扩大影响的目的。尤其是随着计算机网络在全球的迅速发展,以及低廉的移动存储介质的热销,使得计算机病毒可以在极短的时间迅速传遍世界,大面积影响全球计算机的正常使用。

传染性是计算机病毒的基本特征,是判断一个程序是否为计算机病毒的重要依据。因为正常的计算机程序一般不会将自身的代码强行连接到其他程序中,而计算机病毒程序中则有一个传染模块专门用于复制病毒自身并将其传染给其他程序,实现病毒自我繁殖的过程,使本机中的其他程序和网络中的计算机受到病毒感染。当你在一台计算机中发现病毒时,通常意味着,该计算机中的大量文件可能已被病毒感染,并且曾在该计算机上使用过的移动存储介质,以及与该计算机相连的其他计算机也极可能被病毒感染。所以传染性被认为是计算机病毒的一个重要危害。

3. 隐蔽性

由于病毒程序是"非法的",通常带有某种恶意目的,所以病毒制造者总是希望用户不能及时发现病毒的存在。为了躲避侦测,病毒被设计为一段具有较高编程技巧,精巧严密的代码,一般只有几百或几千字节。它通过附在正常程序中、或伪装成正常程序、或藏在磁盘内较隐蔽的地方,或以隐藏文件的形式出现等手段寄生在计算机中,通常在其表现模块发作前(即破坏性产生前),用户很难发现它的存在,但可能本机中的大量文件已被病毒感染。

4. 潜伏性

大部分病毒侵入计算机后,其表现模块并不会马上发作,它可长期隐藏在系统中,在不知不觉中迅速感染其他可被感染的程序,实现自我繁殖的目的。只有该病毒的发作条件被触发时,病毒的表现性或破坏性才显现出来。通过这种形式,病毒在系统中的生命周期越长,病毒传播的范围也就越广,造成的破坏性也就越大。

5. 可触发性

病毒既然有了潜伏性也就存在可触发性,有的病毒潜伏在系统中,只有当特定条件满足时其表现性或破坏性才会发作,这种通过触发条件来激活病毒的表现模块(破坏模块)的特性称为病毒的可触发性,或者称为病毒的激发性。

计算机病毒的触发条件是由病毒编制者设定的,可能有一个触发条件也可能有多个触发条件。病毒是一段程序代码,触发实质就是程序设计中的条件控制,满足触发条件就执行病毒程序中的表现模块。不同的病毒触发条件和破坏形式有所不同,具体由病毒代码决定。

病毒的触发条件可以是键入特定字符,使用特定文件、某个特定日期或特定时刻,病毒内置的计算器达到一定次数,或某些其他的逻辑条件。例如,在1998年、1999年危害巨大的CIH病毒就是以特定时间作为触发条件的。CIH-1.2版就被定为每年的4月26日发作,所以在1999年的4月26日,也就是CIH-1.2病毒第二年的发作日,全球大量计算机受到影响,开机后屏幕一闪,计算机就再也启动不了了,造成了一次巨大浩劫。著名的"黑色星期五"病毒也是以特定时间作为触发条件的,它在每逢13号的星期五发作。

6. 破坏性

传染性和破坏性被认为是计算机病毒的两大重要危害,无论是以炫耀高超的计算机技术,还是以获取不法钱财或恶意报复为目的炮制的病毒,侵入计算机后都会对系统产生不同程度的影响。虽然某些病毒并不具有恶意破坏性,比如病毒运行后会在屏幕上出现卡通形象,这类病毒不会对计算机硬件、系统中的文件造成破坏,但可能占用大量的系统资源,导致系统暂时无法正常使用。

绝大多数病毒是恶意病毒,利用计算机硬件和软件固有的脆弱性,给计算机系统造成重要破坏,通常表现为对正常程序或文件的增、删、改、移。如果用户发现经常使用的程序突然无法启动,系统无故崩溃,文件丢失、数据更改等现象,很有可能是感染了恶意病毒。某些破坏性更强的病毒,运行后直接格式化用户的硬盘,或者破坏磁盘引导扇区以及计算机的BIOS,不只对计算机软件造成影响,还破坏计算机硬件设备。

8.3.3 计算机病毒的分类

计算机病毒从20世纪80年代诞生至今,经历了传统病毒、混合型病毒、"变形"病毒、依赖Internet传播的病毒,到如今病毒结构更加复杂,传播方式更加先进,变种速度和数量都更惊人的几个阶段。由于计算机病毒种类的繁多性,病毒结构的差异性,不同病毒侵入、传染、破坏方式的各不相同,使得计算机病毒的分类方法有许多种,常见的有以下几种。

1. 按寄生方式分类

根据寄生方式的不同,计算机病毒可以分为引导型、文件型和混合型。混合型病毒集引导型和文件型病毒的特性于一体。在有的分类中,根据寄生方式的不同,直接将计算机病毒分为引导型和文件型两类。

(1) 引导型病毒

引导型病毒就是改写磁盘上引导扇区信息的病毒。引导型病毒主要感染磁盘的引导扇区或主引导扇区,在 BIOS 运行之后,系统启动之前,将病毒加载到系统内存上,优先于操作系统运行。WYX 就是典型的引导型病毒。

(2) 文件型病毒

文件型病毒是指寄生在文件中并以文件作为主要感染对象的病毒,感染可执行文件或数据文件,如类型名为.COM,.EXE,.DLL,.DOC 等类型的文件。2006 年爆发的熊猫烧香病毒就是感染系统中的.COM,.EXE,.SRC 等文件,破坏性极强的 CIH 病毒也属于文件型病毒。

2. 按破坏情况分类

(1) 良性病毒

良性病毒是指对计算机软硬件不会造成直接破坏,也不对系统中的文件造成任何影响的代码,它们不停地自我繁殖后,弹出一些信息、卡通图像,播放一段音乐等。制造这类病毒的初衷基本都是恶作剧的目的,但良性病毒还是会占用大量系统资源,使系统运行效率大大降低,某些程序不能正常运行,给用户带来不便。

(2) 恶性病毒

恶性病毒是指感染病毒后,一旦病毒的表现模块(破坏模块)被激发,就会对计算机系统造成直接破坏作用的病毒。这些恶性病毒有的会破坏分区表信息、主引导信息;有的会删除数据文件、格式化硬盘,例如米开朗琪罗病毒发作后会格式化硬盘;有的会直接造成硬件损伤,例如 CIH 病毒就会破坏 BIOS 芯片。

3. 按传播途径分类

(1) 单机病毒

单击病毒的载体是磁盘、光盘和 U 盘等可移动存储设备,常见的是病毒从 U 盘、光盘等传入硬盘,感染操作系统及已安装的软件或程序,然后再通过存储介质的转移又传染其他程序。

(2) 网络病毒

网络病毒的传播媒介不再是移动式存储介质,而是网络数据通道。随着计算机网络的发展,这类病毒数量不断增多,其传染能力更强,危害性更大。现在有的网络病毒能在短短几小时内遍布全球。

4. 按病毒攻击的系统分类

(1) DOS 病毒

早期计算机都采用 DOS 操作系统,这个时期产生的计算机病毒都是攻击 DOS 操作系统的。这种 DOS 病毒是出现最早、数量最多、变种也最多的病毒。

（2）Windows 病毒

随着 Windows 操作系统的用户规模不断壮大，DOS 病毒开始绝迹，针对 Windows 操作系统出现的病毒日益增多，成为了不容忽视的一类病毒。

（3）UNIX（Linux）病毒

当前，UNIX 系统应用非常广泛，并且许多大型服务器均采用 UNIX 作为其主要的操作系统，所以针对 UNIX 操作系统的病毒也逐渐流行起来。

（4）MAC OS 病毒

随着苹果电脑在全球的风靡，不少黑客开始把攻击目标转移到苹果机的 MAC OS 操作系统上，MAC OS 的安全漏洞为制造病毒带来便利。

8.3.4 计算机病毒的传播及预防

1.计算机病毒的传播途径

随着计算机网络的发展，利用互联网、局域网传播病毒的方式成为了病毒主要的传播途径之一。这种传播方式速度快，影响范围广，造成的危害也最大。

（1）利用互联网传播

随着计算机网络技术的发展，Internet 成为了全球最大的资源网络，每天有数以亿计的用户在网上浏览新闻，收发电子邮件，上传、下载文件，因此互联网也成了病毒的主要传播途径。例如 2000 年恋爱邮件"I Love You"病毒，2002 年的"求职信"病毒，都是以电子邮件为传播途径。大名鼎鼎的 CIH 病毒也是潜伏在网上供人下载的软件中，最终通过互联网被广泛扩散。一些不安全的网站植入了病毒或恶意代码，用户在浏览这类网页时就会受到病毒感染，浏览器会被自动安装上脚本病毒。例如 IE 主页被篡改，自动登录某一网站，都是恶意代码引起的。现在"钓鱼"网站也很普遍，它们伪装成知名的游戏、银行或购物网站，用户不仔细辨别根本不易区分，一旦用户在这类网站中输入个人信息，其钱财便迅速被骗取一空。

（2）利用局域网传播

局域网是指覆盖范围较小，用于办公室、工厂、校园内部多台计算机互联的网络，实现资源的共享，在局域网内部信息传输速率较高，这为计算机病毒的传播提供了有利途径。当局域网内的某台计算机感染病毒后，其他网内的计算机也会迅速感染上病毒。熊猫烧香就是既能利用互联网传播也能通过局域网传播的病毒。

（3）利用移动存储设备传播

早期，移动存储设备软盘、光盘被广泛应用，而这两个媒介也迅速成为病毒传播的主要途径。使用过已感染病毒的软盘或光盘的计算机将迅速被病毒感染，之后在这台计算机上使用的移动存储设备也将被病毒感染，如此反复，如果不及时清除病毒，将会感染多台计算机。

现如今，价格低廉、存储容量大的移动硬盘、U 盘以及各种存储卡已经替代软盘成为最主要的移动存储设备，从而成为计算机病毒传播的重要方式。现在，陆续有生产厂商推出带有杀毒功能的 U 盘,或者具有写保护功能的 U 盘,都是为了防止病毒通过这种途径进行传播。

2. 计算机病毒的预防方法

①由于新病毒不断涌现,所以应及时升级杀毒软件,并定期检查系统中是否含有病毒。

②不要随意打开来历不明的电子邮件,不要轻易运行电子邮件中的附件。例如 2002 年,"求职信"病毒就是通过电子邮件进行传播的。

③从网上下载文件时,应从正规的大型网站上下载,下载完成后应先进行病毒查杀然后再运行。

④在使用移动存储介质时,应先进行病毒查杀,查杀完全后再使用。例如大部分的 U 盘病毒都是利用"autorun. inf"漏洞,双击 U 盘盘符时就会激发该病毒,因此我们在使用 U 盘时,采用右击盘符,选择"打开"或者"资源管理器"来浏览 U 盘中的文件时,就可以避免激发这类病毒。

⑤现在基于 Windows 系统漏洞编写的病毒程序越来越多,因此 Windows 用户应及时打补丁。

⑥要养成良好的上网习惯,不要浏览色情网站,不要浏览恶意网站。这类网站通常都植入了脚本病毒,一旦访问这些网站就会自动安装脚本病毒。在浏览信任度级别低的网站时,应调高浏览器的"Internet 安全性属性"的安全级别。

⑦不要轻易点击 QQ 或 MSN 等即时通信软件中别人发来的网站链接。利用即时通信软件传入本机的文件也要先通过病毒查杀后再运行。

⑧重要文件和数据要定期备份,避免感染病毒后,文件和数据被删除或篡改造成严重的后果。

⑨要随时留意计算机的工作情况,经常检查任务管理器中有无异常进程,检查系统启动项,检查有无未知的程序被安装到本机上。

8.4   知识产权保护

8.4.1   信息素养的概念

信息素养(Information Literacy)这一概念是随着图书检索技能的演变发展而来的,最早由美国信息产业协会主席保罗·泽考斯基(Paul Zurkowski)于 1974 年提出。他将信息素养定义为"利用大量的信息工具及主要信息源使问题得到解答的技能"。随后,美国信息产业协会对这一概念作了进一步阐释,于 1979 年提出"信息素养是人们在解决问题时利用信息的技术和技能"。1987 年,信息学专家帕特里亚·布里维克(Patrieia Breivik)又将其概括为"一种了解提供信息的系统,并能鉴别信息的价值和存储信息的基本技能"。随着社会进步及信息产业的迅猛发展,越来越多的专家、学者对信息素养提出了新的认识,赋予了其更深层次的含义,信息素养已不单单指人们解决问题时某一方面或某些方面的能力,它涉及信息意识、信息知识、信息能力、信息伦理道德等多个方面,是与时代需求息息相关的高级认知技能,是人们综合能力的体现。

信息素养主要由信息意识、信息知识、信息能力、信息伦理道德4部分构成。

1. 信息意识

信息意识是指人们能认识到信息的重要性,有主动获取信息的意愿,并对信息具有较高的敏感性、选择性和吸收性,能够从自然环境和人类活动中挖掘新信息。信息意识是培养全民信息素养的先决条件,帮助人们建立信息意识对信息素养推动社会进步具有重要意义。

2. 信息知识

所有与信息技术相关的理论、知识、方法被称为信息知识。它既是信息科学技术的理论基础,又是学习信息技术的基本要求。只有掌握信息技术的知识,才能更好地理解它并应用它。

3. 信息能力

信息能力狭义上是指通过获取、分析、开发、综合信息来解决问题的能力,它是提高个人信息素养的一块基石。只有具备一定的信息能力,才能托起信息素养这座"高楼大厦"。例如,熟练使用各种信息工具及相关软件,能在互联网上查询、检索、搜集有用信息,并对信息进行归纳、分类、提炼等,这些都是信息时代要求人们必备的基本信息能力。

4. 信息伦理道德

信息伦理道德是信息素养中容易被忽视的组成环节。伴随信息时代为人们带来便利与发展的同时,越来越多的信息犯罪也为人们带来危害。作为社会一员,只有从自己做起,拒绝网络盗版,拒绝传播不实信息,拒绝制作与发布计算机病毒,保护网络环境。

8.4.2 知识产权的基本概念

知识产权(Intellectual Property)也称为智慧财产,这一概念的确切起源已无从考证,但一种普遍说法是17世纪中叶法国学者卡普佐夫的著作中曾提到过知识产权,后比利时法学家皮卡第进一步阐释发展。直到1967年"建立世界知识产权组织公约"中使用了"知识产权"一词,才使得知识产权这一概念被国际社会所认可。随着科学技术的发展,各个国家对知识产权的保护越来越重视,现在它以成为衡量国家科技进步的一个重要标准。

知识产权是人们对自己的智力劳动成果所依法享有的权利,是一种无形财产,它同其他私人财产如金钱、物资、房产一样享有被保护的权利,他人不得非法侵犯其权利。知识产权包括著作权和工业产权两个方面。著作权亦称版权,是指法人或者其他组织对文学,艺术或科学作品依法享有的人身权和财产权。工业产权包括专利权、商标权,通常是指人们在工业、商业、农业、林业等领域通过脑力劳动所创造的智力成果所享有的一种专用权。

知识产权具有以下几个特征:

1. 无形性

无形性指的就是客体的非物质性。知识产权的客体是人们的智力性创造成果,是人们的智慧结晶,是一种无形的财产。这一特征是知识产权最根本也是最基本的特征,其他特征是由此派生出来的。

2. 专有性

知识产权的专有性也称为独占性,指知识产权具有排他性与绝对性的特点。

3. 时间性

知识产权的时间性是指知识产权只在法律规定的时间范围内受到保护,过了法律规定的保护期限,该权利自动消失,相关的智力成果为全社会所共有。

4. 地域性

知识产权的地域性是指依照一国法律所取得的知识产权原则上只能在该国领域内有效,不能在该领域外受到法律保护。

8.4.3 软件知识产权

计算机软件产生于20世纪50年代中期,随着IBM公司将计算机硬件和软件分开出售,独立开发软件产品的公司纷纷成立。现在软件产业的规模和发展速度已大大超过了硬件产业。各类计算机软件在网络上的推出速度让用户目不暇接,它是以特定的编程语言编写的、为实现某一技术效果而驱动计算机运行的无形的技术性产品。与一般产品相比,其价值主要依赖于开发团队集体智慧的结晶,具有周期长、难开发、易复制的特点,因此很容易产生软件侵权、软件盗版等不法事件,给企业造成了巨大的经济损失,严重破坏了软件产业的发展。尤其中小型软件开发公司如果遭遇软件侵权且权益得不到有效保护,它们很可能被其他软件公司替代,迅速在软件市场消失。因此应该从国家、企业、用户等多方面加强对软件知识产权的保护,推动软件行业的良性发展,改善软件行业的投资环境,吸引外资,增加就业机会。

1. 软件知识产权保护相关的法律法规

我国在1990年将计算机软件纳入著作权保护体系,紧接着在1991年根据著作权法制定了《计算机软件保护条例》,并于2002年对其进行了修改发布了新的《计算机软件保护条例》。该条例中的计算机软件是指计算机程序及其有关文档。我国对软件知识产权的保护主要通过著作权法来进行保护,除此之外,还可以通过专利法、反不正当竞争法、技术合同法保护软件的设计构思,用商标法保护软件的名称,用技术合同法管理软件的技术转让和软件许可证贸易。

2. 软件著作权人应提高软件产权保护意识

软件著作权人应主动提高软件产权的保护意识,学习软件知识产权保护的相关法律知识,对计算机软件著作权进行及时登记。由于著作权法只能保护软件的表达而不能保护软件的设计思想,因此软件著作权人还可以申请计算机软件专利,通过专利法保护软件设计思想。软件著作企业还应加强对员工的职业道德规范和知识产权教育,制定严格的程序代码及相关文档的管理措施,尽最大可能避免软件侵权事件的发生。

3. 用户应拒绝使用盗版软件

盗版软件不光侵犯了软件著作权人的合法权益,还会对用户的系统安全造成一定的影响。因为盗版软件本身就存在一定的安全漏洞,还有的盗版软件商为了牟取不法利益,甚至在盗版软件中植入病毒,所以用户应该拒绝安装和使用盗版软件,保护著作权人和自身的利益。用户也不能擅自复制使用受保护的软件,或者违反软件使用许可协议。

习题

一、选择题

1.信息安全需求包括( )。

    A. 保密性、完整性　　　　　　　　　B. 可用性、可控性

    C. 不可否认性　　　　　　　　　　　D. 以上皆是

2.信息安全涉及( )领域。

    A. 计算机技术和网络技术　　　　　　B. 法律制度

    C. 公共道德　　　　　　　　　　　　D. 以上皆是

3.计算机病毒是计算机系统中一类隐藏在( )上蓄意进行破坏的捣乱程序。

    A. 内存　　　　　B. 软盘　　　　　　C. 存储介质　　　　　D. 网络

4.下列情况中( )破坏了数据的完整性。

    A. 假冒他人地址发送数据　　　　　　B. 不承认做过信息的递交行为

    C. 数据在传输中途被窃听　　　　　　D. 数据在传输中途被篡改

5.知识产权包括( )。

    A. 著作权和工业产权　　　　　　　　B. 著作权和专利权

    C. 专利权和商标权　　　　　　　　　D. 商标权和著作权

6.软件盗版的主要形式有( )。

    A. 最终用户盗版　　　　　　　　　　B. 购买硬件预装软件

    C. 客户机—服务器连接导致的软件滥用　D. 以上皆是

7.计算机病毒是( )。

    A. 一种程序　　　　　　　　　　　　B. 传染病毒病

    C. 一种计算机硬件　　　　　　　　　D. 计算机系统软件

8.属于计算机犯罪的是( )。

    A. 非法截取信息、窃取各种情报

    B. 复制与传播计算机病毒、黄色影像制品和其他非法活动

    C. 借助计算机技术伪造篡改信息、进行诈骗及其他非法活动

    D. 以上皆是

二、判断题

1.信息系统是与信息加工、信息传递、信息存储以及信息利用等有关的系统。( )

2.所有计算机病毒都不会破坏计算机的硬件。( )

3.按病毒攻击的系统分类,可以分为 DOS 病毒、Windows 病毒、UNIX(Linux)病毒、MAC OS 病毒。( )

4.信息安全是指信息在采集、传递、存储以及应用等过程中的完整性、机密性、可用性、

可控性和不可否认性。 （　　）

三、填空题

1. 常见信息系统包含事物处理系统、管理信息系统、_____、_____和办公自动化系统。

2. 计算机病毒按照破坏情况分类分为_____和_____。

3. 知识产权具有无形性、专有性、_____、_____。

4. 计算机病毒是破坏计算机软硬件功能或计算机数据的一组计算机_____。

参考文献

[1] 马海军,冯冠,倪宝童.计算机网络标准教程(2010—2012版)[M].北京:清华大学出版,2010.

[2] 周南岳.计算机应用基础教学参考书[M].北京:高等教育出版社,2009.

[3] 王柯,姚方元,暨百南.计算机应用基础[M].长沙:湖南教育出版社,2010.

[4] 重庆市计算机等级考试系列教材编审委员会.大学计算机基础(一级)[M].北京:中国铁道出版社,2011.

[5] 李建华.计算机文化基础[M].北京:高等教育出版社,2012.

[6] 肖凤婷,王云沼.计算机应用基础[M].北京:机械工业出版社,2012.

[7] 赵鸿德.计算机应用基础[M].北京:人民邮电出版社,2008.

[8] 上海市教育委员会.计算机应用基础教程[M].2版.上海:华东师范大学出版社,2011.

[9] 翁梅,田苗.计算机应用基础[M].北京:高等教育出版社,2013.